本书获得中国科学院 A 类战略性先导科技专项"绿水青山提质增效与乡村振兴关键技术与示范"（XDA023070000）和国家自然科学基金项目（42075172）的资助

黄河中游生态治理访谈录

淮建军　上官周平　著

科　学　出　版　社

北　京

内 容 简 介

本书记录作者以黄河流域中游生态治理和农业高质量发展为主题进行的为期两周的实地考察过程和成果。作者沿黄河流域中游考察了甘肃、陕西、山西、宁夏、内蒙古等地，选择了水土保持实验站、农业示范区、治沙展览馆、沙漠化治理基地、矿区生态治理示范工程、苹果博物馆、典型乡镇、搬迁村等进行了详细的考察。从空间布局、风土人情以及社会经济等背景出发，系统地回顾各地农业生产和生态治理特殊的发展历程，从水土保持、封山育林、矿区治理、生态文明建设与农业的发展、脱贫攻坚、乡村振兴等方面探讨具体实践，了解目前生态治理与农业发展的现实措施，取得的成绩，面临的一些问题，初步提炼出各地不同的生态保护与农业高质量发展的模式和绿水青山转化为金山银山的机制。本书内容翔实，既反映了社会调查的具体过程，又描述了 2020 年左右我国黄河流域的农业发展与生态治理的客观事实，还应用理论剖析了目前相关问题的根源、表现和解决思路。

本书不仅适合于农业经济管理、生态学、林学以及金融等学科的科研工作者、研究生通过阅读开展案例研究，而且适合于农村基层村干部、林业管理者、农业系统公务员、农业企业家以及试验站点推广人员阅读，以获得相关的理论指导，在产业发展、乡村振兴、生态治理等领域作出突出贡献。

图书在版编目（CIP）数据

黄河中游生态治理访谈录／淮建军，上官周平著 . —北京：科学出版社，2022.1

ISBN 978-7-03-070442-9

Ⅰ.①黄…　Ⅱ.①淮…②上…　Ⅲ.①黄河–中游–河道整治–研究

Ⅳ.①TV882.1

中国版本图书馆 CIP 数据核字（2021）第 222786 号

责任编辑：刘　超／责任校对：任苗苗
责任印制：吴兆东／封面设计：元极书装

科 学 出 版 社 出版

北京东黄城根北街 16 号
邮政编码：100717
http://www.sciencep.com

北京虎彩文化传播有限公司 印刷

科学出版社发行　各地新华书店经销

*

2022 年 1 月第　一　版　开本：787×1092　1/16
2023 年 3 月第三次印刷　印张：18 1/2
字数：440 000

定价：230.00 元
（如有印装质量问题，我社负责调换）

自　序

2019 年 9 月 18 日，习近平总书记提出黄河流域生态保护和高质量发展要实现上下游、干支流、左右岸协同发展。2020 年 7 月，我们沿着习近平总书记考察黄河流域的基本路线，以黄河中游生态治理和农业高质量发展为主题进行了为期两周的实地考察。2021 年 10 月 8 日，中共中央国务院印发了《黄河流域生态保护和高质量发展规划纲要》，并发出通知，要求各地区各部门结合实际认真贯彻落实。该规划纲要是指导当前和今后一段时期黄河流域生态保护和高质量发展的纲领性文件，是制定实施相关规划方案、政策措施和建设相关工程项目的重要依据，规划期至 2030 年，中期展望至 2035 年，远期展望至本世纪中叶。因此我们的调研正当其时，正合其意。

科学界常常出现一些理论脱离实际的倾向，这促使我们不得不走近实践。目前，无论是涉世未深的研究生，还是工作多年的学者，都需要重视调查研究。随着社会发展，科学研究面临着一些新问题，需要新理论指导，但是理论发展往往滞后于社会变革。随着社会经济的发展，客观规律可能会发生变化，已有理论难以给出准确的解释。因此我们要深入社会实践，重视调查研究，理论与实践相结合，从而实现对现有理论的创新。

我们对黄河流域中游生态治理与农业高质量发展的调研，是一次较为系统全面的调查。事实上，很多研究工作由于各种条件限制，对于黄河流域生态保护的新进展，尤其是最近十年来农业领域出现的新现象、新特征和新政策了解甚少，因而对农业发展和生态治理很难进行系统全面、客观准确地评价。带着虔诚的态度，设计好详细的路径，以旁观者的身份，我们深入黄河流域，仔细观察、认真分析，详细对比和深入思考，最终取得了很大的收获。在访谈过程中，假设自己一无所知，好奇心让我们坚持"打破砂锅问到底"；这种承认"无知"的心态有助于我们提出一些看似常识但却很重要的基础性问题，从而发现现实中的创新做法，而不是用现有理论去"套"现实。这样的"摸底"调查今后应该被持续加强。

在黄河流域生态保护与农业高质量发展的调研过程中，访谈者来自农业经济管理、金融与法律、水土保持、林学和生态学等不同领域的学者和学生；综合多种学科，实现跨学科访谈，这是我们实现产学研结合的一个重要环节。这种跨学科的联合调查，一方面使学者打破了个人、学科和工作等局限，能够互相学习，及时讨论；另一方面使大家了解不同学科在社会实践中综合应用的具体过程、面临的困难及达到的效果。访谈对象包括农村基层组织的干部、农业局工作人员、农户、企业家、试验场站管理人员、农业技术员等，他们从各自技术背景出发反映不同问题，更有助于我们厘清不同人才在黄河流域生态保护和农业发展中做出的贡献、遇到的瓶颈、将来的打算等，以总结经验教训。这样的跨学科综合调查方式符合事实，有助于发现规律。我们要进一步加强社会实践调查，让学者到农村进行深入的学习，把社会、大学、政府、农村结合起来，完善科学研究体系。

在调研中，我们通过观察、拍照、访谈、录音、写笔记等形式来记录调研所见、所闻、所说、所想。我们面对现实，直接记录访谈，然后再反思自己的理论体系，进一步消化吸收这些碎片化的知识点，搜集和整理素材最终建立系统的理论。观察不同的调研对象的基本特征，了解他们的发展过程，记录我们直观的感受和理性思考，使得社会调查内容非常丰富。虽然我们初步认识很多的植物、动物、水土保持措施、农业模式等，很难系统理解正在实施的一些新的农业开发和生态治理政策、方针以及各地的具体做法，但是我们调查的每一个片段里面都包含着很多真知灼见。

我们的调研方法是站在访谈对象的对面，用一问一答的方式把"他们"和"我们"严格区分，把我们的理论知识和他们的个人经验与认知、实践做法进行比较。我们采用"不打招呼"的自我搜寻和"熟人预约"结合的方式对典型对象进行访谈；我们要理解访谈对象的立场，取得他们的信任，和他们进行交谈并且争取合作。如何保证访谈内容的真实性和科学性？由于访谈对象大多数是在农业和水土保持领域工作，愿意公开接受访谈的组织或个人，与我们有着基本的合作关系，师生关系，朋友关系，这保证我们的调查具有一定的真实性与科学性。同时，在实际走访中，我们随机地发问、系统地对比，既针对不同问题分类探讨，也针对同一问题深入辩论。为了客观搜集事实依据，我们获取了大量的图片和录音，进而提炼出访谈对象的成功经验，从而为我们学习、宣传和推广这些经验奠定基础。因此，我们既作为学者又作为学生，学生要学习看到的，听到的新知识，新方法，新模式；学者需要总结并且宣传以前看到的好方法，好模式和新理论。

本书的内容按照考查调研过程编排。我们沿黄河流域中游考察了甘肃、陕西、山西、宁夏、内蒙古等地，选择了水土保持实验站、农业示范区、治沙展览馆、沙漠化治理基地、矿区生态治理示范工程、苹果博物馆、典型乡镇、搬迁村等进行了详细的考察。本书核心内容是我们的对话，旨在梳理生态治理和农业高质量发展中实施的改革措施和农业政策，识别适宜的地域模式。每一部分的内容围绕一个主题进行，我们边看边走，边访谈边讨论，涉及的知识面很广，核心目的是了解有效方法，总结经验，期待为解决一些难题提出建设性意见。由于很多措施和问题在不同的地域、时间上有异质性，各地采取了不同的技术手段和政策方法，因此各地形成了独特的地域模式。

正是基于不同的地域模式，通过对比和反思，我们试图探索生态文明治理和农业发展中绿水青山转化为金山银山的区域异质性。第一，从空间布局、风土人情以及社会经济等背景出发，对调研的地区进行简单介绍，对访谈中所见所闻一一描述，取材于当地公开宣传的各个时期的发展历史和优秀人物事迹等，这有助于我们系统地回顾各地农业发展和生态治理的历史资料，其中包含了很多挂在墙上的宣传、过去的研究文献、政策条款或者新闻报道等。第二，农村生态文明建设与农业的发展、脱贫攻坚、乡村振兴等密切相关，相辅相成，就像一个镜子的两个面。生态文明发展与乡村振兴的关键结合点，优先取决于农村土地流转、脱贫攻坚、新农村建设、生态治理等，本质上要求实现农村可持续发展。农村可持续发展面临的人才培养和资源开发的问题，就是农民从哪里来，到哪里去，资源如何开发利用和保护等问题。目前农村推行"三变"改革就是要实现农民变股民，资源变资本，资金变股金。第三，通过访谈我们了解目前生态治理与农业发展的现状和成绩，发现目前面临的一些问题。

　　不可否认，我们有的时候看到的现象并不是"真相"，还没有来得及对这些现象背后的本质问题进行深刻的讨论，挂一漏万，在所难免。但是如果能正确地认识这些现象，抓住特征才有可能对这些现象背后的理论问题、政策问题进行剖析和评价。在访谈中，有些说法可能出现了一些错误，违背了人们的一些"常识"，但是这并不影响我们获取新认识；相反，这恰好能够客观反映我们调研的真实轨迹。因此我们尽可能保留了原汁原味的对话，并且按照调研日记写出来，并没有刻意掩饰这种访谈存在的缺陷。我们在调研过程中存在的不足之处还有很多。比如，在调研对象的选择上，我们希望有很清晰的标准实现随机调查，以防止样本的偏差，但是事实上我们不得不遵循"随便"和"典型"结合的原则。无论是水土保持试验站、农业产业园区，还是脱贫攻坚示范村、水土保持示范工程等，我们所走到的地方都必须获得当地政府和相关部门或者个人的支持。这种政府官宣的先进示范的调查对象决定了我们只能采取在条件许可的前提下以旁观者非正式的社会调查形式——边走边看，边谈边想。例如，由于我们对于现实世界的了解不够，或者说理论储备方面不够系统，在从不同学科深入挖掘这些案例进行系统调查方面明显不足。如果能够包容这些不足，读者就会发现这可能是一把让我们了解事实和基本科研活动的钥匙，是理解我国黄河流域生态保护和农业高质量发展的一部百科全书。

　　最后要感谢我们调研团队的每一个人。我们调研的过程中，上官周平老师带领我们修订了研究路线，在很多环节给我们讲解水土保持措施，促进我们跨学科交流。我要感谢张垚博士生、苏冰倩博士生、王耀斌硕士生和邓香港硕士生。每位学生每天都会拍照、撰写笔记简单归纳地域模式等，这都丰富了书中的某些内容。感谢所有被访谈对象给予我们调查的配合，感谢我们遇到的农民、驻村村干部、个别企业领导、大学教授、试验站的负责人等，我们基本上按照实名制记录我们与他们的对话。当然，我们也做了大量的修订，避免明显的错误。我要特别感谢为书稿修改提出大量宝贵意见的，西北农林科技大学经济管理学院姜志德教授、陆迁教授，也要感谢所有后期在文字校对方面做出贡献的神慧、陈叶、奚之兰、谢凡、李颖超、拉姆、侯华怡以及王霞等同学。

淮建军

2020 年 11 月 16 日于西北农林科技大学

目　录

|第1章| 调 研 设 计

2020 年 7 月 13 日早上 8 点，我们在陕西省咸阳市杨凌区西北农林科技大学南校区东门集合完毕，乘车从杨凌出发，开始了黄河流域生态治理的调研。

1.1 黄河流域治理与美丽中国项目

2019 年 9 月 18 日习近平总书记在郑州开会，明确提出了黄河流域高质量发展的理论，它的核心思想是要上下游、左右岸协同发展，共同治理，要以保护为主，节约为主的原则对黄河流域进行开发。2020 年 4 月~6 月，习近平总书记在陕西、山西、宁夏考察之后，确定了黄河流域生态保护和高质量发展的重大战略。为了积极响应习近平总书记的号召，黄河流域各省（自治区）开展了各种形式的调研活动，上官周平老师参与了陕西省人民代表大会常务委员会、陕西省人民政府、陕西省政协组织的多次调研活动。作为中国民主同盟（民盟）的成员，他又承担了陕西省民盟的政策咨询工作，因此他带着多重的目标对黄河流域进行调查，试图为各级单位提供相应的政策咨询报告。我们本次调研既不是焦点访谈，也不是问卷调查，更不同于政府组织的主题调研。上官老师认为我们应该根据习近平总书记考察黄河的路线到黄河上中游沿途观察，获得一手资料和直观感受，从而对黄河流域水土治理和现代农业发展有个全面了解，对存在的问题有一个初步的判断。我们以黄河流域生态脆弱区、欠发达地区、相对落后地区实现生态文明建设与乡村振兴建设为主线，调研地区生态保护和高质量发展为内容，从而突出黄河流域生态治理。在我们每天走访的地方都有一些经典的案例，生态文明建设的实现路径、采取方式都可能不一样，因此具有各自的地域特征和实现模式。本次调研一方面是基于美丽中国项目的工作需要，另一方面是要满足黄河流域生态保护的要求，目的是全面观察黄河中游生态治理和农业发展。

1.1.1 黄河流域治理研究

黄河既是孕育了华夏文明的母亲河，又因其"善淤、善徙、善决"而成为古今流域治理开发难题集中之河。中华人民共和国成立以来，黄河流域治理开发走过了理论逐步深化和实践梯次推进的过程。发挥党的集中统一领导的政治优势，明晰流域发展的战略思路，构建规范有效的制度体系，协同推进流域治理开发，构建党政军民多主体协同治理开发格局，发挥生态文化价值引领力，既是黄河流域治理开发七十余年的宝贵经验，也是新时代实现黄河流域生态保护和高质量发展的智慧源泉（邓生菊和陈炜，2021）。

习近平总书记强调黄河流域生态保护和高质量发展是重大国家战略，要共同抓好大保护，协同推进大治理。习近平总书记主持召开的黄河流域生态保护和高质量发展座谈会标志着黄河流域的生态保护和高质量发展上升到国家战略的高度，这在黄河治理史上是具有里程碑意义的一件大事。因此需要充分认识黄河流域的战略地位，统筹把握生态保护和高质量发展，并竭力探索生态保护和高质量发展的耦合路径，从而真正实现黄河流域生态保护与高质量发展的良性互动。共同抓好大保护，协同推进大治理，让黄河真正造福于人民（侯子婵和王子涛，2021）。黄河流域协同治理过程中存在系统性要求与现实性分散的困境。在以国内大循环为主体、国内国际双循环相互促进的新发展格局下，黄河流域协同治理要抓住战略机遇期，依据立足于内循环、提升外循环、内外循环相互促进的逻辑，建立黄河流域命运共同体，采用多元整体治理方式，发挥大数据和市场机制的作用，最终将黄河流域生态保护和高质量发展战略贯彻、落实到位（宋洁，2021）。

为全面提升黄河流域水安全保障能力，针对黄河流域面临的洪水风险威胁、水资源短缺、生态环境脆弱、水治理能力不足等方面存在的突出问题，按照"重在保护，要在治理"的思想，构建黄河源头区，黄河上、中、下游地区，黄河口及三角洲地区五区协同保护的水安全保障空间布局。推进水资源节约集约利用，提高水资源保障能力；完善防洪减灾体系，确保黄河长治久安；加强水生态环境保护，维护黄河健康生命；系统实施水土流失综合防治，改善黄土高原生态环境；提升流域治理能力，支撑黄河流域生态保护和高质量发展；这些有助于保障黄河流域生态保护和高质量发展水安全（牛玉国等，2021）。

面对日益迫切的流域生态治理需求，依托"科层制"的纵向流域治理体系已经难以满足流域发展的需要，横向部门间协作逐渐成为黄河流域生态环境治理中的重要议题。然而，流域协作治理中依然面临着地方政府间和政府各部门之间难以达成共识、流域协调机构难以履行协调职能等治理困境。应从赋予流域协调机构更多的权力和职能、完善"条块"协作的法律体系、保障协作制度的自我更新能力三方面来调和"条块"关系，推动流域协作治理的发展（崔晶等，2021）。

1.1.2 美丽中国项目的主要内容

美丽中国项目的研究是从美丽中国重要论述所包含的内容展开研究。廖五州（2017）提出，美丽中国主要包括持续稳定的经济发展、绿色美丽的生态环境、安定和谐的社会环境、以及富足的生活，是自然之美、发展之美和百姓之美三者之间的有机融合。柳兰芳（2013）认为，美丽中国的"美丽"主要体现在自然层面、社会层面和人文层面，是生态良好、社会和谐、人民富裕在共时性和历时性中的有机统一。夏东民和罗建（2014）强调，美丽中国不能仅仅局限于生态美，它是生态美、心灵美和社会美密切相关的辩证统一体。祝小茗（2013）认为，只有采取一种多维审视的视角，才能形成对美丽中国清晰深刻的认识，具体而言，应从动力维度、发展维度、价值维度、政治维度，以及时代维度对美丽中国进行深刻审视。金瑶梅（2018）认为美丽中国内涵有五重维度：以尊重顺应保持自然本色之美、以审美实践构造自然人化之美、以生态伦理滋养人类德性之美、以绿水青山守护人类健康之美、以互利共生彰显"天人"和谐之美。

支撑本书内容的课题与其主要内容的分解情况大致如下所述。

1）专项名称：美丽中国生态文明建设科技工程（XDA23000000）；
2）项目名称："绿水青山"提质增效与乡村振兴关键技术与示范（XDA23070000）；
3）课题名称："绿水青山"提质增效关键技术与示范（XDA23070200）；
4）子课题名称："绿水青山"提质增效关键技术研发与发展模式（XDA23070201），
子课题内容分解为

"生态保护与修复的布局和结构优化（XDA23070201-01）"；
"生态修复中的植物配置模式与复壮技术（XDA23070201-02）"；
"生态修复中人工植被可持续的营建与抚育技术（XDA23070201-03）"；
"区域马铃薯提质增效技术研发与集成（XDA23070201-04）"；
"区域植被结构与功能定向调控技术体系（XDA23070201-05）"；
"区域植被承载力的综合调控技术（XDA23070201-06）"；
"区域植被群落演替障碍与物种更新技术（XDA23070201-07）"；
" '绿水青山'提质增效地域模式与自然资源价值交易方案（XDA23070201-08）"。
调研出发时，淮建军和上官周平交谈起来，谈起了合作项目的进展。

淮建军（以下简称淮）：我原来考虑的绿水青山转化为金山银山的模式，比如有政府主导、市场推动、企业家推动三种模式，现在看来显得比较单一。目前很多社会科学调查或者指标体系一般注重静态结果或者原因，没有反映动态的过程。最近我们在考虑福建长汀县的生态治理模式。福建长汀县是生态农业示范县，在水土保持方面做得特别好，还建了一个水土保持博物馆。习近平总书记在那里曾提出了"进则全胜"的指导思想。"进则全胜"本质是一个转化过程。相关的理论文章涉及的最简单的是"刺激–响应"模型，还有"刺激–动力–过程–响应–结果"模型。我们准备把绿水青山向金山银山的转化机制通过这样一个完整过程实现量化，这些可以通过问卷调查把转化机制和过程设计出来。所以我在理论上有了一个积累，现在做调查，回来就能用。

上官周平（以下简称上官）：7月20号参加美丽中国专项项目七的人员一起汇报进展，到时候把这些内容和本次调研结合起来。这次我们主要看一下黄河流域，有个直觉印象，并不像上次在榆林学院与大家就一个议题展开深入座谈，这次可以就自己感兴趣的话题进行随机采访。

1.2　调研团队和目的

1.2.1　调研团队介绍

本次调研团队来自西北农林科技大学和中国科学院水土保持研究所，主要成员包括上官周平研究员，淮建军教授，两名博士生，两名硕士生和一名司机。

到达天水吃饭时，大家做了正式介绍。司机姓荀，是水利科学研究所的老职工，原西北农林科技大学车队的成员。在过去几十年里，西北农林科技大学经济管理学院很多老师都用过他的车。苟师傅是在黄河流域带着研究团队跑得次数较多的一位老司机，每到一地方，他马上说明酒店住宿、餐馆吃饭的情况，是我们黄河流域调查的活地图。苟师傅开车比较保守，车速比较慢，从不加速超车。因此我们从杨凌到达天水一般三个小时的路程，他开了四个多小时。为什么要介绍苟司机的经历和行车方式呢？社会调查不仅要考虑熟悉路况，安全行车，而且要保障正常行车速度；否则，缓慢的行车速度会导致后面调研活动存在着一定的滞后性，甚至无法完成原计划的调研任务。

我们带队专家是上官周平，他是中国科学院水利部水土保持研究所、西北农林科技大学水土保持研究所二级研究员，水土保持领域专家，承担过很多重大项目。他的学术成就在水土保持界，甚至在经济管理领域都具有一定的影响力。本次调研活动按照荒漠化区划特征，用 12 天走过 6 个省（自治区），上官老师提供了一个按照地形和地貌划分的根据百度地图形成的路线图，每一天规定了调研的住宿时间和地点（表 1.1）。我们俩合作多年，2018 年我们联合撰写了一份咨询报告被中共中央办公厅采纳，2019 年我们合作的一份咨询报告《关于加强黄土高原淤地坝建设与风险管理管控的建议》被李克强总理等领导人批示，这份有关于淤地坝风险管控的建议有效推动了黄土高原水土保持工作，同时给陕西省政府带来几十亿元的建设项目投资。

表 1.1　黄河中游生态保护与农业高质量发展调研计划：按照荒漠化区划特征 12 天走过六省

时间	考察单位/内容	住宿
13 日：杨凌—天水—通渭	天水水土保持科学试验站，吕二沟流域，罗峪沟流域，旱作梯田，覆盖技术	通渭
14 日：通渭—华家岭—罗家山—定西—靖远	植被恢复，旱作梯田，流域治理，马铃薯产业，覆盖技术	靖远
15 日：靖远—景泰—中卫	黄河石林，治沙产业，黄河九曲，荒漠草原，现代特色农业	中卫
16 日：中卫—中宁—盐池—定边	枸杞产业，宁大草地试验，马铃薯产业，现代特色农业，畜牧业	定边
17 日：定边—靖边—榆林	治沙英雄，毛乌素沙地治理，草地畜牧业	榆林
18 日：榆林	赵家峁产权制度改革，黄家圪崂村新农村建设，白舍牛滩村田园综合体，女子民兵治沙英雄连	榆林
19 日：榆林—神木	现代农业示范园，沙地植物园，六道沟流域治理，赵家沟旱作农业，矿区治理	神木
20 日：神木—准格尔旗	神华矿区治理，草地畜牧业	准格尔旗
21 日：准格尔旗—右玉—朔州	神东哈尔乌素露天煤矿厂，右玉展览馆，沧头河湿地公园	朔州
22 日：朔州—佳县—米脂	沿黄生态治理，河滩红枣，山地苹果	米脂
23 日：米脂—绥德—安塞—延安	高西沟，赵家坬万亩苹果示范园，韭园沟坝系，山地苹果，纸坊沟，延安新城	延安
24 日：延安—洛川—三原—杨凌	南沟流域，洛川苹果展览馆，斗口农业试验站	

时间为 2020 年 7 月 13 日至 2020 年 7 月 24 日

我叫淮建军，来自西北农林科技大学经济与管理学院，教授、博士生导师，我带了一名博士研究生张垚。近十年里我的团队长期从事气候变化及其对社会经济影响的研究，目前负责中国科学院"美丽中国生态文明建设科技工程"A 类战略性先导科技专项的第七课题的一小部分工作。习近平总书记提出"绿水青山就是金山银山",但在现实中很多绿水青山往往是穷山恶水,无法有效地转化为金山银山,并进而带动当地农户脱贫致富。所以我们负责研究如何把绿水青山转化为金山银山的机制问题,这也是我积极响应上官老师的号召,放下自己正在申请的一些科研项目,毫不犹豫地加入到这次调研中的一个主要原因。我的初衷主要是从经济管理角度调查各地生态治理、乡村振兴具体特点,总结各个地区不同的模式。

上官老师带来三位学生,第一位叫苏冰倩,硕博连读,已经发表了四篇较高质量科研文章,是一个非常优秀的学生。第二位是硕士生王耀斌,他一路上坐在司机旁边,使用手机百度地图导航,我们叫他"北斗系统"。第三位是硕士生邓香港,他比较沉默,踏实做事。上官老师分工比较明确,自己负责预订酒店,王耀斌负责导航,邓香港负责吃饭和住宿结账,我负责点菜等工作。张垚刚从澳大利亚莫纳士大学金融专业硕士毕业回国半年,希望他适应中国国情,能尽快转换自己的思维方式,更加热情和积极主动地对待调研对象。

1.2.2　调研目的

上官老师简单给我介绍了调研计划:从陕西出发,到甘肃、宁夏,再通过毛乌素沙漠,从榆林向内蒙古、山西,回来的时候又通过延安再到铜川,最后回到杨凌(图1.1)。

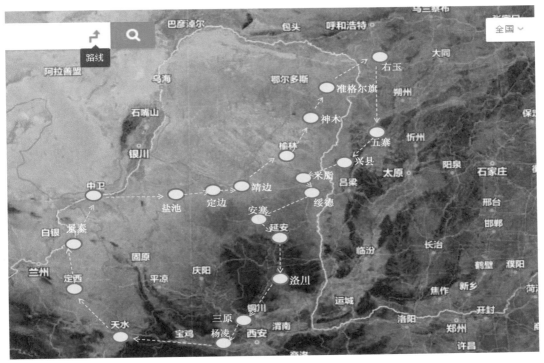

图 1.1　黄河中游生态保护与产业发展调研路线示意图

经过讨论，我们更加明确了此次针对黄河流域调研的目的、计划、方法及预期效果。我们调查目的是了解黄河流域生态保护的基本模式及生态农业发展的现状，访谈地点是先进典型的农村农户所在区域，包括农业示范园区、合作社、农业企业、展览馆、矿区、实验站等，重点访谈对象是经官方宣传、优点多的地方单位和个人；主要通过实地观察，辅以深度访谈和讨论，收集大量一手资料、照片，了解访谈对象的基本特点、发展优势及面临的问题。因此，基于以前的工作，我也准备让学生通过"问卷星"把以前做的问卷设计成在线问卷，如果条件许可的话我们可以向当地村民、水土保持工作者、实验站的学生发放问卷链接，从而获得量化数据。为什么要选择这些地方呢？第一，从地理空间来看，它们属于黄河流域中上游干旱半干旱地区，能够代表黄土高原和黄河流域的主要特征。第二，从气候变化和植被覆盖类型看，我们选择的地区以子午岭为中心，能够反应不同生态类型和治理特征。第三，这些地区具有不同的风土人情和社会经济背景，同时又是西部相对落后地区，因此研究这些地区的生态治理和农业高质量发展，就比沿海发达地区更能代表我国更大面积的农村地区的生态文明建设和乡村振兴的现状。当然，其中的很多地方都是习近平总书记考察西北地区时走过的地方，因此我们是跟随习近平总书记的步伐，想进一步进行考察和研究。

淮：我明白您安排的调研方式，先观察、体验，收集一手素材，这能够发现一些好问题。

上官：我们会去看一些介绍生态治理典型的展览馆，看宁夏王有德、陕西牛玉琴、石光银等治沙英雄。王有德很厉害，被授予"人民楷模"国家荣誉称号，我在电视上看到对他功绩的介绍。我们没有联系，直接过去不一定能见到他本人。

淮：我们西北农林科技大学不是邀请了甘肃治沙六老汉在秀山活动中心给学生做报告吗？王有德是不是他们中的一个？

上官：不是，我们到那里去看一看他们采取的一些治理措施、技术和实际效果。

淮：你原来说你们民主党派要组织黄河流域调研，这个算吗？

上官：这个不是，最近我在外面调研比较多。6月份陕西省人大组织了一次10天左右的调研。从宝鸡开始，沿着渭河、无定河调研。陕西省政协组织的调研，让我到延安跑了几次。每次调研的任务不一样，我们组织的形式也不一样。

淮：在黄河流域陕西段你们做了好多调查，有没有形成什么结论？

上官：我们给人大做了一个调研报告，政协也是。

淮：你的主要任务是什么？在黄河治理方面有没有新发现呢？

上官：人大主要看水资源、水生态和水环境的治理，政协主要看生态环境的修复效果。出发点不一样，要求也不一样。报告有些给省政府，有些给其他部门，这和我们举行的研讨会不一样。

淮：人大、政协组织的调研，专家水平更高，发现问题和解决思路更宽更宏观。

1.3　调研方法

社会调查方法（亦称调查研究法、问卷调查法）是社会研究方法中的一种，属于一种

"定量"的研究方式。社会调查方法可以在较大的范围内对社会现象进行准确的描述，也可以解释不同现象之间的关系，其程序规范、严格、可信度高，因此在当代社会科学研究中得到了广泛的应用（肖唐镖和陈洪生，2003）。科学研究需要科学的方法，而科学方法只有得到正确的应用，才能保证研究的科学性。毛泽东指出，社会调查的对象主要是广大人民群众，社会调查的内容主要是人民群众的社会实践，社会调查的目的主要是为了更好地引导群众认识世界和改造世界，社会调查的过程从根本上来讲主要是群众路线展开的过程。"一切为了群众"是社会调查的根本出发点和归宿；"一切依靠群众"是社会调查的原则导向。坚持以群众路线为导向的社会调查方法，就是调查群众的状况，调查群众的需要，调查群众的意愿，并在调查中把群众的意见集中起来，作为制定正确方针、政策和路线的基本依据①。

按照社会调查的基本方法，在调研之前，我们一般会明确调研目的，带着我们规定的学术问题或者项目要求，阅读一定文献之后，设计访谈大纲和调研问卷，规划好调研路线。先要确定沿途我们所要抵达的地区，具体到乡村一级；进而明确调研对象是农户、企业家、村委会、还是乡政府，因为在不同尺度、不同层级上的问卷设计和访谈大纲迥然不同。

为了记录一手资料，参与式访谈是我们本次调研采取的主要方法。

我对黄河流域的认识源自教材或者文章，没有实地仔细地考察每一部分；对这些年轻人，这次调查是了解黄河流域的好机会。无论他们将来从事科学研究还是其他实践工作，也许再无法这样系统完整地考察黄河流域了。在吃饭的过程中，我详细说明了一下本次调研的要求。希望大家把调研过程中看到的、听到的以及想到的，用录音、照片和文字形式记录下来。在考察过程中，我要求每位年轻人要学会交流，要积极地和每一位座谈对象做朋友；要主动发现问题，并试着分析原因，解决问题。

我们座谈的时候，要做好会议纪要，根据讨论内容梳理形成重要的一手科研资料。我们考察时要收集一些素材、拍些照片、作出评论，通过对原始资料的整理编辑，希望形成一篇文章、一本书或者一个调研报告；通过调研我们可发现一些闪光点，为后续科学研究找到一个理论结合实际的创新点；大家每日总结体会并分享，这样调研回来，收获会很大。

在访谈过程中遇到陌生人要用用"5W1H"的方法提出问题："这是什么地方？发生了什么事情？有什么原因？你们是怎么解决的？谁是主要的作为者或者决策者等？"另外一种方式是："你们受到了什么冲击？面对每一次挑战或者冲击，你们是怎样响应的？在响应过程中，你是如何学习或者改变的？这些改变最后给你带来哪些好的结果？面对这些结果，你如何评价或者根本原因是什么？"我们去不同的地方，见不同的人，可以从不同角度发现问题；这样的调研比较全面、立体，可以更加丰富项目内容。我们之前在榆林调研，根据当时录音整理成报告，借鉴一些参考文献对榆林的产业发展提出对策建议，并在《水土保持研究》2020 年第四期发表。

---

① 参见《毛泽东选集》。

|第 2 章| 　天水水土保持

2020 年 7 月 13 日我们的车驶上连霍高速，经过宝鸡，翻过秦岭到达甘肃省天水市，接近 12 点在天水市麦积区下高速，在滨河广场附近枫都饺子馆吃饭。休息片刻后，我们前往此次调研第一站——天水市水土保持科学试验站（简称天水站）。13：30 左右，天水站还没有上班，所以我们前往吕二沟流域参观调研，顺路而上到达毛家庄、杨何村参观了秦州区玉泉镇果富农种养殖农民专业合作社的花牛苹果产业，与合作社的工作人员进行交流。15：00 返回水保站，通过上官老师的沟通，我们在工作人员带领下前往罗玉沟试验站参观，了解了罗玉沟的基本实验情况。座谈完毕后，我们沿天巉公路前往通渭县，19：30 左右到达通渭县并入住酒店。

小贴士 2.1　天水市简介

天水市地处三省交界，历史文化悠久，农业资源丰富，生态环境优良。

天水市位于甘肃省东南部，地处秦岭西段、渭水中游，是丝绸之路经济带重要节点城市。现辖秦州、麦积两区和武山、甘谷、秦安、清水、张家川回族自治县五县，总面积为 1.43 万平方千米，总人口为 372 万。

天水是"三皇之首"——伏羲氏的诞生地和伏羲文化的发祥地，以伏羲文化、大地湾文化、秦早期文化、麦积山石窟文化和三国古战场文化为代表的"五大文化"，构成了天水丰富的历史文化资源。

天水是我国北方水果、蔬菜生产基地和中国西部航天育种基地，农林土特产质优品繁，果品、蔬菜、畜牧、劳务产业化程度较高，花牛苹果、秦安蜜桃、秦州樱桃、清水核桃、下曲葡萄、甘谷辣椒、武山韭菜等农产品在全国具有较高知名度。天水国家农业科技园区是中国西部航天育种基地，被中国农学会评为"全国十大名园"之一。

天水生态环境良好，属大陆性暖温带半湿润气候，冬无严寒，夏无酷暑，气候温和，四季分明，素有"陇上江南"之美誉。境内植被丰茂，小陇山、关山、秦岭三大林区林地面积为 1026 万亩（1 亩≈666.7 平方米），是西北最大的天然林基地，有林木资源 2500 多种，森林覆盖率达 36.45%。

资料来源：http://www.tianshui.gov.cn/col/col21/index.html

2.1　天水水土保持科学试验站

2.1.1　天水站的发展变革和引领作用

下午一点左右，我们的车直接停在了天水站大门口。走进一楼大厅，两侧宣传栏张贴了各种通知，文件抬头是黄河管理局。天水站水土保持工作的引领作用突出，经济建设的贡献卓著。

小贴士 2.2　黄河水土保持天水治理监督局（天水水土保持科学试验站）

黄河水土保持天水治理监督局（天水水土保持科学试验站）创建于 1942 年，是国内建立最早的水土保持科研机构。2000 年以来，天水站开展的主要工作包括水土保持试验研究、水政监察与水资源管理、水土保持预防监督、水土保持监测等。

创建 70 多年来，天水站先后开展了大量水土保持技术试验研究，并进行了示范和推广，多项技术成果为国内首次开展，引领了我国水土保持工作的发展，为当地经济建设做出了重要贡献。建立了全国第一个水土流失径流观测场——梁家坪径流场，积累了我国系列观测序列最长、观测资料最完整的水土流失资料。最早开展了水土流失成因和土壤侵蚀机理研究，开创了不同尺度原型观测与试验研究相结合典型范例。首次提出了小流域综合治理的概念。开展的大柳树沟综合治理试验是我国最早开展的小流域综合治理典型。先后创建了天水大柳树沟、吕二沟、武山县邓家堡等全国最早的水土保持综合治理示范点。

资料来源：黄河水土保持天水治理监督局（天水水土保持科学试验站）网站资料，http://www.hw-ts.com/

2.1.2　吕二沟综合治理和土壤侵蚀

由于中午工作人员尚未上班，上官老师提议先到吕二沟流域看看。在路上，上官老师简单向我们介绍了吕二沟的一些情况。历史上吕二沟水土保持做得非常好，在水土保持界非常有名，这是上官老师选择参观它的主要原因。

刚下过雨，虽然路上的水流很少，但是它造成的冲刷却非常严重，暴露出来的土质大多是酥软的泥沙，路面被小水沟破坏，行车困难。刚刚进入吕二沟，我们就见到一处非常经典的土壤侵蚀的坡面，代表黄河流域土壤严重侵蚀的情况（图 2.1）。该坡面明显是一处滑坡留下的，由于坡度较大，无法留住水分和植物种子，导致各种植物无法在坡面生长，随着雨水冲刷以及汇集，水土侵蚀，逐渐形成了这种面貌。半路上一台大型推土机在路中间作业，把小水渠两侧的泥沙推向路边；我们进沟之后发现，当地很多农户、农家乐旅店等都逐渐深入到沟里。

图 2.1　吕二沟流域严重土壤侵蚀的坡面

土壤侵蚀是指土壤及其母质在水力、风力、冻融或重力等外力作用下，被破坏、剥蚀、搬运和沉积的过程。水土流失是指在水力作用下，土壤表层及其母质被剥蚀、冲刷搬运而流失的过程。图中部分坡面侵蚀程度属于中等以上水平，说明吕二沟流域部分地区土壤面蚀严峻的现状。

（2020 年 7 月 13 日，淮建军摄）

随着天水城市发展，吕二沟流域的居住范围不断扩增，一个小的水土保持监测点因为居民干扰较大而被废弃。吕二沟流域综合治理效果良好，目前呈现出不同程度的土壤侵蚀面貌。

小贴士 2.3　吕二沟流域综合治理效果良好

位于甘肃省天水市秦州区南郊的吕二沟流域，土地总面积为 40.50 平方千米，水土流失面积达到 33.75 平方千米，流域后部为山区，前部为耤河河谷川道，紧靠城市，是典型的城郊型流域。1998 年，吕二沟流域被列入黄河流域水土保持耤河示范区工程；截至 2008 年，共完成综合治理面积 874.69 公顷，其中兴修基本农田 183.40 公顷，营造水保林 364.09 公顷，发展经济林果 191.47 公顷，种植优质牧草 135.73 公顷，建小型沟道拦蓄工程 1 处。近年来，通过改善环境，提升旅游业，调整结构推动农业现代化，综合统筹富民兴业三条途经，吕二沟流域已经被建设成为高标准、高质量、高产出的开发型治理的生态旅游和草产业带动奶产业的高效示范流域，取得了良好的水保生态、经济和社会效益。

资料来源：吴萍. 城郊水保生态旅游型吕二沟小流域治理成效及对当地影响. 甘肃科技，2008（10）：91–92

2.1.3　土壤侵蚀治理的研究

　　王效科等（2001）利用林草覆盖率、土质、坡度坡长、降水因子分析，结合不同区域的土壤侵蚀差异性提出水土流失敏感性区划方案；刘国华等（2000）比较探讨了沙漠化、土壤侵蚀和生态功能退化等较为突出的问题，从分布、特征、现状的角度阐述了自然环境破坏的特征；李占斌等（2008）提出了未来水保治理发展方向，指出要加强对水土流失调控技术科技转化、水保治理及土壤侵蚀环境治理成效评价、土壤侵蚀大尺度预测模型和土壤侵蚀机理等研究。李孝娟（2018）通过研究土石质山区水土流失治理，提出应充分考虑当地需求和小流域自然生态状况科学设计治理方案，为达到理想成效要积极引导人们参与治理；常志勇等（2018）认为自然环境和社会发展不平衡是当前面临的主要问题，其中最重要的是生态环境保护，通过详细分析生态修复的原则、规律、特点及其存在的主要问题，提出生态恢复和治理规划方法。

　　吕二沟流域植被覆盖度为28.9%可以划分为5个等级，其中低覆盖所占比例最高，为51.7%（崔亚忠和张海强，2012）。吕二沟小流域多年平均降水量表现出流域上游>中游>下游的特性，并且随着海拔的增高而增加；不同降水强度引起的降水空间异质性不同，降水量愈大，空间异质性越大。降水量越大，高程和距离沟口距离所起的作用越明显（李海光等，2011）。1982~2004年，林地面积以每年1.07%的速率快速递增是吕二沟流域土地覆被变化的最明显特征，而罗玉沟流域在国家坡改梯工程影响下，坡耕地面积大幅减少，1986~1995年约73%的坡耕地转化为梯田。土地覆被变化是导致流域径流和产沙减少的主要原因，在相同降雨条件下，径流深、泥沙量分别减少43.76%和35.23%，流域森林覆被率增加5%，径流模数可减少18.43%~37.58%（赵阳等，2014）。在吕二沟流域，不同的林分由于其植被情况、土壤状况、根系等其他条件的不同，其对地表径流、壤中流等径流组分的影响有所差异，在相同的降雨条件下，4个不同植被类型的径流小区其产流量表现为灌木>混交>刺槐>油松，地表径流量也表现出相同的规律，表现为灌木>刺槐>油松>混交，而壤中流量则不同于上述两者，表现为混交>油松>灌木>刺槐。刺槐和灌木径流小区的坡面径流主要形式为地表径流，分别占总径流的95.61%和91.62%；降水是径流产流的最主要的来源，尤其是对于季节性降水明显的黄土高原地区，降雨量达到一定的阈值才会产生径流过程；降雨强度对地表径流和壤中流的影响有所差异；前期土壤含水量是影响坡面产流的一个非常重要的因素（吕锡芝等，2015）。

　　随后我们逐渐深入吕二沟，发现两侧植被整体恢复情况良好，有部分倾斜度较大或接近垂直的坡面没有植被覆盖而完全裸露，呈现出不同程度的土壤侵蚀面貌。

　　淮：这条小公路修通了吗？车能进去吗？

　　上官：直接到观测站。

　　淮：观测站在半山腰？

　　上官：吕二沟长几公里，里面有一些小流域，还有好多观测点。黄河流域有些沟都深达数十公里，里面还有很多支沟。

　　淮：这个土属于哪种类型？

上官：还是黄绵土。看这边，这坡侵蚀得很厉害。

邓香港（以下简称邓）：这种陡峭的直坡，没有植被，因为树种落不上去，也恢复不了。

淮：好像是滑坡。

王耀斌（以下简称王）：是滑坡了。

2.2 果富农种养殖农民专业合作社

从吕二沟继续向上直到一个小山头，面前出现四面环山的一个盆地，层层叠叠的梯田上种了很多苹果，果园里有人在干活，半山腰还有一片房子，远处一片郁郁葱葱（图2.2）。驱车直接到了半山腰的房子前，刚一下车，我们看见天水市秦州区果富农种养殖农民专业合作社的牌子，同时一只拴在门口的猎狗狂吠起来，里面的人走出来喊了几声狗才安静下来。走出来一对夫妻，年龄在50岁左右，比较憨厚，我们向他们了解了果园运行的情况。

图2.2　吕二沟苹果园远景图

苹果园规模很大，生态效益和经济效益很好。

（2020年7月13日邓香港摄）

合作社是获得规模经济的有效途径。农民专业合作社是在市场经济条件下，为克服农民在市场竞争中的弱势地位，组织小生产与大市场对接，推进产业化进程，增强抵御风险能力，增加农民收入，促进农村经济全面发展的农民自发组织的自律性民办经济组织。农民以土地折价入股加入合作社，并成为其主要服务对象，由合作社向农民提供生产资料的购买，农产品销售、加工、运输、储藏以及相关的技术、信息等服务。简单来说，合作社是由成员所有和控制的，要以满足成员的共同需要为准则，即"所有者与惠顾者同一"，这是合作社区别于公司的最基本的特质（刘红君和阎建忠，2020）。当前中国农民专业合作社面临一些制度困境。在产权结构上，当前出现股份化的倾向，即少数领办能人和龙头企业所持股份在合作社总股本中所占份额过大。合作社治理结构的主要难点在于协调以市场需求为导向的经营理念与以社员销售收入最大化为导向的基本原则之间的矛盾；既要按照生产者联盟的关系满足农民社员各方面的利益诉求，又必须像投资者一样追求利润最大化和管理企业化。合理的合作社盈余分配机制应该要"寻到公平与效率的微妙平衡"。当前，相当多合作社的盈余分配方案是以按股分红为主，核心成员获得合作社经营利润的大部分，仅留下少量利润按交易额分配，以应付相关检查和向社会宣传，获取更多的财政和社会资金。而这些捐赠性公共财产又成了"黑箱"，真正量化到每个成员的份额很少（刘颖娴，2013）。

2.2.1　合作社利益连结机制

这片山是一个大企业家承包的，他们夫妻两人是当地农民，被企业家雇佣，常年在这里管理苹果园。他们介绍这个企业家投资规模非常大，但今年由于疫情苹果销售不太好，还没有发工资。在路边遇到一位 70 岁左右戴着草帽的老人，我们向他了解当地土地流转的形式，他说个人土地流转通过村委会承包给企业，在农忙的时候企业按照每人每天 80 ~ 100 元雇用农民。在收入好的时候，企业会给他们好的待遇，及时发放工资；如果遇到苹果销售比较困难的年份，他们每年的土地承包费难以按照约定支付。可见，企业通过村委会承包土地，雇用农民管理，通过合作社实现利益连结。

淮：这里种的都是花牛苹果吗？那些没开垦的都是你的地？

村民：那些都是私人的。

淮：农户把地租给企业，你们给企业上班，企业给你发工资，你们是不是当地农民？

村民：是的。

淮：你们负责多少地？

村民：这一大片。

2.2.2　合作社的生产经营

走进果园，这里的花牛苹果非常漂亮，像美国的蛇果一样（图 2.3）。果园里采用了各种措施，包括驱蝇灯、拉树形、套袋等，管理比较专业。除了花牛苹果之外，更多的是富士苹果。我发现树叶有点卷，说明山地苹果完全靠天吃饭。在这里，我们与管理果园的农户围绕苹果种植、冷库管理、灌溉条件等开展了访谈。合作社靠天吃饭，自负盈亏，租赁冷库存储，农药使用过量，花牛苹果必须和富士苹果交叉授粉。

淮：我们是西北农林科技大学的，每年都调查黄河流域苹果。看见你这个果园，过来跟你聊聊天，现在这些树好像都没挂果，长了几年？

村民：三四年了。

淮：花牛苹果今年产量怎么样？今年能卖多少钱？

村民：今年的果子繁但卖不上价钱。受新冠疫情影响，七八毛都没人要。

图 2.3　花牛苹果

花牛苹果特指产于甘肃省天水市地区的元帅系优良品种苹果，为中国国家地理标志产品，其肉质细、致密、松脆、汁液多、风味独特、香气浓郁、口感好；被中外专家和营销商认可为与美国蛇果、日本富士齐名，是中国在国际市场上第一个获得正式商标的苹果品牌。

天水地处高海拔区，山多川少，大部分果园位于山地，具备土层深厚、光照充足、雨水适中、冬无严寒、夏无酷暑、四季分明的独特气候条件，非常有利于果实正常生长、着色；花期、花后气温稳定，有利于果实坐果；在果品成熟期昼夜温差大（8～10月昼夜温差达10～15℃），非常有利于果品糖分的积累，符合农业农村部优势苹果区域布局规划和生态指标要求。天水是中外专家公认的世界苹果最佳优生区。从图上看，果园中尚未成熟的花牛苹果，通过果园中零星种植的红富士进行授粉，为粗放管理，未进行疏花疏果。

（2020年7月13日，王耀斌摄）

淮：花牛十月份成熟吗？这是不是市财政上支持的苹果基地？

村民：到国庆节（就成熟了），花牛不能放，只能上库存，冷库里能存一年。财政上没人给你管。

淮：你现在有卖的苹果吗？你们有冷库吗？

村民：租别人的冷库，自己没有冷库，建一个库要几百万呢。

淮：冷库怎么计算存储费用？

村民：按斤来算，超过1万斤的价格可以商量。

淮：你们是给他们技术支持？修剪树枝？

村民：有什么活，干什么活，除草打药。

淮：一年你们打几次药？套袋以后，打了吗？

村民：最少10次。套袋以后打到袋子上，打到叶子上去。

淮：每年是不是给自己留几棵树不打药？

村民：不行，不打药整棵树就死了。上回少打了两次都不行。

淮：现在这些树木都没有灌溉条件吗？

村民：没有。

上官：这地方水分还比较充足。

淮：今年是不是雨水多，苹果会不会不甜？是不是晚熟？

村民：不会，山上苹果比其他地方都甜，到国庆节成熟。有的时候按节气成熟，像八月十五。在八月十五全部成熟之前要抓紧，早一点摘可以卖高价钱。

淮：你们还种红富士吗？

村民：有套袋的红富士。

淮：花牛都不套袋的吗？花牛不怕虫子吗？

村民：要打药呢。

淮：你红富士能种一大半吗？这边流行花牛吗？

村民：这两种苹果树穿插着种，因为它们相互授粉。

淮：花牛不能自己授粉吗？

村民：必须要有红富士呢。

淮：花牛镇离这里还远吗？

村民：还很远，有二十里呢。

淮：花牛镇比起你们这边是好还是差呢？

村民：那边的地理条件比这边要好。

淮：我们能去果园里面看一下吗？我原来在这里调研，还没有发觉这里花牛不能自己授粉，需要交叉受粉。

王：这些都是他们零星种一点。

淮：我刚才看了一下他们花牛不套袋，特别好看。我们的实地考察要到田野去。你们看这个苹果长这么小，都已经上颜色了。这个花牛不一样，说不定是打农药引起的。

王：他们打农药是防治病虫害，还是输入营养液呢？

淮：主要防虫防病的，营养液他们不会打。像这些成年的树，每年都需要在根部施几次肥。洛川的苹果，用滴灌把水和肥混合起来送进去。这棵树没有摘花，这么多果子。

王：这个很正常。

淮：企业承包地都是采用粗放式管理。这留的果有点多，疏花的时候，摘一半留一半，果子长得大，营养多，可以按品级卖。

王：我们还修剪过呢。

淮：你是林学院的，可以给我们讲讲这一串树枝。

邓：这分上中下，长一圈绕成螺旋状，插空增加光照。4月30日之前我们修成三角形的树形。

淮：从外面看它的里面都是空的。

王：苹果、桃和梨是不一样的。这个是吸蝇板，上面有好多果蝇。

邓：有些是靠灯光诱虫，有些是靠颜色。

淮：原来调研时农户说他们怎么做，我很少到地里来，现在一看明白了。

下午两点半以后，我们赶到了天水水土保持科学试验站，见到了谢局长。上官老师拿出我们的介绍信给他看了之后，开始介绍中国科学院水利部水土保持研究所以前的工作。上官老师提到他以前去过很多水土保持试验站，但一直没有来天水水土保持科学试验站参观学习，因此今天特意来这里拜访。谢局长很热情，提起以前在水保界非常有名的一些学者专家。经过一场寒暄之后。

谢局长（以下简称谢）：我以为你们今天晚上不走了，好不容易到这儿，住一天。

上官：我现在想去罗玉沟，看完准备去定西调研，再到中卫看一看，写一些材料。

淮：上官老师给我们安排了 12 天要跑 4 个省（自治区）。

上官：去中卫那边，回来的时候再去绥德站参观。

谢：往绥德的水保站，这我去得多。我们一直在坚守，经济效益压力大。罗玉沟一直都做着，但是做的思维和工作不一样。（20 世纪）40 年代，天水站就开始做了，是最早一批。

上官：吕二沟和罗玉沟很有名气。吕二沟泥沙土质比较特殊，前两天下了雨以后路上冲刷很厉害。

谢：这几年城市建设把这些耽误了，原来这个沟道里面建了很多小厂子，现在情况很不一样。

2.3　罗玉沟试验场

很快，谢局长打电话叫来了办公室安主任，一个 35 岁左右的年轻人接待了我们，明确了我们的意图之后，他带我们去罗玉沟试验场。

基层水土保持试验站，根据新时代的水土保持发展需求，其主要工作任务：一是扎实开展区域或小流域水土保持规划设计，搞好技术服务；二是持续进行工程、植物、耕作水土保持三大措施新技术的定位试验研究，争取快出成果；三是全力投入生态清洁型小流域建设措施研究及成果推广，创建生态宜居环境；四是利用已有的科研设施，引进先进设备，开展水土保持区域监测和定位观测，探求水土流失发生发展规律。

小贴士 2.4　罗玉沟流域

罗玉沟流域位于天水市北郊，是渭河支流——藉河左岸的一级支沟。流域呈羽毛状，总面积为 72.33 平方千米，流域对称系数为 0.9，分水岭发展系数为 1.49。根据黄河流域土壤侵蚀分区，罗玉沟流域属黄土丘陵沟壑区第三副区的渭河中上游部分，在甘肃省水土保持区划中属西北黄河流域水蚀区中的陇中黄土丘陵区。

罗玉沟流域地形从西北向东南倾斜，主沟道长为 21.8 千米，海拔高度为 1165.1～1895 米。流域地面坡度比较平缓，流域内地貌类型多样，属黄土梁峁丘陵地貌。罗玉沟属温带大陆性季风气候，年平均气温为 10.7℃，历年极端最高气温为 38.2℃，极端最低气温为 -19.2℃；流域年平均降水量为 533.7 毫米，5～10 月降水量占全年降水量的 79.2%，汛期输沙量占年输沙总量的 88.2%。罗玉沟流域地表水资源主要降水补给。罗玉沟地下水资源按其空间分布可分为山丘区地下水资源与河谷区地下水资源。罗玉沟流域共有山地灰褐土、山地褐色土和冲积土类 3 个土类。

资料来源：张晓明. 2007. 黄河流域典型流域土地利用森林植被演变的水文生态响应与尺度转换研究. 北京：北京林业大学

2.3.1　水土保持项目

我们跟在办公室主任之后，一路向西，出了城市，很快爬上一条比较陡峭的水泥山路，一边是悬崖，一边斜坡上有很多果树，我以为是苹果，但上官老师说是大樱桃。一路上我们和办公室主任聊天，大致涉及水土保持试验站以及观测点的一些机构变革。在20世纪90年代，国家要求取消水土保持试验站编制，很多人逐渐退出了水土保持工作，但是之后几年水土保持工作编制并没有被撤，基本编制反而有所增加。

我们看到了漫山遍野的大樱桃。试验场路旁的大樱桃长势很好，门前的实验田支撑很多水土保持项目的研究工作。

淮：这个漫山遍野大樱桃是农户种的还是你们种？

办公室主任（以下简称办）：农户自己种。

淮：有没有林地或者实验田？

办：我们在上面有一个试验场，有308亩。

淮：你们也种樱桃？

办：里面有实验，有樱桃。

淮：如果樱桃1斤能卖十几块钱，收入很高。

办：樱桃今年受霜冻影响，所以产量少。

淮：价格上去了。这边气象灾害严重吗？

办：每隔两三年，四月份左右有一次倒春寒，受灾面积也不大。

淮：这边有没有下过冰雹？

办：前段时间冰雹把树叶都打掉了。

淮：有什么空间规律，是不是山里更严重？

办：不确定。

淮：是不是对其他作物有影响？

办：苹果绝收了，玉米叶子全部没了。这是依据2016年水利部的一个危房改建项目，把以前的危房拆掉，新建设的楼房，这个二层楼和三层楼是我们试验场。

到半山腰的时候，车拐进了一个大树丛中，我们见到一面罗玉沟试验场桥子沟1、2、3、4号径流观测站的牌子和一个很大的院子。

目前的实验是在水泥坝口站两侧建设红外探头、泥沙测量仪等一系列仪器，监测坡面地表径流、坡间含沙水流携带的土壤运移量和泥沙沉淀量及沟谷网络拦蓄设施的泥沙淤积量（图2.4）。需要监测的参数包括了降水量、降水强度、土壤质地、坡形、坡度、坡向及土壤可蚀性等与土壤侵蚀密切相关的影响参数。

图 2.4　桥子沟 1、2、3、4 号径流观测站
（2020 年 7 月 13 日，淮建军摄）

上官：平时上面有人？

办：有人，十来个。

淮：他们经常在这住着？

办：他们晚上有值班呢。黄河水土保持天水治理监督局创建于 1956 年，但这是 2000 年成立这个管理机构以后新的名字，老牌子还在用，一个单位，两块牌子。我们叫罗玉沟试验场，这面积有 1280 平方米。这还有 19 座淤地坝，都是小型的。试验场北边这一片属于滑坡体，所以试验场两边一个桥东沟，一个桥西沟。以前东沟是治理沟，西沟是不治理沟，但是现在两边都属于农民的地，都栽果树，都治理了。相对来说东沟治理程度远远要高于西沟，我们刚才说的 19 个淤地坝，在东沟里面。这边是藉河示范区二期项目的时候修建的小区，原来雷廷武教授在这弄了一些自动化设备，也不太用。

上官：现在我们水保所还生产了一套径流泥沙自动监测的设备，全部投放市场了。

办：我们又引进了一些设备，有好的方面，也存在问题，现在试验阶段。

上官：这里一直监测吗？

办：这个是自动观测每次降雨量的设备，也有人工的，上面有人工负责。这些是原来水保局局长在试验场引进的小冠花，繁殖力特别强。

淮：这是从外地引进的吗？

办：最早是从美国引进来的。

上官：这个算引种比较成功的。

办：这边是他们原来做过一个林地的径流观测小区，原来他们黄河科学研究院有个课题叫树冠截留的观测，降雨沿着树冠流下来，有个设备在这观测过一段时间，现在试验结束了。

上官：现在这样的径流小区泥沙和径流都没有了。

办：这个是原来水保所雷廷武教授建的一个自动化观测的量水堰，因为上面植被比较好，建成以后，没采过泥沙，下面没冲过来；建成以后控制面积本身比较小，但是现在植被比较好，上游治理程度好，建成以后截至验收，没采过流。

办公室主任还给我们介绍了各级水土保持项目在这个实验站观测点竖立的牌子。

2.3.2　空间布局

我们正说着话，一个身高大约一米七、身体壮硕戴着眼镜的男子笑着赶过来，他是罗玉沟试验场的苏主任。他远远地喊着上官老师和办公室安主任。上官老师把我们介绍给他，走进实验站观测点的会议室。这是一个两层楼的院子，占地大约十亩，新建楼的楼梯虽然窄了一些，但是楼道很干净，门口挂着一个宣传观测点的地图。走上二楼，我们发现罗玉沟试验场会议室布置得非常好，东面墙全是党建宣传，围绕着一个很大的崭新的会议桌，我们坐下来交谈。苏主任给我们详细介绍了他们试验场的基本情况和罗玉沟的空间的布局。

他在门口的设施布局图（图2.5）前，先简单介绍了原来的水保系统，包括中国科学院水土保持研究所从事研究项目后遗留的一些实验设备。罗玉沟试验场在山沟像俄罗斯套娃一样，一层层从下向上越来越大，呈凹槽形状，监测站位于中上部。山上有人工降雨试验区和土壤侵蚀区。一个水土保持监测的系统，通过摄像头监测不同季节或者情景下降雨量；水土保持工作核心是对地表降雨、地下水位等问题进行研究。上官老师问地下水位是否下降，苏主任承认在下降。

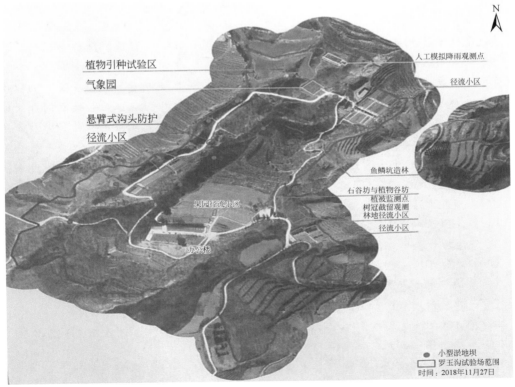

图2.5　罗玉沟试验场实验观测设施布局图

资料来源：罗玉沟试验场宣传板

小贴士 2.5　罗玉沟试验场

　　罗玉沟试验场创建于 1956 年，位于天水市秦州区北郊罗玉沟流域桥子东沟上游，距天水市区约 5 千米，平均海拔高度约为 1445 米，属黄土丘陵沟壑区第三副区。现有科研试验用地 308 亩，是水利部黄河流域水土流失过程与控制重点实验室野外试验基地，主要开展坡面水土流失试验观测及水土保持措施综合配置和治理效益等研究。

　　目前，罗玉沟试验场已建有气象园 1 座，含坡面径流小区 38 个（人工观测小区 36 个，自然集水区两个）、坝库淤积观测点 2 处、植被观测点 3 处（乔木林观测点 2 处、灌木林观测测点 4 个、人工雨模点 1 处）、树冠截流观测点 1 处、土壤墒情观测点 4 个、拟降试验设施 1 处、植物引种栽培试验 1 处。罗玉沟试验场现有淤地坝 19 座，沟头防护 1 处、鱼鳞坑造林 1 处、谷坊 1 处、埂坎及边坡植物防护利用试验 1 处。

2.3.3　淤地坝建设

　　苏主任介绍了淤地坝建成以来，罗玉沟试验场的小型淤地坝没有监测到泥沙，在此期间，国家继续加大淤地坝的建设。

　　苏：这是咱的试验场，面积还挺大，总共 308 亩，能利用的耕地包括荒坡有七八十亩，咱这试验场是 1956 年建成的，这么多年沟道治理工作，还有径流试验都在咱小区布设，刚才咱看的这片有 9 个（淤地坝），这片有 8 个，这片有 17 个，零零散散布设的，但还是有系统的设置的。这是 19 座小型淤地坝，但是和陕北淤地坝不一样，陕北的以淤地为主，这以治理沟道为主。这没有建造淤地坝的条件，几十平方公里也找不到合适的坝址，主要防止沟道下切和沟岸坍塌的小型淤地坝。这是一些教学示范的，这是悬臂式沟头防护，建成有五年了，有着移动轨道。这有一个植物引种试验区，这边是气象园，这边做了一些沟头防护，还有谷坊，树冠截留观测等。咱这力量薄弱，人少，长期的观测达不到。有项目就做，试验站上固定观测的项目在这有三十几个径流小区。

　　上官：我把黄委会（20 世纪）50 年代，60 年代，70 年代的红皮书数据收集了很多。

　　苏：是公开发行的，规定多长时间发行一次。以后一是要收费，二是权限，你要查询，（得）打电话。

　　上官：咱这 19 个淤地坝都是一大件吗？

　　苏：不是，都是两大件，包括溢洪道和坝体两件。

　　上官：建的时间短。

　　苏：2005 年建的，淤地坝建成以后没有下几场雨，里面没什么淤积。别的地方淤地坝连续有三年雨的话，第四年就淤平了。

　　上官：近几年新建的淤地坝，淤不了那么多泥沙。

　　苏：当时有些地方山上植被不行，现在山上植被相当好，从梁峁到坡面，没什么淤积，除非有暴雨才有淤积，但这种情况咱没碰到，所以监测不到侵蚀。咱这小型淤地坝也就这样子。

上官：现在国家很重视淤地坝建设。在陕北，国家"十四五"期间给批了 2070 座淤地坝。

苏：经费是个问题。我在陕北毛乌素沙漠一片粗沙区为了建设淤地坝，测量了好长时间，监测、选址、调查都是我跑的，报上去后就没有结果了。今年我申报的水利部的项目只有几十万元经费，第一次减了 27%，第二次减了 11%。两年的项目今年也要结题了。

淮：是不是所有的科研项目、推广项目经费都减了。

上官：都减了。

上官：坝口站自动监测着吗？

苏：是自动监测的。

上官：现在罗玉沟侵蚀模数有多少？

苏：咱监测的这几年五千（吨/平方千米·年），黄河水文局监测的有七八千，原因一是投资，二是淤积年限。

小贴士 2.6　黄土高原淤地坝建设与风险管控的建议受重视

近日，由西北农林科技大学 中科院水保所、民盟陕西省委农业委员会委员上官周平研究员，中科院院士邵明安和西北农林科技大学高建恩研究员、淮建军教授提出的《关于加强黄土高原淤地坝建设与风险管控的建议》通过民盟中央上报中共中央办公厅、国务院办公厅，10 月 20 日得到中央领导人的批示。

在对黄土高原淤地坝建设与风险管控、水土保持与生态恢复多次调研的基础上，四位专家的报告指出，淤地坝建设在黄土高原已有数百年历史，是行之有效的水土保持工程技术。经历了由自发到有组织进行，从试验示范到全面推广，从单坝到坝系，再到淤地坝与骨干坝相结合及联合调度等几个发展阶段历程，表明黄土高原淤地坝在拦沙滞洪、巩固退耕还林（草）、保障生态安全和粮食安全、促进经济社会稳定发展等方面发挥了重要作用。但在调研中发现，淤地坝建设中还存在建造质量低、病险坝比重大、重建轻管等问题，特别是对数量巨大的小型坝关注不够。

为此专家报告建议，应全面评估黄土高原淤地坝建设成效、问题和风险，制定未来淤地坝发展策略；增加中央资金投入强度，提高淤地坝建管技术标准，加快病险坝的除险加固速度；构建淤地坝实时监测与风险评价网络平台，实现淤地坝安全运行与风险信息的自动获取与实时预警；实施以特色生态衍生产业为中心的绿水青山提质增效工程，加快区域生态文明与乡村振兴进程，确保黄土高原地区 1.2 亿人民的福祉。

资料来源：http://news.sciencenet.cn/htmlnews/2019/11/432420.shtm? id=432420

上官：我 2018 年、2019 年在陕北调研了很多淤地坝，最后写了份材料。我和淮建军教授对淤地坝非常感兴趣，我们做了一些调查，最后在一起写了材料，李克强总理和胡春华副总理做了批示。从去年到现在，陕西省和水利部组织座谈了好多次，落实中央批示精神，做了很多的工作。我们当时给中央提出了建议，第一，要总结淤地坝这么多年的工作

经验教训，黄河流域淤地坝效益请第三方评估；第二，每年要拿出 10 亿~15 亿元，要加强病险坝的加固工作。

苏：这还是少了，现在淤地坝建设的标准都要提高，以前的标准都是太主观。现在加大淤地坝建设。每年陕北泥石流造成的损失要远远超过几十个亿。

上官：第三条建议是要加强淤地坝建设的信息化管理。我们国家现在网络技术这么发达，很容易实现对淤地坝的网络监测。

苏：以前这些淤地坝建设的标准都是我一个人说的，现在这样就不行了。这些年陕西、山西的淤地坝都是我跑的，甘肃少一些，但是陕西，山西淤地坝信息化建设还跟不上。那里都是山大沟深，虽然建设的时候基本都很齐全，但是管护的时候就没人了。现在这些投资下来，谁管？因此还是个投资浪费。

上官：所以我们可以通过无线电的网络系统和监控来实现信息化！

苏：不行，你不知道，在山里这些都很难办到。我曾经在距离这里一公里的地方设置了装电池的摄像头，但是，有人把电池拿走用到自行车上去。我们也没有办法。信息化是个必然趋势。我们这条沟里一直没人，偶尔放羊的会进去，只要知道是我们站上的东西就不会拿。但是现实中的问题比较多。

上官：目前陕西省水保局拿 150 万，进行新基础设施建设试点。第四个建议是要对坝地利用提质增效。两位总理对这个很重视。

苏：只要对水土保持工作能发挥作用就行。水土保持工作是面宽量大，都是在穷山沟里做些事情，只能适应当地粗放式管理，没有办法精细化。淤地坝设计基本还是可以的。但是这几年有个新情况，我们淤地坝一直在使用设计标准和勘验标准，施工的时候用勘验标准，还不如直接用勘验标准，但是现在存在着设计施工之后的连带责任，因此，没人管这个标准问题了。设计标准是按照实际流量还是操作手册？我曾经设计一个淤地坝，排水口大小与经济密切相关，太大花费很高，但是小了将来很难抵御泥石流，可能造成不可设想的后果。

淮：习近平总书记提出绿水青山就是金山银山，什么是金山银山？淤地坝生态效益好理解，经济效益怎么体现？

苏：绿水青山没有资金投入，怎么变成金山银山？好多绿水青山都是很贫穷地区，红延安，延安红，提了好多年没有富起来，但是一旦发现了陕北煤矿，国家大量投资，一下子就富了。我理解自由投资，经济反哺绿水青山，要有实际的东西支撑，才能变成金山银山。发展经济不能破坏绿水青山，但是没有资本驱动，没有矿产资源，绿水青山也是不容易变成金山银山的。国家政策支持天水还是比较好。

2.3.4 大樱桃产业

大樱桃产业在政府推动下逐渐会发展为天水主导产业（图 2.6）。当说到樱桃的时候，苏主任非常兴奋，这也是我所关注的农业产业化的问题。他认为，在天水一带苹果是比较好的主导产业，但是随着气候变化等因素的影响，苹果价格并没有大樱桃好；大樱桃是政府最初积极推动的，并且带有一定的强制性；樱桃刚栽种的时候，农民并没有看到利益，积极性也不高。但是当试验田种植樱桃成功后，产量非常好，最高曾经卖到35 元一斤（1 斤＝500 克）；当地农户看到利益，这大大地带动了农户积极投入到大樱桃种植和管理，大樱桃发展起来，但是能不能成为天水市的主导产业还有待研究。

图 2.6　天水大樱桃

天水所产的大樱桃以果个大、色泽艳、风味浓、口感好、硬度大、无污染、耐贮运，营养价值高等突出优点而备受国内外消费者的青睐，大樱桃的栽培面积不断增大，知名度不断提高。2012 年天水市秦州区被中国园艺学会樱桃分会认定为"全国优质甜樱桃生产基地"。天水露地大樱桃一般在 5 月中下旬开始成熟，6 月下旬采收结束，果实上市期约在 40 天左右。品种有大红灯、美早、8–102、拉宾斯、早大果、翁、艳红、黑珍珠等。天水大樱桃对自然条件要求较高，喜肥喜光，喜湿润怕积水，喜通风怕风害。

资料来源：天水大樱桃，https://baike. so. com/doc/24560640–25428139. html

苏：后面这一片全是大樱桃。

淮：你们樱桃是不是产量很大，销售很好？

苏：今年还行，这两年都差不了多少，年景好的时候价钱低，年景不好的时候价钱高，收入都一样。原来这樱桃都是小范围种植，通过项目带动给农民投资树苗，农民当初都不愿意种；政府来动员农户种植，种上之后也不修剪，等到五年以后挂果了农户发现这是好东西，这才开始修剪。这块就适合种樱桃，果品品质比较好，经济价值上去了。

上官：樱桃能不能放到退耕还林项目里？

苏：当时没有这么重视，重视起来以后果品的品质就好了。我做了调查，大樱桃三年两收，一般情况下一亩三万块钱左右，苹果一亩才五六千。

上官：杨凌都是平地，在温室大棚里种植樱桃效益很好，一亩地温室大棚大樱桃收入可以卖到 20 多万元。樱桃早期都是二三十元一斤。

苏：樱桃品质差别比较大，与品种、套袋有关，这套袋基本都卖到一斤二十五块钱以上，像小杂果这些不赚钱。现在有一部分农民还网上销售，电商主要支持农民。

上官：在陕北主要种苹果，樱桃还是少，红枣基本也衰败了，没什么收益。佳县的红枣都是给羊吃的，被称为"红枣羊"。

淮：现在樱桃施肥打药是农民自己做吗？

苏：是农民自己。经过多少年的磨炼，在防霜防冻各方面农民都有将近二十年的经验。听说有一个设备，像大风机一样把冷气都吹跑了，一吹以后霜冻自动落了，我们没试过。

办：用过的人说效果小范围还可以，但大范围不行。

淮：当地万亩樱桃园，是不是国家给了很多资金支持？

苏：没有，开始是树苗支持，后来是技术支持，包括嫁接、拉直、修剪、施肥等。前期没有好处，技术人员上门服务，政府对农户和外地宣传天水大樱桃的品牌。这是政府推广。

淮：大樱桃发展会不会破坏生态？

苏：农民还是比较关注自己的耕地，上有机肥，这关系到农户利益。他们给樱桃套袋。这样价钱高，好管理，防病虫害，增加温度，便于运输。

淮：有没有疏花疏果？

苏：不疏花，因为每年霜冻，倒春寒影响比较大。但是这里是大樱桃最优适生区。

上官：我看还有人种葡萄？

苏：当地苹果、樱桃、葡萄是三大产业，前两者比较好保存，这两年葡萄不行，病虫害多，市场销售不好，不好存放，主要用于酿酒。目前电商配送很多，也很发达！十块钱的运费。

通过这场聊天，我们基本了解了天水的淤地坝建设的问题，金山银山建设的关键驱动力以及农业主导产业。

7月13日下午5点，我们离开天水市秦州区罗玉沟。在车上向山下看去，天水被包围在群山中，很多房屋都建在了半山腰上。站在高处，天水三面环山，非常漂亮。完成了罗玉沟的调查后，我们驱车进入了下一站，一路奔波，晚上赶到了预订好的酒店。

来到酒店，虽然大家很累，但我还是要求大家尽量把自己今天所听、所见、所想写出来，以便今后进一步分析这些材料。几日后我看到相关报道：中科院水利部水土保持研究所专家来天水局调研［黄河水土保持天水治理监督局（天水水土保持科学试验站）］。

2.4 治理模式简析

天水市生态治理模式包括水土保持试验站场的科研、苹果合作社经营和政府推动的大樱桃产业化，具体归纳见表2.1。

2.4.1 "乔—灌—草"转换模式与腐殖质的增加

从杨凌到天水植被结构出现"乔—灌—草"过渡的明显趋势。从杨凌出发，过宝鸡，跨秦岭，到天水，晚上在通渭落脚，一路上植被发生明显变化。从杨凌到宝鸡，植被覆盖

表 2.1 天水生态治理的模式小结

模式	行政区划	地理特征	组织属性	主要活动	主要产物或绩效
天水试验站	甘肃天水市		最早的水土保持科研机构	水土保持试验研究，水政监督管理，水土保持预防监督、水土保持监测	建立了全国第一个水土流失径流观测场；开创了不同尺度原型观测与试验研究相结合典型的概念，首次提出了小流域综合治理的概念。创建了天水大柳树沟、吕二沟，武山县郑家堡等全国最早的水土保持综合治理示范点
吕二沟流域	甘肃省天水市秦州区南郊	流域后部为川道，前部为藉河河谷川区，紧靠城市，是典型的城郊型坝型流域	黄河流域水土保持示范区工程	通过改善环境、提升旅游业、调整结构推动农业现代化，已经统筹富民兴业三条途径，高标准、高质量、高产出的开发型治理的生态旅游带动型奶产业的高效示范流域	完成综合治理面积874.69公顷，其中兴修基本农田183.40公顷，营造水保林364.09公顷，发展经济林果191.47公顷，种植优质牧草135.73公顷，建小型沟道拦蓄工程1处
果富农种养殖农民专业合作社	吕二沟山头	山地土层深厚，光照充足，雨水适中，冬无严寒，夏无酷暑，四季分明；花期、花后气温稳定；成熟期昼夜温差大	企业组合作社承包山地，雇用农民管理苹果园	企业通过村委会承包土地，按照每人每亩80~100元雇用农民，采用了各种措施，包括驱蛾灯、拉树形、套袋等，管理比较专业，进行田间管理	花牛苹果系元帅系优良品种苹果，为中国国家地理标志产品，其肉质细、致密，风味独特，香气浓郁，松脆，汁液多，口感好
罗玉沟试验场	天水市秦州区北郊	流域地面坡度比较平缓，地貌类型多样，属黄土梁峁丘陵地貌。罗玉沟属温带大陆性季风气候，分布有川区与河谷区，可分为川地丘陵与山地，共有山地黄绵土、山地灰褐土和冲积土类3个土类	现有科研试验田308亩，是水利部黄河流域水土保持过程与调控重点实验室的野外实验基地。已建有气象园1座；坡面径流小区38个，淤地坝19座，坝库淤积观测点3处，植被观测点2处，树冠截留观测点3处，土壤墒情观测点4个，植物引种栽培试验1处，拟降雨试验设施1处	开展坡面水土流失试验观测及水土保持措施综合配置和治理效益等研究	樱桃适应当地光照、降雨、土壤条件，樱桃种植已经成为罗玉沟流域的主导产业。流域内栽植的收入显著装高。当地露天种植的樱桃经济效益很好，套袋的樱桃品质更优、价格更好，因可以防止病虫害，还能增温增加人力成本

率高，主要以落叶乔木为主。在过秦岭的时候，生态环境优异，不仅有松树和柏树的纯林，而且还有针阔混交林。一到街亭，面貌大变，主要以小灌木为主，且植被覆盖度不高，过了天水再往西北走，山丘上只能以草覆盖，且生长状况较差，水土流失的痕迹也更加明显。在靠近天水之后，道路两旁的土丘出现大片裸露接近垂直的土壤面，在后续的路上我又发现有的土丘草被覆盖率很高，也包括了一些倾斜度很高的斜面。我们暗自问道，是否可以生产一些草本的种子在裸露的土壤斜面播撒，或制作一种装置，装上一些营养液，配以若干种子进行播撒，利用草被覆盖减少侵蚀。在果园里可以种植一些豆科植物，为土壤添加氮含量，同时把这些豆科植物的主干与叶等组织打碎还田，作为土壤腐殖质的来源，提高土地质量的同时增加地表生物多样性和地表蓄水能力。

2.4.2　吕二沟治理

从天水市区进入吕二沟，沟道两旁林草丰茂，植被覆盖较好，但往里走却看到令人震撼的流水侵蚀地貌，近乎垂直的土坡分布着很多细沟，侵蚀很严重。吕二沟的土壤土质很容易发生泥石流和水土流失，一旦遇到特大暴雨洪水有可能发生百年一遇的泥石流，滑坡等。在吕二沟种了苜蓿的地土质比较硬，是否可以利用种苜蓿来提高这类侵蚀土壤的质地值得研究。以保护和提升自身拥有土地质量增加效益为目的，鼓励农民种植苜蓿动员农民提供类似玉米碎秆还田的技术，利用杂草或者类似的植物体进行还田，增加腐殖质，增加物种多样性，提高绿水青山建设质量，加强对吕二沟流域的治理。

2.4.3　大樱桃产业发展

天水主要发展以大樱桃、苹果、葡萄为主的经济林果产业，实现从绿水青山到金山银山的转化；开始是政府推广，个体承包种植，效益可观，村村通和电商的发展推动了经济林发展。樱桃适宜在天水地区生长，果品品质比较好，与当地光照、降雨、土壤条件有关，已经成为罗玉沟流域的主导产业，流域内农民的收入显著提高。此外，当地每隔两三年发生霜冻，樱桃受影响很大，为了确保农民的利益，未来在栽培技术方面还有很多需要改进的地方。因此，政府推广，个体承包，电商促进，因地制宜可以推动大樱桃产业发展。

乡村生态产业化沿着生态资源治理与保护阶段、农家乐发展阶段、乡村旅游发展阶段升级演进；通过生态资源治理与保护、美丽乡村建设、发展现代农业等多种方式促进乡村生态资源的累积，形成以自然生态资源、美丽乡村、现代农业和田园综合体带动的四种乡村生态产业化模式。乡村生态产业化的形成主要是政府行为、生态资源、区位条件、农民生态意识等多种因素共同促成的结果（付洪良和周建华，2020）生态产业化是新时代推进生态建设与产业发展良性循环、促进乡村地域系统可持续发展的重要途径。黄土丘陵沟壑区位于黄河中游地区，乡村生态产业化应遵循乡村地域系统演化规律、耦合机理以及价值转化原则，依托地理工程技术加快生态资源培育，建立生态产权管理制度实现生态资源资产化，通过资产集中流转、经营主体培育、产业要素融合等推进生态资产资本化，完善生态市场交易机制保障生态产品与服务市场化；未来应注重地理工程成效管护、健全产权管理制度、发挥能人带动作用、吸纳社会力量参与以及构建动态评价机制，补齐产业化过程中的短板，推进乡村生态、生产、生活的有机融合，实现乡村产业兴旺、生态宜居和生活富裕的振兴目标（张轩畅等，2020）。

第3章 | 华家岭满眼绿色，罗家山迁后衰落

2020年7月14日有小雨，我们从通渭县县城向西北出发，沿着国道G247线上到丘陵，途经县道X105线和县道X047线，上午10点左右到达华家岭林场，查看了梯田农业和华家岭人工林保护示范区的情况，在林业站与工作人员进行简单交流后，前往林场进行参观和调研。下午1点左右前往定西市安定区罗家山村，参观了地膜覆盖种植的玉米、水土保持和人工造林以及柠条的生长状况，然后驱车途经会宁县前往白银市靖远县，晚上在靖远县城入住。

3.1 界定系统

2020年7月14日上午9点多，我们从通渭县一路出发，雨越下越大，司机师傅开得比较慢。一路上植被恢复得非常好，路边有油菜花，地里是大麦，远处郁郁葱葱，山绕着一些盆地。在层层的梯田之中，还有一些铁塔，上面是高压线，把各个村联系起来，形成了很完善的通信基础设施网络。这种梯田于20世纪六七十年代比较常见，当时社员拉着架子车，用铁锹、铁锨建成，具有明显的历史痕迹。从植被来看，路旁很多都是小树，有些大树是在建设三北防护林时候种植的。在山坳里面的树长得更多，更茂密，而在斜坡上有些大树大约有5~10年的树龄，像镶嵌在绿色斜坡上的一簇小伞。远处烟雾缭绕，山头恍若仙境。我和上官老师被山里的雨景感动了，无话不谈，看似没有主题，但是一句也不离生态治理。我们的结论是要先界定气候变化与生态系统内涵，才能科学分析它们之间的交互作用。

3.1.1 三北防护林的简介

三北防护林是我国华北、东北、西北所建设的生态工程。三北防护林作为我国林业生态工程，其采用带、片、网结合的防护模式，构建了"绿色万里长城"，为我国生态事业发展做出了巨大贡献。在第一阶段，三北防护林在林种规划及造林面积上皆取得较好的成就，其中防风固沙林、水土保持林、经济林等林种可为三北防护林可持续发展提供经济支撑，从而实现经济与生态的良性循环（庞然，2020）。目前，我国正处于第二阶段向第三阶段过渡时期。三北防护林工程发展包括以下4个方面：①建设完善林网体系，结合工程前期经验，开展全面的统筹规划，建立新时代全新的林网体系；②加强后期管理力度，加强建设后的苗木抚育管理工作，避免防护林在短时间内产生衰退现象；③设置工程保障机制，以国家投资为主，开展地方政府辅助工作提升群众的参与效率，确保生态工程可以提升国民效益；④统筹构建生态工程，结合各地实际情况，开展生态工程针对性建设，但工

程主体还是生态环境治理。三北防护林的建设是一项长期且艰巨的项目，需依靠科技实施技术创新为该项目注入活力（高桂飞，2021）。三北防护林建设也存在一定的问题：防护林的覆盖率低，原有植被破坏严重；多在我国条件较恶劣的地方建设，山高路远，水土流失严重的地区任务重、难度大，亟须加强防护治理；投入不足，管护工作不到位，管理机制存在缺陷，边远地区投入少（于静，2019）。

小贴士3.1　通渭县

通渭位于甘肃中部，总面积为2908.4平方千米，现辖18个乡镇332个村10个社区，2018年末户籍人口为43.89万人。地处黄河流域丘陵沟壑区，有耕地面积225.36万亩（土地确权实测面积），海拔范围为1410～2521米，年均气温为7.5℃，年降水量为380mm左右。2011年被国家列入六盘山区集中连片特困地区，2017年被列为全省23个深度贫困县之一。

全县经济社会发展的总体思路是：全面落实习近平总书记视察甘肃重要讲话和"八个着力"重要指示精神，坚定不移贯彻新发展理念，以脱贫攻坚为统揽，大力实施生态固本、产业优化、城乡一体、服务均衡、文旅名县"五大战略"，着力培育草畜、新能源、玉米"三大主导产业"和马铃薯、中药材、小杂粮、果蔬、劳务、文化旅游"六大特色产业"，积极创建全国现代旱作循环农业示范、新能源精准扶贫示范、"书画+"农耕文化休闲旅游"三大基地"，持续推进民生、法治、人才、党建"四大工程"，不断增加城乡居民收入，为实现全面建成小康社会目标而努力奋斗。

资料来源：［美丽乡村］华家岭镇：西部陇中最神奇最美丽令人向往的地方．http：//www.tongwei.gov.cn/col/col6818/index.html．［2020-06-14］

3.1.2　通渭县的梯田的作物和风车

梯田里的庄稼和大风车说明通渭县的梯田种植玉米、小麦和洋芋，风力发电比较普遍。

2019年我国风电累计装机2.1亿千瓦，风电发电量为4057亿千瓦时，约占全国全部发电量的5.5%，且逐年上升（多金荣，2018；国家能源局，2020）。目前，国内外的风能利用以低空风能发电为主，虽然低空风力发电发展迅速，但是仍存在较多问题：①低空风能易受季节、气候、地理位置、地表环境及人类活动等因素的影响，存在分布不均、风力不足等问题，严重影响发电效率和发电量；②低空发电技术占地面积大、噪声污染严重，建设成本和管理维护费用都很高；③由于季节变化，气流瞬息万变，波动很大，会影响风电的稳定性，难以平稳供应，会缩短线路的寿命（牛东晓等，2016；蒋宏春，2010）。近年来很多国家开始研究高空风能发电技术，该技术主要利用距离地面500～12000米的风能进行发电。实现高空风能发电的技术主要是高空风力发电系统（airborne wind energy system，AWES），即采用系留航空器达到传统风力发电机无法达到的高度，在此高度下捕获稳定的风能并将其转化为电能。事实上，国外早在 20 世纪 70 年代爆发能源危机时，各类 AWES 的设计就不断涌现，发达国家对高空风能发电的研究从未停止，包括美国、荷兰、意大利在内的多个国家都多次进行过高空风能发电试验（Terink et al.，2015）。目前，全球已经有超过 50 家高空风能发电公司，注册了数百项专利，开发了许多样机和示范区，世界各地的数十个研究小组目前正在研究包括控制、电子和机械设计的技术问题。目前国内还没有针对 AWES 展开深入研究，我国在技术上和国外还存在一定差距。

淮：地里是麦穗。我们那里种的是玉米，但是小麦已经收割，这里的玉米和小麦怎么能同时种呢？

上官：玉米是春玉米，小麦是春小麦、冬小麦都有。

淮：说明对农业重视程度比我们那边要高。那地里种的是草么？

上官：是洋芋。

淮：还有这种燕麦是人工种植做饲料喂羊吗？种这么多是不是以畜牧用途为主？

……

淮：这里的风力发电很发达，前面的都在动，为什么这几个全停下来了，是没有风吗？

上官：是电脑控制着，当风速过快时，就需要后台操作电脑，停止运行风机，一般风力发电机一天只能开四个小时。

淮：是电动的？我以为是风让它转起来的。

上官：电脑控制专门让它停下来的。它转一圈可以发 2~4 度电，产生好几块钱的效益。

淮：风力发电还要耗电，怎么办？

上官：要有一个控制室，经常来检修。

淮：跟下雨天有关系吗？

上官：没关系。它现在都停着。

3.1.3　生态系统的界定

淮：您现在做的属于生态学？

上官：是生态的。

淮：我们做气候变化对生态系统的影响和响应机制的时候，有一个困难是生态系统指什么，生态系统怎么划分？

上官：看你怎么理解了，农业是一个生产系统，一个区域是生态系统，按小尺度的话，一个农田也构成一个生态系统；生物或者环境之间能形成一个整体，这就算生态系统。如果是群落的话，生态系统比群落要大得多，看系统边界是什么。

淮：是不是存在一个界定系统的问题，划个圈儿把边界线表达清楚，这都叫生态系统，只要在你的边界内，可以考虑子系统、群落或者要素之间的相互作用，这在管理学中叫做耗散。

上官：一般的生态系统可分为农田、森林、草地等生态系统。

淮：您怎么评价生态安全呢？

上官：以前我没有做过生态评价，文献主要研究不同空间尺度的生态安全评价指标、方法、模型、程度及存在的主要问题。比如小流域评价简单，县域评价要考虑的因素多一点，考虑指标和衡量也完全不一样。

淮：越偏向宏观和人类社会的角度，越要考虑人类可持续。如果在小尺度上，比如小流域要考虑作物系统，人类系统表现为农村或者农业系统。如果有些农村以农业或者畜牧业为主，产业比较单一的话，更好考虑了。我理解的微观是个人或者企业，你们（的研究）是不是到细胞了？涉及某个物种吗？

上官：以前也涉及一些群落尺度，但是涉及的不是特别多。

我们很快又把话题转向了气候变化。

淮：一种流行的观点认为全球气候变化使高纬度地区受益，使低纬度地区受损。比如西北干旱地区逐渐湿润化，降雨量会增加，导致干旱半干旱气候转化为热带湿润气候，这种观点你怎么看？

上官：虽然西北干旱区降雨增加了，但是增加的雨量还是很少。

淮：植物生长需水量都有一定的阈值。多一点降水，对作物系统的生态影响很大。但是对人，对其他的更大尺度上的影响是微乎其微的。根据去年和今年的降雨，感觉（我们的）降雨模式和澳大利亚的降雨模式一样。没有山的地方下雨经常不超过两个小时，一会儿太阳出来了，以前是不是经常这样？

上官：是的，我记得以前在秋季雨下一个多月。

评价气候变化对生态系统的影响时要界定系统的边界、尺度和强度。由于生态学的核心概念和理论定义都是操作性的，致使生态学的群落、生态系统等核心概念容易在不同的使用者和生态情景中产生较大的歧义（葛永林等，2019）。生态产品与生态系统服务、经济产品、非生态自然资源之间存在着不同的边界关系；生态产品指生态系统生物生产和人类社会生产共同作用提供给人类社会使用和消费的终端产品或服务，包括保障人居环境、维系生态安全、提供物质原料和精神文化服务等人类福祉或惠益，是与农产品和工业产品并列的、满足人类美好生活需求的生活必需品，分为公共性生态产品、准公共生态产品和经营性生态产品三类；生态产品不仅反映了自然生态与人类之间的供给消费关系，还反映了人与人之间的供给消费关系（张林波等，2021）。

3.1.4 黄河洪水

淮：原来文献有一个观点说，一个地区的恢复是以牺牲其他地区恢复为代价的，比如黄河上游的修复或者水土保持做得比较好，会导致下游多洪水。

上官：上游治理得好，下游才能发展下去。上游生态改善，植被增加，所以蓄水能力增加了，水源涵养的能力明显增强。如果下100毫米的雨，起码把70毫米都留到了当地，如果没有这样的植被改善，下100毫米雨会有70或者80都冲到下面去。

淮：下游的水多的原因是什么呢？

上官：整体的径流量都减少了。如果上游生态环境没有改善的话，在降水量增加的情况下，下游洪水会更大。最近几年整体的降雨都增加了一些。降雨量都增加了，下游的排水系统、管道建设和设计都有局限，所以导致下游洪水暴发。另外，与原来两边的植被类型和生长状况也有关系。

淮：是不是与河道也有很大关系？

上官：有，现在的河道都比较窄、比较小，没有以前那么宽，好多河滩都给人为挤占了，泄洪区都被挤占很多。黄河下游滩地面积更大，现在好多人把滩地都用作经济开发了。

淮：降雨虽然增多了，但是当地无论地上地下的蓄水量都增加，所以并不会流失，不会导致下游水量增加。习近平总书记关于黄河流域生态保护和高质量发展的讲话的核心思想是山水林田湖一体化系统治理，不管左右岸还是上下游都要统筹协调，实现整体的生态效益和经济效益最大化与可持续。但是现在还没有实现统筹协调。需要慢慢改，需要系统协调，最快也要两个五年规划才能完成。这是管理体制的问题，以前提出的河长制仍然把问题没有解决好。

河长制是我国在河湖管理和污染治理工作上提出的一种创新制度。河长制由江苏省无锡市首创，2007 年太湖蓝藻暴发，无锡市面临水污染严重、水生态破坏等问题，为全力开展太湖流域水环境治理，无锡市委、市政府将 79 个河流断面水质检测结果纳入各市（县）、区党政主要负责人政绩考核内容。为无锡市 64 条主要河流分别设立"河长"，由市委、市政府及相关部门领导担任，并初步建立了将各项治污措施落实到位的"河长制"（李轶，2017）。河长制的实质是对现有河流管理制度的统筹，是对现有河流管理权威的加强，是对现有河流管理职责的监管。河长制的实施，强化了政府主体的作用，弱化了市场主体的作用；强化了政府机制的功能，弱化了社会机制的功能；强化了河长的职能，弱化了原治水部门的职能。河长制的可能模式包括政府主导型模式、社会主导模式和市场主导型模式，政府主导模式是党政领导担任河长，社会主导模式是社会贤达担任河长，市场主导模式则是企业家担任河长，在一定的时期具有三种模式同时并存的可能性（沈满洪，2018）。

"河长制"在当下的流域水环境治理实践中发挥了积极作用，但仍然面临权责配置边界不清、权力依赖特征明显、共治精神不足、与相关配套制度衔接不足等制度困境。通过相关环境政策和环境法律的衔接、多元共治精神的引入，实现"河长"职责的明晰化，建立党政主导与多元合作治理的协同、内外部监督制约机制的协同（史玉成，2018）。河长制实践面临职责非法定、权责不对等、协同机制失灵、考核欠科学等难题，需要从环境治理体系改革顶层设计角度，在法律制定、考核机制和公众参与等三个方面改进（朱玫，2017）。当前，河长制制度再生产中出现了治理机制泛化现象；治理机制泛化可能导致基层政府疲于应付、公众力量被忽视、治理绩效"内卷化"以及"南橘北枳"等风险（陈涛，2019）。

上官：河长制对小河比较有效，对大江大河的管理还比较困难，但目前随着生态文明思想的普及这种状态正在逐渐的好转。

淮：因为大的没办法分，行政区域内的小流域小河都可以管。但是像长江黄河，跨越很多省，涉及各个部门。按理说国务院的一个机构，可以协调，但是国务院又没有细则，没法协调。黄河管委会管黄河的，为什么还协调不了？这叫多头治理，集中表现在治理过程中，一方面存在本位化的问题，每个部门都有自己的利益在里面，各做各的，由于历史遗留问题必然存在利益冲突；一方面层级不对等，隶属于水利部驻在陕西境内的好多部门不服从地方的管理。应急管理部可能会对这种多头管理加以治理。

总之，黄河上游的生态治理不会导致下游多洪水，但是多头管理体制需要改革。

3.2 华家岭封山育林

在通往华家岭的路面，湿淋淋的水泥路面给我们清静而又干净的感觉。华家岭经过多年封山育林，自然环境改善，生态效益明显，但是存在多头管理的问题。

封山育林是指通过林木天然下种及根茎萌芽能力，并辅助某些人工促进手段，针对特定的灌丛、荒山、疏残林以及迹地等，使用某种技术手段对这些宜林地实行封禁，其目的在于培育与管理森林（费世民等，2004）。封山育林有狭义与广义之分，从狭义上理解封山育林，是在无林地和灌木林地，还有一些非林地上育草、育林和育灌；广义的封山育林还包括封山护林，是一种针对人工造林（涵盖飞播造林）和现有林分的保护措施。依据封育形式及目的，封山育林可划分为全封、半封以及轮封。全封是封山育林重要形式，这种方式具有长期性（高必垒，2013）。半封指在人口较多的近山、低山的封育用材林和薪炭林等（王丰军等，2003）。轮封既可以照顾到民众生活需要，又可以帮助植被恢复，有利于培育薪炭林，至于轮封时间可以根据实际来确定（李铁华等，2005）。

封山育林之所以会得到大面积的推广和使用，是因为在发展的过程中，封山育林节约了大量成本和投入资金，效率高且成本低，不仅对森林植被起到很好的保护作用，同时在江河湖海的水源涵养、保护生物多样性等方面都有积极的影响（韩生清等，2006）。改革开放以来我国封山育林工作不再局限于宏观上的绿化等，而是往深层次延伸，关注点更加广泛，将经济与生态结合在一起开展（苟树屏，2005）。

3.2.1 生态安全长廊

路边一个牌子给我们指示华家岭和会宁县不同的方向。在牌子跟前，我们停车下来。小毛毛雨下得非常密，天比较冷，大家穿上厚衣服，打起伞来，我们边走边看，讨论着乔灌木结构。这里有一些杏树，果实并不是很繁茂，长了几十年，树冠很大，没有修剪的痕迹，枝杈很多，有些病虫害，叶子斑斑点点有些发黄。田地里杂草丛生，有黄色、白色的小花，植被非常好。

上官：华家岭十分有名气，那边是封育区。封育区属于自然恢复，沿途有很多杨树、云杉。

淮：那些小树苗是飞机播撒的还是人工种植的？这云杉是这几年才种上的。这漫山遍野为什么不种果树呢？这是不是杏树？

王：我看着像杏树，野杏。没有人采摘吗？

上官：有的山杏的杏核可以收药材，不是吃的杏。海拔现在有2500米了，还在继续上，越来越高了。这地方生态环境建设做得真不错，过去干旱缺水、植被稀少、水土流失严重。在这里做实验不错。

淮：做什么实验？

上官：这里的草长得这么好，可以做植被恢复、演替与管理方面的实验监测，看有多长时间可以恢复到稳定的顶级群落。

淮：真的是一岁一枯荣。

上官：草干了之后，第二年又会发，春风吹又生，多为多年生草。

淮：这是不是跟草种和根系有很大关系？跟降解土壤里面二氧化碳的豆科植物有关系吗？

我禁不住问自己。

小贴士3.2　华家岭

华家岭乡位于甘肃省定西市通渭县西北部，西邻安定区，北靠会宁县，南接马营镇，东接北城乡、义岗镇。华家岭海拔为2445米，年平均气温只有3.4℃，境内沟谷纵横，岭梁交错，属二阴温寒山区，无霜期为80天，平均年降雨量为500毫米，是通渭以北地区气候差异的重要分水岭。

华家岭镇全乡总土地面积为157平方公里，总耕地面积为93 602亩，其中梯田面积为48 500亩，占总耕地面积71.4%；林草地48 861亩，林草覆盖率为20.7%，华家岭林带是定西市面积最大、植被保护最好的人工防护林带，占地面积为9.7万亩，它像一条绿色的巨龙盘踞在陇中高地，守卫着西兰公路沿线的生态安全，也改善了周边的自然环境和气候。

华家岭林带自1971年营建以来，维护从未间断，通过40多年的努力已形成全长200千米的大型人工防护林带。自2000年以来，华家岭林业站累计完成荒山造林1.8万亩、三北工程造林4.34万亩、天保工程造林3.88万亩，纳入森林生态效益补偿4.62万亩。目前，这条林带已成为一道亮丽的风景线，华家岭生态安全屏障逐步形成。

资料来源：大美华家岭西部陇中一片神奇热土，令人向往的地方！https://news. qq. com,omn/20200722/20200722AOWFT600. html

---

3.2.2　黑土地上种云杉

我们在华家岭林业站所在的镇上，买了几把伞，车在小镇里东绕西绕，终于找到了林业站。华家岭很有名，是与这个林业站有密切的联系。偌大的院子里只有一个很小的门，很安静。门卫在屋里问："找谁？"上官老师急忙进去接洽。当表明我们是西北农林科技大学的师生时，门卫终于明白了我们的来意。我们要找领导，他只说了一声："楼上！"。站在二楼，我们才发现这个镇上的林业局可不是一般的大，院子至少有50多亩，旁边是山坡，里面还有篮球场，林业公安局，这座U形的连体大楼大约7层，临街而建，是全镇除了小学和中学最大的建筑。但是院子里看不到其他人，多数房门紧锁。最东头的一间门开着，上官老师进门问道："你值班吗?"一个30岁左右的年轻人，将我们请进门。明白了我们来意之后，他拿手机请示领导，让他们把有关的宣传材料发给我们。于是我们在他的办公室兼宿舍的沙发上坐下来，攀谈起来。华家岭温差大，降雨增加，黑土地上种云杉，当地农民兼职巡山防火。

很快他带领我们来到刚才经过的一段山路上，遥望对面的山沟中的梯田（图3.1）。

图 3.1　华家岭梯田

华家岭梯田面积不但在黄河流域最大，甚至在全国其面积是数一数二。它横跨定西市安定区（原定西县）、定西市通渭县、白银市会宁县、平凉市静宁县。梯田核心区在通渭县华家岭镇周围。这里的梯田像一幅幅水墨山水画从贫瘠的黄河流域横空出世，锁山镇峰，蔚为壮观，如此震撼人心，令人心旷神怡，看了让人思绪万千，恋恋不舍。

资料来源：https://baijiahao.baidu.com/s? id＝1616847502236952134&wfr＝spider&for＝pc

（2020年7月4日，邓香港摄）

淮：沟里原来有人现在都搬走了?

站长：我们的试验场在树窝子里面，翻过山才有人。原来一直没有人。

淮：这树苗栽的时间不长?

站长：云杉，四五年的。栽它的时候挺大的，六七十（厘米）高的样子。一节一年，有十几年了，这些是今年长出来的，那边的长得比较高。

上官：这儿的云杉是什么品种?

站长：有青海云杉，一般是红的，颜色是不一样的。

淮：你身后的是什么?

站长：是落叶松。

淮：退耕还林改造的时候，你们怎样选育云杉?

站长：小的时候有陕西过来的科研团队在试验，最早的试验基地在这儿，退耕还林后直接选择了云杉。其中也试验过落叶松和樟子松，结果表明还是云杉最适合这里的气候、土质。

张垚（以下简称张）：这几年提出的绿水青山建设，有没有新的改善措施？

站长：已经在改善了。

淮：他的意思是管护方面有没有采取新的技术？

站长：这里的管护基本靠人力。每个村一个护林员，一天的工作是巡山。

淮：监督有没有人偷树吗？

站长：没有偷树的，主要看有没有放牧的、非法占用林地的。

淮：你们有没有风力发电占林？

站长：有的。

淮：风力发电有没有影响到你们的管护？

站长：发电在一定程度上都会占（林地）的，因为我们的林带都在山顶上。

淮：给你们补偿了？

站长：补偿了。补偿的资金都用在了绿化上。

淮：补偿是直接发钱还是他们在别的地方种树？

站长：在别的地方要再种树的。

淮：一个护林员是按照面积管理还是按照山头管理呢？

站长：有大有小，按面积算，有的几百亩，有的 1000 亩。

淮：他们是兼职吗？

站长：兼职的，我们这里的护林员工资比较低，一年也就几千块钱。他们平时是农民，属于签合同的临时工。一个林场里只有几个正式编制，不同的地方数量不同，我们有七位。

淮：你们这里现在绿化这么好，有没有做森林公园？

站长：森林公园现在是政府牵头在搞，华家岭这里是它的乡政府在建，我们没有建。他们在前面建了一个革命公园，有一个观景台。

王：这边也是你们的林子吗？

站长：不是，那边是他们村子的，村里有一个村书记是原来农业部的一个部长，受到过表彰，还是全国人大代表。那边是他们村上自己建的。

张：你们这里除了种树，有没有发展林下经济？灌木你们管吗？

站长：管，但是不种，让它自己长灌木。按道理林草是一起的，但是草我们不会管，原来没有接触过，近两年林场和草场才合起来的。

淮：有没有新的物种、草种或者物种入侵？

站长：入侵没有发现。

淮：自然产生的新品种有吗？

站长：没有，以前是什么样子现在还是什么样子。不过动物比前几年多了，因为这里的障碍少了一点。原来他们的人穷，只能啃草皮，木材烧炕。现在，没有人进去，生态条件也好了。

张：现在不允许烧柴了？

站长：现在还是有烧柴烧炭的。有的人有喝罐罐茶的习惯，还是用柴烧。

张：关中不是不让烧柴吗？

站长：这是甘肃了，黄河流域。

上官：我们下去看看，再到山上林场去看看。

站长：这里的治理效果真的挺好的。

张：真的效果好，秦岭这两年都好多了。

淮：你工作这十年变化最大的是什么？

站长：气候变化还是比较明显；最主要的是表现为降雨量。

淮：气温变化明显吗？

站长：气温变化不明显，这里本来就冷，早晚温差大。

淮：照这么说，降雨量越来越多，植被越来越好，是不是管护也就不需要了？

站长：管护还是需要的，这几年我们最重要的管护一个是非法占用林地，一个是防火。因为农民有一个习惯——烧秸秆，很容易引发火灾。

淮：发生过吗？

站长：发生过，一般我们都控制住了，发生一次事件就很严重。我们的道路也是防火道路，为了防火专门做的。

淮：土是不是黑土？是不是地下多少米都是这样的黑土？

站长：都是黑土。

淮：这土壤会不会特别适合种大米？

站长：海拔太高了，不行。

3.2.3　大牛站禁牧封山

站长带我们走下一个斜坡，沙砾路面较多。走进一个大院子，迎面看到砍伐了一堆木头放在院子里，枯枝败叶，满院荒凉，右手一排 U 形的连体平房。一个大约 50 岁、穿着蓝色工作服的人迎接我们进屋。由于门窗隔着一层外面走廊的，屋里有点暗，这是一个单身宿舍，还保留着取暖用的煤炉和排气的烟筒，有一张床、两个沙发和一个餐桌，屋里有些食物的味道。这个场长模样的人邀请我们吃饭，我们一行人笑着谢过。门口停着一辆白色小轿车，说明场长刚刚来，恐怕没有几个人常年在这里值班。我们和场长的聊天比较轻松。大牛管理站承包林地，手工种树，禁牧封山，育云杉 10 万亩，春季多雨（图 3.2）。

我们从封山育林和梯田建设开始交流。

场长：路上的梯田都是（20 世纪）五六十年代建立起来的。山上的树都是一锹一锹种出来的，到现在也没有机械化种，都是我们用手工种的。

淮：刚开始成活率怎么样，有没有管护？

场长：这里山本来一段一段的，有一段适合云杉生长的，它的长势比较好。旱的地方，需要多种几茬，一茬根本无法成活。我们试验场也有落叶松之类的，但是我们大面积主要种植的云杉。

淮：是不是也有果树，杏树？

场长：杏树有，是农户家的，我们也有退耕还林，但是效果不好。我们在林带下面退耕还田（的地方）栽。但是不理想，十年也长不成树。

图3.2　定西市华家岭林业站大牛管理站座谈

在华家岭林业站站长（左二）的带领下，我们来到了大牛管理场站，并与场长（左三）进行了座谈，了解了华家岭林场的管理、林木资源、自然灾害及病虫害等相关情况。

(2020年7月14日，邓香港摄)

淮：林区是不是涉及承包制？最近几年有什么变化？

场长：我们这里承包制，除了林带和下面的试验场是国有的之外，其他全部都是村集体土地，我们只负责管理，但土地和树还是农民的。

淮：封山育林是不是树长成了也不准砍？有没有禁牧呢？

场长：不准砍。禁牧了，封山了。

张：有没有经济效益？

场长：防护林阻挡风沙的。

淮：现在（这里）这么绿了，今年气候也不错，我以为早就不封山了。

场长：防护林有各种功能的。

淮：你印象最深的沙尘暴是20年前？还是10年前？

场长：我们上小学的时候经常有沙尘暴，那时候树也没有种起来，绿化也没有达到（标准），没有阻挡的功能。现在树都长起来了，有一定作用的。再一个是我们这几年搞的绿化对气候也有改善，降雨量增加了，最近十年气候是好多了。

淮：我们以前来过宁夏和甘肃，到过林场。这么多林子是原来村上的或者农户的，管护是农户管还是你们管？

场长：我们管的。

淮：你们的积极性在哪？

场长：动力是国家给的待遇好。三北防护林，国务院都是给资金的，有常年维护经费。我们一个村一个护林员。

淮：你们林业系统的人是不是有一个转或者退的问题？有人会由于系统编制少了需要转岗？

场长：最近几年没有问题。

淮：最近有没有新政策对你们有冲击？

场长：对我们没有冲击。原来与畜牧和草原相关的职工有转过来的，我们林业没有转出去的，但是有些县区把林业局合并到了自然资源局，不过我们定西林业局保留下来了。最近几年还是不错的。

淮：你们的个人收入是不是也提高了？

场长：收入来自财政。

淮：你们都从事林学，上官老师知道得多一些，林学或者生态方面有什么新的变化吗？

场长：现在生态越来越好了，国家对此的投资一年比一年大，我们的项目也越来越多，植被恢复这几年挺快的，对环境有一定的改善。

淮：封山育林的效果非常好，我们也了解到有的地方禁牧，你们这禁牧好多年了？

场长：我们林带从开始建设，一直禁牧，到现在也禁牧。

淮：有没有个别村子还在山里或者林里面违规放牧？

场长：有的，因为我们一个村也只有一个护林员，有时候管不过来，（有人）有时候也放，但是我们如果看到了就要处罚的。

淮：说明山里放羊、放牛的畜牧收入也比较高。

场长：最近的羊价好像又跌了，前半年畜牧价格都特别好，一个半年大的牛犊要卖1万多块钱。

淮：可以卖到1万多块钱？黄牛还是种牛？

场长：花牛。现在黄牛很少了。

淮：有违规放牧的情况呢？

场长：现在都是禁牧令，一般都不出来，虽然有但很少。

淮：这里有没有樟子松？

场长：樟子松有，我们这儿最开始建林的时候栽什么树后来就栽什么树，这都是一代一代选择的。最开始建的时候，这都是荒山荒坡，因为干旱连草都不长。

淮：第一代种的是什么树？

场长：第一代是白杨树。

淮：后来的云杉是什么时候栽的？

场长：白杨退化了，全部替换成云杉、云松。

淮：现在有没有沙棘之类的？

场长：有，灌木也有，我们试验都做过，只是不太理想，用来绿化不太行。

我们互相介绍，攀谈，熟悉之后互相加上了微信。

上官：华家岭有多大面积的云杉？

场长：面积将近十万亩。

上官：现在你们这儿有樟子松了？

场长：樟子松情况不太好，最后还是用云杉。

淮：最近一两年你们这降雨是不是增加了？

场长：增加了，还是比较明显的，降雨好像都集中在春季。

淮：以前是什么时候居多呢？

场长：以前是后半年比较多，现在是前半年。

淮：原因是什么？

场长：不知道，气候变化是原因之一吧。

淮：我看到下面有很多沟，有没有洪水冲垮路的情况？你们辖区内的沟道、水土流失的情况怎么样？

场长：洪水还是比较少的，因为我们没有大雨，不像南方一样下雨持续半个月，我们基本一两天就停了。

淮：你们在山上待着，最冷的时候零下多少度？

场长：这海拔 2400 米，最冷的时候是下大雪的时候。

淮：最近三年下过大雪吗？

场长：每年会下一两场的样子。

淮：林场除了生态收益，经济方面有收入来源吗？

场长：经济我们完全不能搞，现在人家不让搞。

淮：有的地方不是会有旅游景点吗？

场长：我们没有旅游景点。前几年，我们会带动周边的农民栽苗子，栽苗子以后卖树，周边的农民收入也好了，我们的职工也卖，这两年不允许。现在不让内部人员种了。

淮：你们是通过育苗，卖树种，卖树苗？

场长：我们育苗育得少，主要从外地把苗子发过来，长到五六十（厘米）就可以卖了。

淮：现在为什么不允许呢？

场长：政策不允许，不让职工做，不过周边的农民可以做，而且它的行情也不行了，种得太多了，前几年比较好。经济上我们只能把苗子栽到地里面，长大了再卖给别人，其他的收入基本没有。

淮：附近有没有一些封山或者防护林效果特别好的？

场长：定西效果最好。

3.2.4 多头管理

我们在华家岭遇到了大牛森林管理局的一个干部，听他介绍了华家岭的封山育林的效果，在这里观看了绿树青山。他热情邀请我们吃饭，席间我们讨论一个比较尖锐的问题：自然资源多头管理源于政出多门，电子政务有助于协调和规范管理。

我国国有林场的改革历程随国家的成长经历了不同的发展阶段，在不同的历史时期为了适应社会发展，进行了多方面的改革探索。20 世纪八九十年代，国有林场管理全面推行场长负责制，采取多种形式的承包经营责任制，实行"以林为主，多种经营，综合利用，以短养长"的办场方针，开展多种经营，缩小经济核算单位，提高经济效益。90 年代初期，围绕强化内部管理，转换经营机制，适应市场经济体制要求国有林场实施改革：

一是推行人事、劳动、分配"三项制度"改革；二是进一步强化内部管理，调整经营体制机制；三是大力提倡自给自足，发展职工家庭自营经济。90 年代后期以来，围绕国有林场摆脱建设发展困境，为了建立可持续健康发展的长效机制，明确国有林场的发展方向和目标；管理体制改革，完善相关配套政策；建立符合市场经济要求和国有林场特点的运行机制等（李建锋和郝明，2008，赵文晓和李红勋，2008）。2015 年，党中央、国务院站在中华民族永续发展、推进生态文明建设的战略高度，印发《国有林场改革方案》，全面深化国有林场改革，促进国有林场科学发展，将国有林场主要功能明确定位于保护培育森林资源、维护国家生态安全的公益属性。这一举措成为我国生态文明建设和林业发展史上又一个新的重要里程碑。

淮：黄河流域跨七八个省，水土治理或者生态治理不是一个省说了算。黄河流域管理局，好像权力很大，但是到地方上林业局，环保局，属于平级单位，他不听你的，你也没办法。

站长：我们也不听他的！

淮：我们把问题提出来了，没有好办法解决问题。自然资源管理体制要改革。

王：把全部的自然资源纳入一个系统里面，成为一个部门。每个系统设计一个部门统筹，其他必须要听从统筹部门。专门设一个权力很大的部门，其他系统也得听从主导系统。

淮：现在国务院权力最大，但基层的没法协调。统筹说起来容易，做起来很难。自然资源部门涉及资源、能源方面。比如这里发现了稀有金属，国家其他部门（就会）纷纷介入。

王：林业、草业、水都属于自然资源，都有单独的系统，再弄一个统筹协调这些部门的系统，单独部门要听他的协调。综合在一起，人员简化，把各个部门都合并在一起，大家都有同一个办公室，待在一起交流方便。

站长：这不太现实。两个局合到一块儿，还是原班人马，只是整合到一个楼里上班，局长还是局长，另外一个局长成书记了，办公室放两个主任一正一负，各搞各的，基层还是不一样。

淮：像神经末梢一样，太多了就不太敏感。中枢神经只有一个，神经末梢要数千亿个。如果把神经末梢全都砍掉，好多功能没法实现。统筹既要高度集中，又要扎根到基层。例如，陕西省某县去年把植物所，林业局等合并了一个叫自然资源管理局。原来合并部门谁的人最多，谁就当一把手；原来四个部门儿的负责人各说各的，都不理对方。虽然都挂新职务。

站长：基层主要一个是权力争斗吗？这是最基本的。越合并中间的权力越少，比如一个农业局科长下面管了四千亩，现在合并，他只管一千亩，权力少多了！这一是不愿意，第二是管理越来越混乱。

淮：现在这个老问题放到资源管理是个新问题。我国"十四五"规划提出重点发展智能化、电子化，讲电子政务。我估计将来基层只有依靠互联网先从系统改革，利用互联网管理互相监督，把人为的信息不对称、不畅通、不透明的情况减少，大家沟通协调包括中间权力管理更通畅一些。目前基层线下系统无法有效监管，大家权力都很大，大家作为别人看不见。除非通过网络把中间多头管理协调一下。

张：所以调动基层的积极性，找找新方法，解决政策管理已经遇到的瓶颈。

站长：但是都要考虑到自己部门的利益。

淮：有些书讲经济发展加上技术发展太快，将来出现技术主导型，数字主导。我看《未来简史》那本书特别流行，他认为将来的计划决策都是数字决策，智能决策。

站长：太死板了？

淮：不，因为人工智能反应比人类更快，人还要辅佐人工智能。如果人工智能发展到一定阶段，比如2030年出现我们人类辅佐数据。我们全信仰数据，因为它比人类的算法更准确。机器人也有感情，会开玩笑，能做唐诗，一旦机器或者数据有了自我意识，他脱离人，将来出现的智能决策会带来新的矛盾。

习近平总书记在党的十九大报告中指出，"改革生态环境监管体制。加强对生态文明建设的总体设计和组织领导，设立国有自然资源资产管理和自然生态监管机构，完善生态环境管理制度，统一行使全民所有自然资源资产所有者职责，统一行使所有国土空间用途管制和生态保护修复职责，统一行使监管城乡各类污染排放和行政执法职责。（董祚继，2017）。国土资源部组建以来，我国自然资源资产管理体制得到不断健全，但全民所有自然资源资产所有权人不到位、所有者权益不落实、中央与地方的财权事权不够对等，以及重审批轻监管等问题不断显现，影响了全民所有自然资源资产所有权的统一行使（马永欢等，2018）。借鉴西方发达国家较为成熟的自然资源资产管理体制的基础上，构建包括自然资源资产产权界定、自然资源资产负债表编制与应用等内容的我国自然资源国家资产管理体制，无疑是今后自然资源资产管理体制研究的重要方向（谢花林和舒成，2017）。立足国有自然资源资产的公地属性和产权理论，坚持山、水、林、田、湖、草等生命共同体理念和系统治理思维，完善顶层设计，设立中央到地方垂直管理的国有自然资源资产监管委员会，实施国有自然资源的资产负债管理和领导干部离任审计制度、有偿使用制度、使用权确权及市场交易制度、损害补偿机制和代际配置管理等经济手段，助力自然资源资产监管现代化和美丽中国建设（田贵良，2018）。面对新时代我国自然资源管理所面临的新形势、新问题、新任务，要按照资源综合化管理、资源资产化管理、总量集约化管理、空间差异化管理、资源法治化管理的时代要求，健全综合性的自然资源监管机构，健全国家自然资源资产管理体制，完善资源总量管理和全面节约制度、建立健全国土空间开发保护制度、完善自然资源监管法律法规体系，不断增强自然资源管理体制改革的系统性、整体性和协同性（袁一仁等，2019）。

3.3　留守罗家山村

去定西市安定区罗家山村的坡路很陡，有的地方坡度超过了45°，虽然左边是悬崖，右边有塌方，但是司机开车技术很好。罗家山村是离华家岭不太远的一个村子，当地生态脆弱，搬迁后修复缓慢，留守人员放牧为生，吃水困难。

3.3.1　罗家山塌方

公路下方有一条水沟，里面有涓涓细流向外流出，被雨水冲刷过的地方泥泞而且松软。上官老师回忆两年前他进山的时候这里还没有水泥路，但是由于一面是坡，一面是水沟，一旦遇到大雨冲刷，路面可能塌方堵塞，甚至被冲毁，所以这条水泥路用不了几年。这里的山很陡，表面土壤是沙土，非常虚软，蓄不下水，时刻都有被大雨冲刷之后塌方的风险。罗家山被雨冲刷后有塌方小洞。有一个洞口直径大约两米，深三米左右，周围长了一些草，坑里是看不出有植物或者动物。上官老师给我们讲这种地方经常出现直径十几米、深几十米的深洞。上官老师认为有小的动物在开始的时候钻了一个小洞，作为自己的居住场所，后来随着雨水冲刷，洞越来越向下塌陷，导致空洞变大（图3.3）。我怀疑这些洞是由于地下开采导致的下陷。

图 3.3　塌陷的坑
（2020 年 7 月 14 日，淮建军摄）

3.3.2　集体滴灌和平茬

下车之后我们紧接着一段土岔道信步走了上去，山体上有些绿色的苔藓，下面是裸露的黄绵土，偶尔有从斜坡上塌下来的土块儿。

上官老师指着这些植被和苔藓，给我们讲解了各种雨水冲刷的情况下植被恢复和治理水土流失的效果。在我们对面的荒山上一层又一层、一行又一行的树长得郁郁葱葱；虽然长得高不过半米，但山绿了起来。如果用手机拍照的时候仔细观看，它的根部存在滴灌设备。在对面的山坳里我们还发现了三个不大不小的空洞，平整的地方种了很多柠条，由于雨水自然灌溉的原因，长得绿色更深，个头更大。在罗家山村村委会带动下农民用滴灌、平茬技术种植柠条形成了绿山头。

一些植物长得非常好，叶子非常小，带着刺，下面有很多枝条比较干枯，这是自然生长的柠条（图3.4）。它将近两米高，树冠直径有两米，比我们在对面山上看到的更好，也许是由于生长在两山之间的沟道。

图 3.4 柠条
（2020 年 7 月 14 日，淮建军摄）

淮：这是不是柠条，这样长得不太好？

上官：在黄河流域能长到这个程度算可以了。这漫山遍野平茬也需要不少人去做。地方上一般没有人做。你到宁夏南部山区漫山遍野、平地上都种柠条，有些是机器平茬。平茬以后把柠条枝条收集起来，制作培养基，种蘑菇或者香菇。

淮：我们刚才看的华家岭，漫山遍野种云杉，它是不是也适合这儿呢？

上官：不合适的乔木变灌木了，主要是这个区域水分达不到；这里都是灌木，典型的半干旱区，降雨400毫米以下。

淮：在柠条秸秆上种香菇棒？

上官：打成原料。

淮：降雨水分达不到，可以在这儿试一下云杉；那些树怎么长大成活了呢？

上官：这几棵绝对在沟里，在平台上都长不了。

邓：上面平台上长成小老树，下面才能长成乔木。你看，旁边杨树全是小老树。

张：啥叫小老树？

邓：树长不高，灌木化，长着长着头就死了。

张：为什么头都死了？

王：水分上不去。

小贴士3.3　柠条

柠条，蔷薇目豆科锦鸡儿属，拉丁学名为 *Caragana korshinskii* Kom.。

柠条的形态特征包括：灌木，有时小乔状，高 1 ~ 4 米；老枝金黄色，有光泽；嫩枝被白色柔毛。羽状复叶有 6 ~ 8 对小叶；托叶在长枝则硬化成针刺，长 3 ~ 7 毫米，宿存；叶轴长 3 ~ 5 厘米，脱落；小叶披针形或狭长圆形，长为 7 ~ 8 毫米，宽为 2 ~ 7 毫米，先端锐尖或稍钝，有刺尖，基部宽楔形，灰绿色，两面密被白色伏贴柔毛。花期 5 月，果期 6 月。

柠条生长于半固定和固定沙地。常为优势种。喜光，适应性很强，既耐寒又抗高温；极耐干旱，既抗大气干旱，也较耐土壤干旱；但不耐涝。喜生于具有石灰质反应、pH 为 7.5 ~ 8.0 的灰栗钙土，土石山区可成片分布，在贫瘠干旱沙地、黄土丘陵区、荒漠和半荒漠地区均能生长。而在砂壤土上生长迅速，年均高生长量达 67 厘米。

柠条的主要价值包括以下 6 个方面。

1）生态：柠条株丛高大，枝叶稠密，根系发达，具根瘤菌，不但防风固沙、保持水土的作用好，而且枝干、种实的利用价值也较高。它是我国荒漠、半荒漠及干草原地带营造防风固沙林、水土保持林的重要树种。

2）薪材：柠条的枝干含有油脂，外皮有蜡质，干湿均能燃烧，火力强。据测定，其热值为 19 799 千焦/千克，为标准煤热值（29 732.4 千焦/千克）的 66.59%，是良好的薪材。

3）饲料：开花期鲜草干物质含粗蛋白质含量为 15.1%、粗脂肪为 2.6%、粗纤维为 39.7%，无氮浸出物为 37.2%，粗灰分为 5.4%。其中钙为 2.31%，磷为 0.32%。产草量高，但适口性较差。春季萌芽早，枝梢柔嫩，羊和骆驼喜食；春末夏初，连叶带花都是牲畜的好饲料；夏秋季采食较少，初霜期后又喜食；冬季更是"驼、羊的救命草"。

4）食用：结实繁多，种子产量高。种子中含粗蛋白质为 27.4%、粗淀粉为 31.6%、粗脂肪为 12.28%，营养价值很高，但含有单宁（1.98%）、生物碱（0.43%）而带有苦涩味，可用来榨制非食用油，也可采用蒸煮、浸泡的办法去除苦味作饲料。此外，开花繁茂，为优良蜜源植物。

5）经济：枝干的皮层很厚，富含纤维，于 5 ~ 6 月采条剥皮，沤制成"毛条麻"，可供拧绳、织麻袋等。

6）绿肥：柠条也是优良沤绿肥原料。

在内蒙古毛乌素沙地，柠条造林后 4 ~ 6 年内应进行首次平茬复壮，进入丰产期后平茬周期以 4 年为宜，可收获最高的生物量。人工林下草本植被覆盖度达 18% 以上时，柠条

平茬的适宜预留覆盖度为 10%；当林下草本覆盖度小于上述值或无草本层覆盖，平茬预留覆盖度应提高至 20% 左右，以防止引起地面风蚀。柠条平茬适宜的留茬高度为 5 厘米左右，可使其萌生生长能力最强（海龙等，2016）。为防止穿沙公路路侧地表和路面在柠条防护带衰退时期被风蚀和沙埋，设计维持丛状结构的平茬方式对其进行平茬复壮，优选出其发挥阻、输沙能力的最佳平茬强度，实现穿沙公路路域柠条防护带可持续经营（秦伟等，2019）。

3.3.3　地膜种植

我们终于在地图上查到我们所在的村子叫张家湾。张家湾村分为九个小组，第一个小组已经完全被搬迁，还有其他组在很大很深的山里，还没有搬迁。张家湾村民自己箍窑洞，地窖蓄水用于饮水和灌溉。

梯田里杂草丛生，野花烂漫，但是梯田被废弃，过去在这里种植玉米，秸秆根部暴露半年以上，在这梯田的旁边有些沟壑里树木长得非常茂盛，一棵杨树大约有十多米高。在梯田的斜坡上虽然有大量裸露的黄沙，但野草长得非常茂盛；脚底下有一组植物开着小黄花，我不知道名字，但是一簇一簇，彼此并没有完全挨着，而是每一小块儿各占自己的小领地，拥有自己的独立空间。在平整裸露的地上长出这样的花草，说明它们是自我繁衍的，并非人工种植的。在黄河流域经常看到的一种叶子带刺的草叫刺金芽。

罗家山的梯田里种植玉米、马铃薯、小麦，使用地膜可以起到保墒保肥增产的作用，回收率高。

淮：为啥在这铺地膜呢？

上官：铺地膜一个是保持水分一个是保温，这所有的农田种植都铺地膜，等一会儿下去，能看见玉米、马铃薯、小麦都铺地膜种植。

淮：这引出问题了，刚开始为了保持水分铺地膜，过几年以后地膜污染土壤，没法降解？

上官：这地荒了，这些农民都不愿种地，但你要种的话，现在人家把地膜回收就可以了，种上一季之后，再种第二季，有专门回收地膜的农机，一般地膜能收回 80% 或者 90%。

淮：像这种土质适合种啥作物？

上官：这里作物种类比较多，土壤适耕性很好，适合于农业生产，种什么作物都可以，这么好的地都没人种了。

张：这地怎么是平的？

上官：这以前修梯田，到村子有一点距离。

淮：这好像是羊粪，说明他们这养羊，这是去年种玉米的地。这景色好，远看还可以，从飞机上看是一片绿。近看植被还是有问题。

邓：覆盖率没有看到那么高。

上官：我们坐车的时候远看也都是这样。

淮：玉米种得比较稀，长了几棵。

上官：如果铺地膜的话，玉米亩产量在 1000 千克左右。

淮：是吗？去年我到榆林去调研，地膜能增产，但种上两三年以后地就不行了。

上官：甘肃旱作农业生产的主要措施是地膜覆盖，这一技术应用推广都二十多年了。

邓：铺了地膜之后还施肥吗？

上官：铺地膜之前施肥。

3.3.4 窑洞和地窖

在附近我们发现一口用石头压着井盖儿的井，旁边放了一个桶，桶上挂着很长的绳子，绳子是用自行车内胎一节一节连接起来的，后面接着一些麻绳，旁边还放了一对手套（图 3.5）。打开井盖，有二三十米深。里面蓄水泛着绿光，说明最近下过雨，农民蓄水用于灌溉。

图 3.5　水窖

我们在罗家山村发现一个水窖，水窖是 20 世纪八九十年代宁夏、甘肃等地人们用水的一大来源，主要通过引流渠收集一定范围内的雨水，窖中的水可用于饮水以及灌溉等。

（2020 年 7 月 14 日，王耀斌摄）

淮：这是他们的地窖，存他们吃的水。

上官：这种地窖农户自己掏钱建不起来，都是政府资助的，一个窖 1500 元。这种地窖能解决吃水困难，还解决灌溉问题。

上官：甘肃（20 世纪）80 年代都在定西修地窖。

邓：水从这旁边渗进去吗？

淮：不知道他旁边有管子吗？

上官：这旁边绝对有集流的集雨面，它把水都引到了地窖里面，如果这有一户农家院子，水引到这儿来以后，特别旱的时候庄稼种不到地里面去，浇一点水，它就可以发芽。

淮：地窖会不会塌下去？

上官：这下面都是水泥。

淮：是水泥箍起来的？

上官：现在好多一次性成型，直接弄好水窖，施工很方便，直接一放就好了。

淮：一次成型？这是机械化吗？

3.3.5　搬迁与留守

废弃的村舍代表黄河流域在新农村建设之后残破的遗留村庄的基本外貌。

我们上了台阶，发现了一户破落房屋，只剩下残垣断壁。草丛中埋没着一个水泥石槽，大概几十年前是用来养猪、牛等牲口的食槽。还有我们已经久违了的一个碾子。在农村秋收时节，农民为了将成熟的小麦破壳，常常用牛拉着碾子在小麦上来回碾，可以把小麦碾下来。这是已经被移民拆迁后遗落的村庄。一户门被拆走，木质横梁还在，土墙上镶嵌的砖块儿漏出来，这是用人工打成土坯垒出来的一种墙。

这地方以前人们主要居住窑洞。一个残败窑洞门口长满了野草，窑洞是从里面箍起来的，里层都是农民自己弄的土坯子，外层墙面大约有半米厚，再外面是自然窑洞。箍窑用土坯或者砖，外层用的是土砖，而里面用的黏土夹杂了一些草或者小麦秸秆以增加黏性，在外围土墙建设中，偶尔会有两块儿烧制的砖。在砖墙和窑洞缝隙里面，土质比较粗糙，里面填充石子、沙砾。除了残破的建筑物，在一大片空地上，院落里一个缺了轮子的架子车靠着墙，一个直径大约三米的床头镜被扔在一个泥坑里，有人甚至把自己的家具放在屋子外面还没有搬走。这些老式的木制家具，至少使用了 30 ~ 50 年，反映了搬迁前当地农村贫困生活。

淮：碾子作为农具还有价值吗？碾子现在也少了。

上官：这家修得还可以，现在人不在家。

淮：这是老房子，老厕所？

上官：这家养羊，有新鲜的羊粪。这房子还盖得这么好，没人住。

淮：有人的话早听见声音了，出来看了，估计是放羊去了，看看这羊的脚印、羊粪、羊圈。这些人都搬走了，估计有个三五年了。

我们在院子里还看到了一些羊圈，在短墙内有些羊；在村里狭长的小道上有湿润的羊粪，因此村子里还有人住，也许上山赶羊去了。正走着，上官老师指着前方说："那里有个老人。"我们走了过去，大家围着他问起了拆迁后村庄的现状。老人显得有紧张，警惕地看着我们，对我们说一些当地话。我们听得不太清楚，但上官老师能听懂他说的话。张家湾全村搬迁，耕地撂荒，只剩老人放羊为生。上官老师给我们翻译起来，内容整理如下。

淮：大伙搬过去几年了？

老人：两年，子女搬到新农村去了。

上官：我们是陕西的大学老师，来你们村看看水土治理，植被恢复得咋样，对面柠条，这是你们种的？

老人：原来是，现在是另外一个大队的村干部承包。

上官：还有一间房子，家具都在外面摆着。

老人：怕上面的人把房子给推了，把家具埋在里面。

上官：你村子环境还很好，你们住这儿？这吃的水从哪来？

老人：以前有自来水。

淮：你们这儿到新村子有多远？自己还有耕地吗？

老人：10 公里。这地都撂荒了，搬到新地方去，那边没有地。

上官：没有地靠什么生活？

老人：没办法，你又不知道上面有什么人管？梯田都要荒了。

淮：你有 70 了吗？

老人：我 78 了，这环境比之前要好，路修好以后交通好一些。

上官：道路旁边没有修排水渠，这几年大雨会冲坏公路。你们这村子都搬走了，谁给你还修路？

淮：你现在还能放羊吗？你儿子都去新农村？

老人：放不动了，（快）80 岁了，儿子在新疆打工。家里就我一个人，儿子、媳妇、娃都走了。我去新疆过了年，把孙子送过去。

淮：你们几个人住到村子安全吗？这里有没有狼？

老人：天天还在这住。暂时没有。

我们碰到了另外一位从山上下来的老人。

淮：你们现在还放羊吗？现在满山遍野都是草，你还用跑那么远吗？

老人 2：我放羊，到沟渠去，没啥事。

淮：现在小羊羔咋卖呢？

老人 2：七八百块钱。

淮：这儿本地的羊叫滩羊还是山羊？

老人 2：绵羊。

上官：养羊，一年十几个羊也还可以。

淮：我咋在山上看不见羊呢？跑到山沟吃草去了？

老人 2：还没赶，在圈里；现在人家不让放。

上官：你今年 70 几了？这地荒了几年了？

老人 2：我今年 75 岁了。十几年都这样过来了。

淮：你退耕还林，林在哪呢？退耕还草吧？

上官：还林还有封育这都算。对面这都算的。

老人 2：黄色的都是柠条，都不是退耕还林。对面荒山人家是有组织的。这样效果好一点，家家户户的自己弄效果比较差。

上官：柠条种这么大面积的很少见。为什么好，主要看后续的管护。

淮：它有几年了。

老人：一二十年了。

淮：一二十年了？柠条，长那么小一点。

老人：这样长不上去。

王：柠条是灌木，不是乔木。

老人：原来这树还不咋的，人家平茬就有平茬的好处。

淮：是不是最近下大雨了？玉米一亩能产 1000 斤吗？

老人：几点子，雨都下得不大。玉米好的时候能产 1500 斤。

上官：这里种植胡麻，胡麻是一种油料作物。

淮：你养几十只羊？

老人：不上二十个。

淮：为啥不多养几只呢？

老人2：草还不够吃。

淮：这都到处都有草吃，怕啥？

老人：怕管不住。

上官：这个电线还保留有一段。

老人：小孩都还看电视。

淮：你们发的养老金一个月有 120（元）吗？

老人：还不到 120（元）。

淮：你们现在交不交养老保险，医疗保险？

老人：小孩都交着呢。

淮：你们为啥没有搬到新农村去？

老人：搬过去的话，这里的一堆事没人料理了。新农村没地方放羊，打工又没人要，没办法维持生计。

淮：村里像你们这样老人还有几户？

老人：这个不多，60 岁以下的都打工去了。

淮：这是一个大队还是一个小组？你养牛吗？

老人：大队，不是小组。我养驴。用驴拉犁，种地有好多年了。驴拉架子车。养牛的有五六家。

淮：种地有没有小型的拖拉机？

老人：有手扶拖拉机用着好。

淮：你们看病最近的医院在哪里？有多远？

老人：在县城里，十几公里。

淮：你们要去坐车还是骑摩托？

老人：走过去，走 30 里，要走几个小时。有时坐拖拉机去。

淮：你们买东西怎么办？子女隔多长时间回来一次？你们有手机吗？

老人：都要跑到外面去，太不方便了；子女半年来一次。有手机。我手机才拿了不久。

淮：看电视人家要钱吗？

老人：一年交 48 元。原来有"平底锅"，可以收到电视信号，现在收不到了。

淮：你们以前没有外出打工吗？

老人：没打工，我小时候没上过学，不敢出去。

淮：他们搬到新农村是住楼房吗？

老人：两层楼没有院子了，比我们住得还好，但农民要有个院子，不然自行车没地方放。

张：这一代人都去世了，下一代人对农村都没有印象了。这是必然趋势。

完成了访谈之后，我们发现一条很大的山沟（图3.6）。抬眼望去，沟南北宽有300米，深达500~600米，东西延伸十几公里，属于塌陷造成的，一眼望过去看不到头，从沟口一直通到公路的下端，沟的两侧植被覆盖，但是沟渠里有裸露的黄沙，有些地方有塌陷后露出山体。细细的羊肠小道只能让一个人过。在沟的对面绿油油的玉米和金黄的油菜花让人眼前顿时一亮。重生的植被在有些干枯的地方绿油油地生发出来，大约是最近降雨造成的。最后我们在此拍照，记录下这种典型的侵蚀地形地貌。

图3.6　深沟
（2020年7月14日，王耀斌摄）

3.4　红四方面军会宁会师纪念馆

经过会宁的时候，我们去参观了红军会宁会师旧址。1936年红军三大主力在此汇合。但是由于到了下班时间，我们没有进门，在红四方面军会宁会师纪念馆门前合影留念（图3.7）。

红色纪念馆具有阐释当代大学生思想政治教育内容的价值，其教育方式符合大学生思想认知的特点，通过"物语解说"、"情境陶冶"和"行为体验"能对大学生思想政治教育进行有效提升（朱景林，2020）。作为爱国主义教育基地的革命类纪念馆，始终承担着传播红色文化、弘扬伟大革命精神的重要使命。纪念馆积极推进革命文物保护利用和传承发展、培养优秀的宣教工作队伍、创新宣教工作思路等实践路径，可以为其他革命类纪念馆在坚守传承初心的前提下开展创新性宣教工作，不断适应社会发展需求，提高社会影响力提供借鉴（周景春，2021）

红色旅游资源是一种集政治、经济和社会功能为一体的主题性历史文化资源（翁钢民和王常红，2006）。红色旅游资源不仅具有一般旅游资源的特征，还具有革命精神的无形性、多种旅游业态的伴生性、旅游主题的连贯性和意识形态的教育性特征。红色旅游资源

图 3.7　会宁县会师纪念馆

1936 年 10 月 2 日凌晨，红一方面军 15 军团直属骑兵团在团长韦杰、政委夏云飞带领下，打进"西津门"，攻占了会宁城。中国工农红军第一、二、四方面军三大主力胜利会师于会宁城，标志着万里长征胜利结束，这是中国革命走向胜利的转折点，毛泽东、周恩来、刘少奇、邓小平、李先念等老一辈无阶级革命家到达会宁。

（2020 年 7 月 14 日，苏冰倩摄）

包括物质、价值和外延三大要素：物质要素包括革命历史遗址、革命纪念场所；价值要素包括政治、经济、文化和生态四个方面；外延要素包括空间区位、旅游地形象、资源体组合和整体环境质量。我国红色旅游资源特征具有形成原因的独特性、资源属性的双重性、空间分布的广泛性、旅游活动的教育性和资源开发的滞后性（黄细嘉和宋丽娟，2013）。

市场经济的快速发展使红色旅游景区在发展中存在过度逐利、客源单一、人员素质不高等隐患，红色旅游项目出现庸俗化、同质化、静态化和单一化现象（彭晓玲，2010）。红色旅游资源开发存在盲目开发、过度开发和同质化开发的问题。红色旅游开发不当会对当地的自然环境造成破坏，尤其是对红色历史遗迹造成不可恢复的破坏（王亚娟和黄远水，2005）。此外，在经济欠发达的地区，讲解人员整体素质不高，讲解技巧和知识储备也有待提升（成娅，2011）。因此，红色旅游的可持续发展是在红色旅游开发中对可持续发展理念的贯彻（刘海洋和明镜，2012）。红色旅游应顺应时代发展的要求，在"互联网+"背景下，明确具体方向，打开一个全新的领域（金鹏等，2017）。

3.5　黄河的协同治理

随后我们驱车继续前往白银市靖远县。在下午的金黄色的阳光照射下，远处光秃秃的山和近处绿油油的河滩，以及我们脚下的一条细细的像蛇一样的水渠，组成了一幅优美的图画。对于这样的旱作农业我们该如何评价？对于光秃秃的山我们该如何治理？抬头眺望远方，我们向着蓝天白云发问，广阔的大地默默无语。

途经靖远县大芦镇时，太阳西下，阳光斜射到远处的山丘，显得格外壮观，体现出了黄河流域的雄浑厚重的气魄，但是远处的荒山与近处的田野形成了强烈的对比，也反映出黄河流域生态环境的脆弱性。

金色的太阳似乎听到了我们的呼唤，把群山中碧绿碧绿的田野、平整的耕地、郁郁葱葱的树木照得一下子亮堂了起来。上官老师认为，这些光秃秃的山下有更多的资源，只不过我们目前没有做调查，也许金矿、银矿等地下资源丰富，但表面上光秃秃的，无法发展农业。

这时我们已经进入到了白银市靖远县。在靖远县绿化都在河滩、河道周围，因此城市建设，乡村振兴都在两山中间的河滩上，这样的建设模式面临很大的空间布局约束。我们讨论后发现，黄河治理的重点在于水的有效利用，实现天地人协同治理。

上官：对面山绵延多少公里都光秃秃，公路两边都算比较好的，你进到山里面后说不定有新的变化。所以对太空洞的东西还是要实际来看一看，有个直觉，如果和当地人能交谈，深入实际。不能空想，说不定这些沙漠底下发现石油、金矿。

淮：黄河治理会不会把这种作为重点？

上官：黄河边就有这种生态系统类型。估计几十年前延安是这样的。延安以前生态环境比较好，1930年以前延安生态环境比较好。

淮：如果要研究这些地方的话，得回顾历史，看看是地质形成还是人为破坏？是不是国内有些学者专门攻克这些问题？

上官：主要是降雨。如果没有水，没法栽这么多树，花这么大的代价，最后都死了。连小树苗都活不了！

淮：看样子这是今年栽的。

上官：不是最近这两三年栽的，主要是干旱少雨，同时土壤蓄水能力不行。

淮：如果土壤能够蓄水是不是可以改善这种情况？因此干旱与土质、蒸腾、降雨都有关系，这是要跟天地人建立密切的联系。现在环境治理上提出一个大的观点，叫天地人三元治理。如果未来20年雨量增加，配上相应植树造林活动，也许可以解决这些重大攻关问题。

治理黄河历来是中华民族安民兴邦的大事。黄河治理战略可以划分为四个历史时期：1949年之前，黄河治理局限于下游，是以被动防洪为主的传统治水时期；1949～1999年，伴随着新中国现代化进程的全面启动，黄河治理进入除害兼顾兴利的现代治水时期；1999～2019年，新世纪黄河面临的问题更加复杂多样，黄河治理进入多目标综合治理时期，并取得了前所未有的巨大成就；2019年之后，随着新世纪黄河治理目标的相继实现，当代黄河治理站在了新的历史起点上，进入生态保护和高质量发展新时代。人民治理黄河70年来，在防洪减灾、水土保持、供水、灌溉、水力发电等方面累计产生的经济效益高达11.1万亿元，同时为保障国家社会稳定、经济安全、粮食安全、能源安全、生态安全发挥了巨大的作用，生态效益和社会效益十分显著（李文学，2016）。习近平总书记从实现中华民族伟大复兴的高度，将战略思维、历史思维、辩证思维、系统思维和底线思维科学运用于黄河治理实践，为当代黄河治理提升了战略高度，凝练了历史经验，明确了发展思路，构建了治理格局，划定了底线红线，形成了新时代黄河治理方略，为黄河流域科学发展明确了方向（姜迎春，2020）。未来随着我国社会主义现代化强国的建成，预期黄河将从根本上得到治理，成为造福子孙万代的幸福河（王亚华等，2020）。

3.6 地域模式简析

我们考查的甘肃省定西市和白银市部分地区的生态治理情况如表 3.1 所示。

3.6.1 封山育林与河滩经济

定西市通渭县华家岭是祖厉河、散渡河等河流的南北分水岭，这里分布着陇中区域面积最大的梯田和植被保护最好的人工防护林带。华家岭林场早期引入适合在当地生长的云杉、樟子松、落叶松等，形成混交林为主的生态林。说明根据当地自然环境以及气候与资源条件制定目标，把握方向，提升技术，可以有效对绿水青山建设提质增效。

华家岭的封山育林是全国典型，退耕还林主要靠云杉和其他的乔木，林业管护方面主要防止林地乱占和森林火灾。从治理成效来看，野生动物增加、植物植被恢复较好。但是由于贫困地区经济的限制而导致建立国家级森林公园的思路滞后。原因是自然资源管理体制中存在的多头管理和利益分割的问题。华家岭地区海拔较高，无霜期较短，主要灾害是冻灾和倒春寒，有些地方受到冰雹的袭击。在林业发展过程中，国有林场产权改革问题值得思考。

华家岭地区风力资源丰富，风电项目工程成为一道亮丽的风景线。在特色产业发展上，马铃薯产业是当地的主导产业，马铃薯良种繁育基地给马铃薯种植户增加了收入。两山夹道的河滩地区出现的绿洲经济随着城镇化，繁荣发展了起来，两岸光秃秃的山却无法得到有效的治理，说明如何实现二者的平衡是个关键问题。

总之，华家岭封山育林创建绿色长廊，两山夹道的河滩经济相对繁荣。

表 3.1 甘肃省定西市和白银市的生态治理模式

模式	行政区划	地理特征	组织属性	主要活动	主要产物或绩效
通渭县	甘肃定西市	地处黄河流域丘陵沟壑区，有耕地面积为 225.36 万亩，海拔为 1410~2521 米，年均气温为 7.5℃，年降水量为 380 毫米左右	地方政府	植被恢复非常好，路边有油菜花，地里是大麦，在层层的梯田中形成了很完善的通信基础设施网络	大力实施生态固本、产业优化、城乡一体、服务均衡、文旅名县"五大战略"，着力培育草畜、新能源、玉米"三大主导产业"和马铃薯、中药材、小杂粮、果蔬、劳务、文化旅游"六大特色产业"
华家岭	通渭县西北部	海拔为 2445 米，年平均气温只有 3.4℃，境内沟谷纵横，岭梁交错，属二阴湿寒山区，无霜期为 80 天，平均年降雨量为 500 毫米，是通渭以北地区气候差异的重要分水岭	华家岭林场是国有林场和企业，包括大牛管理站	封山育林效果好，选育云杉最佳，风力发电效益非常好，降雨明显增加。育苗销售，雇用当地农民做护林员	占地面积 9.7 万亩。建立了 300 公里的绿色长廊。华家岭梯田面积在黄河流域上最大，横跨四个县（区）。华家岭林带是定西市面积最大、植被保护最好的人工防护林带

续表

模式	行政区划	地理特征	组织属性	主要活动	主要产物或绩效
罗家山村张家湾组	定西市安定区	有些地方塌方，表面土壤是沙土，下面是裸露的黄绵土	整村搬迁后的空心化农村	地膜覆盖种植玉米，移民搬迁进新村，柠条的平茬，修地窖蓄水，养羊	村委会组织柠条人工平茬，自然恢复为主，灌草结合
靖远县大芦镇	甘肃省白银市	两山夹道	普通乡镇	在干枯的河道发展经济，在河道两岸建立房屋和道路	发展河滩农业经济和开采石头等非农经济

3.6.2 移民搬迁与植被恢复

定西市安定区罗家山环境脆弱，搬迁后老人留守，柠条平茬促进植被恢复。由于土质松散，水蒸发量大，蓄水能力差，导致退耕还林效果差。当地村民已搬迁至新农村，只剩几个留守老人。罗家山的柠条在当地干部的组织大面积栽种和平茬作用下有较好的效果，留守老年人是中国农村衰弱和我国城镇化建设造成的空心化的缩影，这使我们不得不深思未来农业发展的趋势和过度城镇化带来的后果。

张友良（2012）将城镇化看作是一个人口不断迁移的过程，它关系到经济、社会、空间等多个方面的因素。辜胜阻等（2014）认为城镇化是随着工业化的发展，农村人口向城镇迁移聚集、非农产业不停地向城镇转移，城镇规模逐渐扩大，数量不断增加，产生了农村空心化现象的过程。农村人口空心化是指农村青壮年劳动力大量流入城市，导致农村人口下降和农村青壮年人口比例下降，农村人口大多数是老人、妇女和儿童（周祝平，2008）。林孟清（2010）、刘鸿渊（2011）指出村庄空心化不仅是青壮年劳动力，而是农村优质劳动力的流出导致的农村建设缺乏人才使得农村各方面建设与发展的衰败。体制制度和经济发展是主要因素，家庭联产承包责任制（薛维然等，2017）和城乡二元制结构（孙国军，2018）是农村"空心化"的根本原因。农村剩余劳动力在向城市集中推动了城市的发展和繁荣，有利于拓宽增收渠道、促进农民增收、促进社会结构的调整和升级，客观上有助于城乡一体化进程的实现（陈涛和陈池波，2017）。彭柳林等（2016）强调要就地城镇化，以产业发展支撑带动农民城镇化；完善惠农政策体系，创新"工业反哺农业、城市支持农村"的政策机制。

第4章 | 黄河独石村和石林景区

2020年7月15日上午8点从宾馆出发，我们首先前往黄河独石村参观，顺路深入沙地内部考察了黄河引灌工程。接下来我们前往黄河石林景区，下午3点从景区出发，前往宁夏中卫，沿路考察沙漠治理和沿黄河两岸的灌溉农业发展的状况，晚上在中卫宾馆住下。

小贴士4.1 靖远县

靖远县位于黄河上游，甘肃省中东部，属国家连片特困地区之一的六盘山区，由沿黄自流灌区、高扬程提灌区和干旱半干旱山区三大自然区域构成。全县总面积为5809.4平方千米，现辖18个乡镇、176个行政村、10个社区，总人口为50.36万人，耕地为182.4万亩，水浇地为70.5万亩，黄河流经县境9个乡镇154千米，流域面积为100平方千米，素有"塞上江南""陇上名邑""黄河明珠"之美誉。

靖远是甘肃重要的蔬菜、畜禽、瓜果生产基地。获批"小口大枣""靖远枸杞""靖远黑瓜籽""靖远羊羔肉""靖远文冠果油""靖远旱沙西瓜""大庙香水梨"等国家地理标志保护产品7项，获评全国农产品质量安全县、全国农村产业融合发展试点示范县、白银国家农业科技园区靖远核心区和国家地理标志保护产品示范区等国字号荣誉20余项，素有"陇原蔬菜之乡""羊羔肉美食之乡""枸杞之乡""大枣之乡""籽瓜之乡"的美誉，2019年9月被中国特产协会授予"中国文冠果之乡"称号。

靖远资源能源富集，开发前景广阔。靖远是甘肃重要的矿产能源基地，境内煤、铜、石灰石、高岭土、沸石等矿产资源和水力、风能、太阳能资源丰富，已探明的金属矿藏和非金属矿藏近24种，坡缕石储量达10亿吨，品位及蕴藏量均居世界前列。水利资源丰富，靖远是黄河中上游段流经里程最长的县，已建成兴电工程、双永工程、刘川工程等三大高扬程提灌工程。甘肃中部生态移民扶贫开发供水工程开工建设，全县可开发水电资源在300万千瓦以上。风力资源可开发面积达150平方千米，是全国新能源产业百强县。

资料来源：http://www.jingyuan.gov.cn/zjjy/ xqgk.htm.

4.1 独 石 村

靖远县政府依靠黄河独石村的地理优势和商业前景招商引资。黄河独石村采取"党支部+村集体+公司+农户"的运营模式打造美丽乡村。

党的十八大以来，美丽乡村建设在全国各地取得一定成就。各地认真落实乡村振兴战略决策部署，有序开展美丽乡村示范村建设工作；大力推进农村基层党组织建设，初步形成"一核三治"乡村治理格局；积极开展村庄整治建设工作，人居环境得到明显改善；注重农业产业融合发展，现代农业产业体系建设初见成效；农村发展活力持续增强，脱贫攻坚取得阶段性成效；乡村振兴人才保障机制初步建立；注重乡村文化建设，着力打造乡村旅游文化等。但在美丽乡村建设过程中也存在一些问题，主要体现在以下几个方面：认识不到位，创建措施不力，乡村治理体系和治理能力迫切需要强化；基础设施建设仍然滞后，农村人居环境急待改善；农村一二三产业融合发展深度不够，农业现代化水平不高；乡村文化开发利用不够，未形成系列文化产业品牌；乡村人才极为匮乏；农村土地权益关系困局亟待破解，土地经营权抵押贷款难以推行；乡村建设资金严重短缺，资金来源渠道单一等。美丽乡村建设是乡村振兴战略的一个维度，为了使美丽乡村建设内容更具体，建设方案更具有可操作性，各地可结合实际采取的对策是：加强党的领导，强化宣传引导，深化思想认识，纠正认识偏差，抓好督促检查，强化成果运用；按照"乡风文明"要求，塑造乡村新风貌；抓好以道路网络建设为重点的农村基础设施建设，集中开展农村生活垃圾、污水和厕所等的治理，建立健全乡村环境治理长效机制，营造生态宜居的乡村发展新环境；加快实现"互联网+"现代农业行动，建立有机农产品物流体系与科技支撑体系，以三产融合催生乡村发展新业态，提升农业现代化水平；培植特色产业，大力发展特色农业、休闲观光、阳光康养、生态旅游、文化创意等类型的特色镇、特色村，发挥农业观光功能、体验功能和文化功能，加快农旅融合；繁荣乡村文化，打造文化产业品牌；建立健全人才流向乡村机制，培养乡村建设人才；盘活闲置土地，加快建立农村用地保障机制；统筹整合涉农资金，建立健全美丽乡村建设资金投入体制机制，确保美丽乡村建设取得实效（刘长江，2019）。

美丽乡村建设与农村产业融合发展不仅有着共同的出发点，面临相同的环境体系，而且，也有着共同的目标，因而，在共同发展的过程中，二者也必然相互促进，形成协同发展的耦合机制。由此，进一步把握二者协调发展的耦合机制，必然有利于推动美丽乡村建设与农村产业融合发展协同效应的产生，更好地推进乡村振兴战略的实施，为早日实现"十四五"规划的目标与社会主义现代化建设提供有益的帮助（徐尚德，2021）。

小贴士 4.2　独石村

在靖远县黄河铁桥北端向西两千米处，有一块巨大的石头，矗立于农田之中，形如柱状，蔚为壮观——这是位于靖远县糜滩镇的独石头，被誉为靖远古八景之一的"中流砥柱"，独石村因此而来。在黄河边上修建一个人工湖，围绕着巨大而壮观的黄河独石，既有小桥流水人家，又有万亩荷塘月色，还有引水灌溉的人工河流，集旅游、观光、休闲、灌溉于一体。黄河独石景色很美，但是产业化和旅游附加值有待进一步开发（图4.1）。

独石村位于靖远县糜滩镇西南，村落背靠大山，面朝黄河，坐落在庙沟、中沟、独山沟常年洪水冲积形成的洪积扇上，兼具黄河农耕文化、丝路文化、红色文化，与虎豹山庄隔河相望，区位优势凸显，与虎豹口、鱼龙山等红色旅游景点融为一体。县道 X331 线和黄河滨河路分别从南北绕村而过，交通优势明显，村内道路东西贯通。

图 4.1　黄河独石公园

(2020 年 7 月 15 日，淮建军摄)

独石村以美丽乡村建设为引领，以"水韵独石"为主旨，以"一石一湖两渠一村庄、三纵三横四区一中心"为总体思路，集旅游观光、休闲度假、乡村体验为一体着力打造的 3A 级旅游特色美丽乡村项目。独石村将农村"三变"改革与乡村振兴、脱贫攻坚、生态文明建设相结合，采取"党支部＋村集体＋公司＋农户"的运营模式，注册成立靖远水韵独石旅游开发有限公司，推进农村产权制度改革，完善统分结合的双层经营体制，激发农村发展内生动力，发挥资源集聚效应，使村集体、农民在乡村旅游中实现分红，有效带动农户特别是贫困群众多渠道稳定增收。

上官：好多花卉，像玫瑰园。

淮：能在黄河两岸推广吗？

上官：这可以，只要有水。

王：在我们老家，黄河边由公司承包开发成一个景区，建成 10 年了。

淮：这有一个问题，如果前期投资比较大。仅靠门票收入无法收回投资。

王：还有其他的项目收入，像元旦、春节晚会及场地费等。

淮：但是这种前期基础设施投资大，后期回收的时候比较缓慢，企业如果能支撑五年还行，撑不到五年慢慢就倒闭了。

王：可以和当地政府合作。

淮：有些生态试点项目，放到这儿能够盈利，又能享受新政策优惠。开发商、景区、公园、休闲农业总体上是经济发展良好的县域开展，像这种地理位置有优势的、有投资前景的可以招商引资。

4.2 引黄灌溉

2020 年 7 月 15 日上午 9:15，我们在白银市靖远县沿黄河的路边发现了一排小楼。这是黄河水泵站管理局利用"倒洪"工程渠进行引黄灌溉。我们站在高处往下看，三栋楼紧邻着黄河，在楼背后地下埋着两根直径约 3 米的钢铁水管，向上延伸，像两条巨龙。这种水管把黄河的水抽到山上，通过山顶向四周灌溉。我们沿着管子的方向爬上山坡看到有一条人工河（图 4.2），黄色的黄河水向山里流去。上官老师介绍，这条河水再延伸到里面也许还有两根管子，再把水抽到更高的塬上。在黄河流域很多干旱半干旱地区，引黄灌溉区域的农业比较发达。

图 4.2　引黄灌溉的"倒洪"工程渠

沿黄河水泵站管理局负责管理黄河水的利用和保护，"倒洪"灌溉工程是从黄河抽水通过从低到高的管道输送到高处的人工运河，再通过二级水泵从人工河向山顶运输黄河水，最后通过山顶的疏水工程向高原上平整的耕地提供灌溉，从而解决当地村民的生产生活用水和粮食安全问题。

（2020 年 7 月 15 日，淮建军摄）

4.2.1 引黄灌溉工程及研究

山东省簸箕李（刘丽丽等，2007）、小开河（冯玉坤和周景新，2000）、运城浪店水源工程（郝满仓等，1997）、山西省尊村引黄工程（徐睿，2011）、三门峡市槐扒黄河提水工程（姚洪波，2010）、湖南隆回县水厂项目（陆扬，2009）是引黄灌溉工程中有代表性的生产实践。

随着引黄灌溉事业的发展，广大科研工作者在理论分析和工程应用方面开展了大量研究。陈崇希和万军伟（2002）提出了"渗流-管流耦合模型"，为准确地计算渗流井的出水量提供了理论依据。史红玲等（2003）等提出引黄灌区泥沙处理和利用的关键技术，肯定了渠道泥沙长距离输送的灌区泥沙处理发展方向，并列举了渠道不同部位设置提水设施对于引黄灌区泥沙利用、处理和输送等方面的作用和效果。赵永安（2005）对尊村引黄灌区的泥沙提出了"避沙、防沙、沉沙、输沙"的处理对策，在分析泥沙处理标准后，选择了凹地湖泊型沉沙方式，并提出了泥沙运行沉降的管理方案。王玮等（2009，2010）在"渗流–管流耦合模型"的基础上，对干旱半干旱地区渗流井取水技术进行了系统研究，成功将渗流井取水技术应用于陕西省吴堡县横沟黄河谷地渗流井采水等多个水源地项目。

4.2.2　生态修复、粮食安全和耗水成本

引黄灌溉要权衡生态修复、粮食安全和耗水成本。这些水利项目是在20世纪，国家为了解决粮食安全问题，不计成本建设的水利项目。

淮：这是水渠吗？这管子会不会是下大雨后的排水管？

上官：我们下去在沟边看看。

淮：还是要进里面来看。如果允许企业把地平了，免费使用黄河水30年，鼓励更多主体参与，就可以解决黄河流域干旱问题。

上官：水从哪来？

淮：企业觉得划算，自然会想办法抽水上来。

上官：这不是随便抽取的，黄河水抽取需要审批才行。

淮：我还没想到抽水需要审批，里面涉及修复和耗水要权衡的矛盾。

上官：黄河就这么多水，要上下游、左右岸，不同产业间合理分配。

淮：黄河治理问题归结成了干旱和灌溉问题了，这是不是生态治理的核心问题？要荒漠化治理，需要从下往上抽水，成本很高不划算。如果按照您的观点，所有的生态治理最后归结到水的合理利用问题上了。

上官：只要有水，这个地方耕地生产能力就较高，玉米就长得好。

淮：水和气候关系很大吗？大气循环、水循环在自然学科领域非常重要。

上官：在这停一下，沿上面可以去看一下水管。引黄工程差别很大，主要靠动力一级一级往上抽。要是再抽一次，可以抽到村子里，直到玉米地。

淮："倒洪"是几十年前建的，怕粮食出了问题，不惜一切代价要生产粮食（图4.3）。现在粮食安全问题基本解决了，这种工程效益可转化成果园的经济效益，种粮不划算，得想办法提高边际收益，降低边际成本。如果上面没人用水的话，水泵会不会关停，这些现在是不可持续的。

上官：上面玉米长得很好，但是代价太大了。

淮：要算一笔账，做一个可行性分析，看划算不划算，可行不可行。

4.2.3　荒漠的绿与沙

我们驱车前进，发现树林中有零星的大棚设施。在公路两边已经平整好的地面上有很多小松树或者柠条，每棵树下有滴灌的管子。路边栽种的小树苗有半米左右，一棵一棵孤零零地竖立着。

一路向西，有的山头郁郁葱葱，绿化得特别好。荒漠的绿色来自设施农业、绿化的山头、经济林和生态防护林。上官老师解释，有一些国有大型企业为了落实扶贫任务，在这

图 4.3　黄河背坡面耕地

　　远离黄河水边的阴坡面，仅能在沟壑处，进行农业生产。将黄河水输送到阴坡面来灌溉，从而解决了当地村民的生产生活问题，但成本较高。

（2020 年 7 月 15 日，淮建军摄）

里承包了荒山再委托给当地专业的绿化公司；绿化公司常年在这里工作，具有足够的经验，因此能够把山包绿化做好；相反，一些绿化不太好的山头，是由于扶贫单位缺乏实力，不够专业，后期管护跟不上。

　　为了防止塌方或者滚落石块，路两边的斜坡坡面控制在了一定的坡度，再用水泥做成网格，这种网格像一扇扇小门，能够框住黄沙，也可排水，上面没有种植任何植物，如果长期被雨水冲刷，必然存在垮塌风险。

　　等我们真正进入荒无人烟的毛乌素沙漠，两边已没有村庄，只看到高低不同的沙丘。在裸露的沙丘上，我们看见细沙分布非常明显，有的地方竖一个木制黑色的电杆，连接着一些线，但是手机信号很不通畅。

　　再往前走，进入景泰县境内，有些枣树、苹果树，零零星星长在地里，即使有连片的苹果园，规模也不是很大。拖拉机碾过地面后带起飞扬的尘土，反映了当地干旱的程度。

　　路旁偶尔有一些大树，高约 20 米，像是防护林。我们看到裸露的树根和枯死的树枝，说明植被遭到破坏。远处半山腰有些山洞，直径很大，不像是开采留下来的洞而是自然形成的溶洞。

4.3　黄河石林国家地质公园

　　黄河石林是我们在研究黄河生态治理过程中必须关注的一个特殊的地形地貌。这种畸形地貌被开发为旅游景点的模式在黄河沿岸，甚至黄河流域较为少见，这和黄河壶口瀑布有类似的情况。但是黄河壶口瀑布影响力更大，代表着黄河流域的文化，也反映了黄河流域人民的性格。

> **小贴士 4.3　景泰黄河石林**
>
> 　　景泰黄河石林位于白银市景泰县东南部，与中泉乡龙湾村毗邻。这里群山环抱，环境幽静，空气清新，风景秀丽，以古石林群最富特色，规模宏大，占地约 10 平方千米。石林由橘黄色砂砾岩构成，高度为 80～100 米，最高处达 200 余米。景区内峡谷蜿蜒，峰林耸立，绝壁凌空，气势磅礴，自然造型多姿传神，以奇、雄、险、古、野、幽见长。石林景观与黄河曲流山水相依，静中有动。黄河石林生成于 210 万年前的新生代第四纪早更新世，由于地壳运动、风化、雨蚀等地质作用，形成了以黄色砂砾岩为主，造型千姿百态的石林地貌奇观。
>
> 　　资料来源：https://you.ctrip.com/sight/jingtai2802/1412283.html

　　地质公园作为一种新型的旅游产品，是地质科普和地质旅游的有效结合体。自 2000 年开始，我国地质公园进入高速发展阶段，截止至 2019 年 10 月，国家林业和草原局和自然资源部通过了八批共 275 处国家地质公园。然而我国地质公园的开发主要集中在旅游地质资源的商业价值开发中，缺少对地质资源科学价值的开发，地质公园科普教育和科学研究功能相对欠缺（魏玉燕等，2021）。石林地质公园是集喀斯特地质、地貌、水文水资源、土壤、生物、人群聚落与文化习俗于一体的完整地理区，具有建成可持续发展示范区的科学价值、美学价值、经济价值和人文价值的资源基础（李玉辉，2021）。

4.3.1　主要特点

　　黄河石林国家地质公园位置偏僻，开发较晚，以山之险为主要特点（图 4.4）。

　　从高处远远看去，黄河石林处于黄河拐弯的地方。黄河在这里走了一个 S 形，把靖远县和景泰县分开。在黄河的河滩上，村庄拥挤在一起。俯视下面的村庄，高矮不齐的民房在村落中涌出，村里的植被恢复比较好，全村经济主要以沿黄河滩的生态旅游为主导产业。在这样的河滩上建立大量的村庄，如果黄河泛滥，会不会有洪水爆发的风险呢？

　　淮：黄河石林和黄河壶口瀑布是同时开发的？

　　上官：壶口瀑布比黄河石林要早。黄河壶口瀑布以水之动为主要特点，是最重要的一条旅游专线，交通便利；黄河石林地理位置偏僻，以山之险为主要特点。黄河治理和休闲农业结合才好。这是黄河国家公园的一部分，现在游客较少，黄河大峡谷一直想申请国家公园，但是它一直没有批下来。

　　淮：原因在于规模太小？

　　上官：不清楚，秦岭到现在还没有获批国家公园。

　　淮：秦岭还没批，西安不是有好多国家植物园？

　　上官：那是国家植物园，这是国家公园。层次要更高。

　　我们很快进了景区，顺着观景台的台阶扶手向下，面前裸露的悬崖在雨水冲刷的过程中，有些切面变成其他颜色，阴面生长苔藓。从高处看下面，一层层的斜坡上有郁郁葱葱的树木、玉米，甚至还有些大棚。到了停车场，山峰呈 90°矗立在眼前，仿佛随时会倒塌，

图 4.4　黄河石林景区

黄河石林是国家 4A 级景区，在 2008 年中国黄河旅游大会上，被评为"中国黄河 50 景"之一。景区由一条河流的 4 个主区构成，分别是龙湾绿洲、豹子沟、神龙谷及饮马沟大峡谷，其中以饮马沟大峡谷最为出名。景区群山环抱、环境幽静、空气清新、风景秀丽，以古石林群最富特色，景区内石林景观与黄河曲流山水相依，颇具天然大园林神韵。

（2020 年 7 月 15 日，邓香港摄）

十分震撼。我们坐上旅游车，很快到了沿黄河岸的第一个渡口。

经过一座小桥，走到黄河最边上，这里有一块大石头，高约为 10 米，上书"黄河之水天上来"几个大字。沿着向东的路，我们徒步向黄河石林公园门口走去。边走边看，黄河岸边有大量石块和水泥堆砌而成的坡面，上面铺设铁丝网防止石块滑动。黄河水面比较平静，偶尔漂浮一些杂物，树叶较多。对岸栽了很多树，有些地方停了几只船。在我们头顶，有些巨石突兀，中间好像被雨水冲刷过，下面悬空，甚至出现了巨大的涵洞。在这样的地质结构下，一旦其中有一小块石头松动，山都要塌下来。如果发生地震，在这样的地质公园里很多地方会塌陷；旅游景点的开发可以推动地方经济发展，但是无法应对自然灾害带来较大的意外风险。

4.3.2　饮马沟大峡谷

我们走到景点分布图处，才知道这里叫饮马沟大峡谷（图 4.5）。一位老人带着话筒冲着我们边走边说当地方言，意思是他有资质，要给我们做导游。上官老师先让他解释一下石林这些特殊的地质地貌是怎么形成的。导游说是由于大雨经过冲刷逐渐形成的，这种说法也可以解释得通，也许有更重要的原因需要我们去考察，如从地质结构的角度解释地壳运动以及黄河流域特殊的风土人情。在饮马沟大峡谷，当地凭借自然奇观带动旅游、林果和影视发展。

导游带着我们，有时候说这边是桂林的大象，那边像猪八戒背媳妇等。走了一段又一段，导游并没有详细地介绍地质地貌的专业知识，只是从外形上给很多山头命名，显示大自然的鬼斧神工。他给我们唱了陕北民歌，如《山丹丹开花红艳艳》等，一路边走边唱，告诉我们很快到了成龙拍《神话》的取景点。我们中途休息了一下，看着这些坑坑洼洼却

图 4.5　饮马沟大峡谷

饮马沟大峡谷位于黄河石林景区西南部，是黄河石林景区最先开发的峡谷。传说当年成吉思汗带兵打仗的时候，在这里藏兵饮马，故得名饮马沟大峡谷。峡谷纵深为4.5千米，峡谷内石柱石笋大多高达80～100米，最高可达200多米，其造型峰林耸立，绝壁凌空，犹如雕塑大师之梦幻杰作。饮马沟大峡谷内蜿蜒曲折，峰回路转，步移景变，有"空中之吻""苍鹰回首""大象吸水""千帆竞发""十二生肖""月下情侣""霸王别姬"等众多景点神兼备，栩栩如生。饮马沟大峡谷是极佳的摄影取景地和外景拍摄地。先后在此拍摄了《天下粮仓》《西部热》《汗血马》《雪花飘》《大敦煌》《神话》等80余部影视作品。

（2020年7月15日，张垚摄）

又相互折叠在一起，累积成千姿百态的石林状态，尤其是看到一些垂直的、要倒塌的、下面悬空的大石头，我们不禁思考大自然是怎么形成这种风貌的？在山坳里一只"如来神掌"引起了我们很多疑问：山里这些不同形状的洞是如何形成的？是雨水侵蚀大自然形成的或者人工修饰的？导游说不是人工做成的，因为这样会导致山体崩塌。

由于新冠疫情的影响，本来是今年的旺季，现在来的人很少，当地收入受到了很大的影响。刚进入山口的时候，很多驴被拴在入口处，驴车停放在此，有时候车上还会有一两个当地人，他们在车上看到了我们的导游，便大声唱起信天游，声音洪亮，非常粗犷。我们看到当地农户用自家的驴拉着一个双轮的篷车，有些游客坐着驴车上山。拉车的驴个头比较小，但是特别精神，全身毛发油光，营养很好，是当地农户发家致富的宝贝。据导游介绍，旅游景点提供这种驴车的租赁，现在一头小毛驴至少要两万多元，刚生下来的小毛驴也要1万多元。当地人要积极和旅游景点合作，农户的每一笔收入要付一部分租金，其余的是自己的。

我们边走边看，终于到了休息时间。我们和导游边吃边聊，了解导游的日常生活。导游一家有一个儿子，儿媳在旅游景点工作，每个月收入3000元，而他自己没有上过学，喜欢唱歌，参加过一些民歌比赛，凭借自己的唱歌优势做导游。在黄河沿岸依靠景区、休闲农业发展旅游。在旺季的时候，他常常每个月能够赚到三万元，因为他每带一个队可以收300～600元的导游费。当地人主要依靠旅游发展来获取收入，由于疫情的关系，他的收入明显下降。村里的采摘园（大枣，苹果，核桃）、酒店住宿、农家乐等都没有什么生意，2020 年大家的收入都受到了不小的影响。

再往上走，脚底下的沙砾、石头也越来越多，造型也非常奇特，"排山倒海"是矗立的石头有很多倾斜的切面，一排一排；还有一处像一个大张的嘴巴，叫"笑口常开"；还有一个两座山头之间有一根柱子搭起来，叫"一线牵"。这让我想起了一句诗词，"横看成岭侧成峰"。

苟师傅上了一个台阶，说这是避险台。在每个拐弯的地方，避险台往往藏在了能够躲避洪水的小山坳。原来早在几年前，他带着外宾曾经到这里来考察黄河的地质地貌，天下大雨才知道这种避险台是可以让人们躲避从山上横冲直撞下来的洪水或者泥石流。

我们深入到峡谷之中，见到了剧组拍摄的地方。剧组工作人员在阴凉的地方休息，还有人跟我们喊，这里需要群众演员，报酬是每人 100 元。我们继续向山上走，快到山顶的时候，导游停下来给我们指明了下山有两种方式，一种方式是到山顶有许多卡丁车或者马车，我们可以坐车回去；另一种是翻过一座山走捷径，到了有亭台楼榭的地方拾阶而下就回到入口的地方。

游览了黄河石林，我们的感触很深，面对这样一种地质结构的黄河沿岸，如何进行生态治理是一个棘手的问题，我们只能充分利用当地的地貌条件，建设这样的黄河石林公园。但是它和黄河壶口瀑布相比，处于明显的劣势，这样的地质公园存在着很大的地质灾害风险。由于旅游资源的开发，过多的人类干扰可能导致生态环境进一步恶化。这是我们生态文明建设中如何实现保护和开发协同的问题之一。

淮：这些地质地貌环境是有限的，增加绿化得不偿失。

上官：这些是改变不了的。除非是气候变化，降雨量增加。地区气候出现暖湿化，以后降雨超过临界值，植被长上来，但是土质没有办法变化。

淮：土质疏松水容易渗漏？

上官：这个影响不大，只要有水就行。

淮：通过人工降雨行吗？

上官：还需要水源，没有水源不行。

淮：这不有黄河。

王：降雨是上面有云才能降，没有云层没法降雨。

淮：人工降雨可以打弹制造云层吗？我看一个资料，美国在 1987 年前后为了影响越南，把大量催雨弹往越南上空打，导致当地发大洪水。

上官：云层是自然形成的，打凝结剂只起到了凝结的作用，天上必须要有雾和水汽。

邓：凝结剂加速这个雨的形成，只是改变了下雨的地方和速度。

淮：最大的问题还是水了，干旱脆弱区水本身就少。如果大水漫灌又可能导致沟里洪水泛滥，泥石流爆发，这样这些模式就有问题。用滴灌的形式维持现状，宁夏发展比较好吗？

上官：宁夏有黄灌区，水利设施比较发达，虽然降雨量比这儿还少，但是它大部分是黄灌区。

干旱问题是严重制约我国农业和畜牧业发展的重要环境问题。而人工增雨的方式可以一定程度上缓解干旱问题。在准备实施人工增雨时，要按照一定的工作流程，来保证人工降雨的有效性和短时性。对于要进行人工增雨的目标积雨云层来讲，不仅要注意其内晶体核向云滴的转化，同时也应该注意积雨云层内部水蒸气向液态水的转化，提高人工增雨成功实施的可能性。当前，我国进行人工增雨的主要手段为物理加温增雨和化学催化剂降雨等方式。使用化学催化剂进行降雨，可以使温度较低的积雨云中晶体核与暖云中的液态云滴相互接触，发生凝结现象，导致积雨云内部云滴相对数量在短时间内变大，最终形成降雨。在实践中，液态二氧化碳是比较常用的催化剂之一，其在使用时通常为固、液、气三相共有的混合物，在液态二氧化碳进入云层后，会催化形成大面积、高强度的回波区，并促使云层中的降雨粒子明显增多，进而达到人工引晶、人工降雨的效果。与碘化银相比，液态二氧化碳作为催化剂的动力效应更强，即对云层降雨的催化作用更大（哈青辰和毕静，2020）。

4.4 地域模式简析

本次考查的部分地区生态治理模式总结如表 4.1 所示。

4.4.1 独石村建设

黄河独石村建设美丽乡村项目的同时，要加强水资源的可持续利用与管理。

从黄河独石产生、形成的特殊的地质结构和地理过程、土质地貌等因素看，黄河边的奇特的岩石地貌，以及景区级的湿地治理让人眼前一亮。在黄土地貌条件下，单块巨大岩石比较罕见。裸露出来的石头也可能是河水侵蚀的结果。独石村位于黄河滩边，环山临水，独特的地理位置使该地发展了集旅游观光、休闲度假、乡村体验为一体的特色旅游项目。因其临近黄河，水源相对比较充足，该地主要靠多级提水灌溉装置从黄河抽水进行灌溉发展种植业。在远离水源的地区进行生态治理大部分依赖抽水，很多灌溉模式建成时间较早，采用多级大功率水泵抽水等方式满足地方农业用水。黄河水如何得到有效利用需要权衡成本和收益，通过滴灌加强植被绿化，通过抽取黄河水灌溉使粮食生产得到的保障。但是，农户粮食生产的相对收益较小，非农业收益较大，因此，取黄河水进行灌溉甚至实施滴灌实现绿化等活动本身缺乏经济利益的激励。黄河石林景区提供了一种景区产业化的例子，增加了观光门票、农家餐饮、景区娱乐等一系列收入点，这也是一种生态治理与地域发展结合的模式。

河边生态公园建设很好，但当地治理与产业的衔接还值得思考。如何能形成可持续、能持久盈利、能造福当地人民的管理模式值得进一步探索。

4.4.2 黄河石林保护

黄河石林国家地质公园发展要阻止侵蚀风化，运用科技手段保护石林。

黄河石林是因为长期的风雨侵蚀以及河流冲刷形成独特的奇观。黄河石林公园利用黄河沿岸自然资源，通过生态旅游，休闲娱乐一体化、产业化的形式，既维持了黄河石林地

表 4.1　甘肃省定西市和白银市的生态治理模式

模式	行政区划	地理特征	组织属性	主要活动	主要产物或绩效
靖远县	甘肃白银市	甘肃省中东部，由沿黄自流灌区、高扬程提灌区和干旱半干旱山区三大自然区域构成。全县总面积 5809.4 平方千米	地方政府		甘肃重要的蔬菜、畜禽、瓜果生产基地，获评国家农业科技园区靖远核心区和国家地理标志保护产品示范区等国字号荣誉 20 余项。境内煤、石灰石、高岭土、铜等矿产资源和水力风能，大阴能资源丰富，已探明的金属和非金属矿藏近 24 种，坡缕石储量达 10 亿吨
独石村	靖远县糜滩镇西南	在庙沟、中沟、独山沟常年洪水冲积形成的洪积扇上，与虎豹口、鱼龙山等红色旅游景点融为一体	美丽乡村	将农村"三变"改革与乡村振兴、脱贫攻坚、生态文明建设相结合，采取"党支部+村集体+公司+农户"的运营模式，注册成立靖远水韵独石旅游开发有限公司	独石村以美丽乡村建设为引领，以"水韵独石"为主旨，以"一湖两渠、三纵三横四区"为总体思路，集旅游、休闲度假、乡村体验为一体着力打造的 3A 级旅游特色美丽乡村项目
黄河水泵站管理局			水利部门	从黄河抽水通过管道输送到高处的人工运河，通过人工河向山顶输水，再通过山顶的分水工程向耕地向提供灌溉	负责管理黄河水的利用和保护，通过灌溉解决当地村民的生产生活用水和粮食安全问题
黄河石林国家地质公园	白银市景泰县东南部	生成于 210 万年前的新生代第四纪早更新世，由于地壳运动、风化、雨蚀等地质作用，形成了以黄色砂砾岩为主，造型千姿百态的石林地貌奇观	公园景点	景区由一条河流 4 个主区构成，分别是龙湾绿洲、豹子沟、神龙谷以及饮马沟大峡谷，其中以饮马沟大峡谷最为出名	饮马沟大峡谷借自然奇观常带动旅游，林果和影视发展。饮马沟 80~100 米，峡谷纵深 4.5 千米，峡谷内石柱石笋大多高达 80~100 米。饮马沟大峡谷，有空中之吻、苍鹰回首、大象吸水等多处景点，是绝佳的摄影取景地和外景拍摄基地。先后在此拍摄了《天下粮仓》《神话》等 80 余部影视作品

质公园的保护和开发，又在有限的开发中促进了脱贫攻坚和乡村振兴的工作目标，这是一种典型的比较成功的案例。通过当地独有的自然景观发展旅游业，提升当地农民的收入。目前各级旅游业受到疫情冲击后，很多农家乐关闭，旅游景点收入锐减，各地发生产业活动中断等问题。我们一进入黄河石林沉浸在大自然的鬼斧神工，感叹大自然的杰作的同时，又在思考如果遇暴雨山洪这样的危险，景区开发时是否考虑到这个问题？今后在合理开发利用的基础上又该如何运用先进科学技术手段保护石林地貌？

黄河石林附近沙漠地带的植被与流域其他地区也有所差别，说明了绿水青山建设目标的地域性。沙漠地带植被保护的目标主要为固沙、阻止沙漠的扩张与净化空气，从而达到绿水青山提质增效的目的。黄河石林生态治理有力地证明水是制约黄河流域植被生长的最根本因素，也体现出黄河流域绿水青山建设目标应根据地域而制定。黄河石林景区表明可以根据不同区域的地质特征，结合人文、历史、旅游、城市与农村发展进行黄河的治理与利用，互相促进、补充与融合，形成经济与生态齐头并进的发展模式。

|第 5 章|　　宁夏中卫枸杞和盐池实验站

从石林前往宁夏中卫，从黄土地带到了沙漠地带，两边的植被恢复良好，沙子主要以固定的状态存在，很少有流动的，说明生态环境的治理效果明显。中卫县城周围规划设计较好，道路宽敞，空气良好，宜人居住，晚上市区非常热闹。2020 年 7 月 16 日早上 8 点从中卫宾馆出发，我们驱车沿着黄河南滨路一路开往中宁万亩枸杞园，进行实地参观。通过与工作人员的座谈，我们对中卫枸杞产业的发展进行了解。7 月 16 日上午 10:30 左右，前往盐池县，上官老师向两位学生，现在宁夏大学的两位老师了解了宁夏和盐池的基本情况，7 月 16 日下午 3:00 左右前往宁夏大学盐池的试验站，5:00 左右前往陕西省定边县去参观石光银治沙展馆，在周围的村子里进行了简单的调研后住在定边县城。

5.1　禁牧与草方格治理沙坡头

无论是在甘肃还是在宁夏，引黄灌溉工程有力地推动了周围种植业的发展。沙漠产业化的典型是宁夏沙湖和沙坡头两个非常著名的旅游景点，它们集科学研究，科普宣传，休闲娱乐，旅游发展等多功能于一体，目前取得了一定的经济收益，并且在沙漠治理方面有一定的示范带头作用，实现了生态治理和经济发展协调。

中卫市的沙坡头区沙坡头非常有名。从高速公路上向两边看，两边山上披着绿光，远处的树林大概是三北防护林。沿着高速公路一路向西，路边很多建筑物都是平房，绿化树木都很矮。再往前走，我们忽然看到远处地里像是有一些脑袋大的石头，原来是西瓜。在高速路两边的洼地偶尔有一群绵羊在草丛里吃草，大约有 300 多只；而在另一个洼地，有人在放牧，大约有五六十头牛。这令我们感到惊讶，在这样的生态脆弱区，植被非常少，无法自身繁衍的人工栽种的小树林，即使只有半米高，都可能长了十年，他们为什么在这里放牧呢？有两个原因，一是低洼地带水草丰茂，有利于羊吃草，二是对农户私自放牧缺乏监管。

为推进修复草原生态环境系统工程，国家和地方颁布实施了一系列有关规范草原禁牧、休牧和轮牧以及以草定畜、草畜平衡等方面的法律法规和相关政策。《中华人民共和国宪法》第 9 条明确规定，"国家保障自然资源的合理利用，保护珍贵的动物和植物。禁止任何组织或者个人用任何手段侵占或者破坏自然资源"。1985 年 10 月 1 日实施并经两次修订的《中华人民共和国草原法》第 33 条、第 34 条、第 35 条、第 45 条、第 47 条、第 48 条等建立草原禁牧、休牧和划区轮牧，以草定畜、草畜平衡制度，和国家对在草原禁牧、休牧、轮牧区实施舍饲圈养的给予粮食和资金补助等相关法律制度。另外，《中华人民共和国农业法》第 61 条规定，实行以草定畜，控制载畜量，推行划区轮牧、休牧和禁牧制度。2016 年 3 月，全国人大审议通过的《国民经济和社会发展第十三个五年规划纲要》中特别提出，要加强草原生态治理和草原生态保护，推进禁牧制度的实施；同年11月，国务院发布《"十三五"脱贫攻坚规划》，确定了禁牧补贴的数额。综上所述，我国已经颁布实施了一系列禁牧、休牧和轮牧等法律法规规章及规范性文件，形成了相对全面的禁牧制度体系，为有效实施禁牧、休牧、轮牧和草畜平衡等重大草原保护制度提供了较为充分的政策法律依据。

我们途经沙湖，中卫草方格治沙有效，沙坡头示范效应突出。

淮：沙湖是个公园，主要是游玩娱乐？

上官：还有治沙的各种措施。

淮：这措施是不是飞机播撒等措施？

上官：治沙最主要的方法是草方格，它把干草压进沙里去，做成 1 米×1 米的方框，在这个框边缘上种草种树。

淮：这和植树造林还不一样，怎么灌溉呢？

上官：不灌溉，这是干草，但是在草方格里种树的时候要浇水。

淮：沙丘（固定）是不是也可以防风固沙？维护成本比较高？

上官：很少有，但是生物结皮可以固沙。沙地上面覆盖一些藻类，相当于植被的作用。也无所谓维护。

淮：沙漠可以免费种植抗旱作物，如果有一种经济性比较强的，比如大沙棘，可以入药。这样在沙湖推广出去，但是采摘也有问题，加工也要跟上，这些都要配套才行。

上官：只要把沙固定住就可以了，要先生态后经济。

小贴士 5.1　中卫市

中卫市（图 5.1）位于宁夏、内蒙古、甘肃交界地带，东与宁夏吴忠市接壤，南与宁夏固原市及甘肃省靖远县相连，西与甘肃省景泰县交界，北与内蒙古自治区阿拉

图 5.1　美丽的中卫市夜景

（2020 年 7 月 15 日，王耀斌摄）

善左旗毗邻，东西长约为 130 千米，南北宽约为 180 千米。全市总面积为 17441.6 平方千米，其中，沙坡头区为 6876.1 平方千米，中宁为 4191.6 平方千米，海原为 6373.9 平方千米。中卫市市区平均海拔为 1225 米，地貌类型分为黄河冲积平原、台地、沙漠、山地与丘陵五大单元，属典型的温带大陆性季风气候。因受沙漠影响，中卫日照充足，昼夜温差大，无霜期为 158～169 天，年均降水量为 180～367 毫米。市政府所在地沙坡头区，东"锁扼青铜"，南"对峙香岩"，西"爽邑沙山"，北"控制边陲"。

中卫自然人文景观独特，自然景观与人文景观交相辉映，是宁夏乃至西北较为著名的风景旅游区。集沙、山、河、园于一体的国家 5A 级旅游区沙坡头，被誉为世界垄断性旅游资源，获得了全球环境保护 500 佳称号，不仅以"大漠孤烟直，长河落日圆""白马拉缰"等独特的自然景观驰名中外，而且以丰硕的治沙成果享誉世界，是"中国十大最好玩"的地方。

资料来源：http://www.nxzw:.gov.cn/zjzw:/zw:gk/zw:jj/201804/t20180410_734359.html

当前我国已在沙漠化地区逐步开展了将产业发展与生态建设相融合的尝试，其中最具代表性的是钱学森先生提出的多种新型农业知识密集产业——"沙产业"（deserticulture）（钱学森，1984）。随后，刘恕（2002）、魏万进（2012）、李发明（2012）等诸多学者对"沙产业"进行了比较深入的研究。在他们看来，"沙产业"就是在荒漠、沙漠、沙地等干旱地区开展的，通过使用高新科学技术充分发挥沙漠地区光热条件的优势，克服水资源匮乏的劣势，并对原生物种持续进行改良升级，达到"三产融合"的特色、高效、现代化的产业。甘肃省首先于 20 世纪 90 年代初开始进行"沙产业"的实践，利用林农间作、立体栽培、地膜覆盖栽培、大棚温室栽培等技术，发展生产粮棉油、酿酒原料、蔬菜、林果、牧草等绿色植物产品（魏万进，2013）。宁夏回族自治区和陕西省北部的"沙产业"工作起步较晚，但也已具备了一定的规模，产生了一批有发展潜力的农业、加工业、旅游业企业（朱俊凤，2004）。总的说来，当前的沙漠治理产业化工作已通过"沙产业"形式取得了一定的成效，但仍存在资源消耗量缺乏控制、没有形成产业链条、市场规模难以扩大、对政府扶持和补贴依赖性强、社会参与度和认知度不足等问题（李琦和韩新盛，2011）。

宁夏中卫的这些区域主要以生态防护林的建设为主，充分发挥了生态效益；同时利用黄河水在适宜的地方发展农林经济，提高人民的收入，转化绿水青山为金山银山。总之，面对这种尚未完成生态治理的荒漠地区，需要回答国家战略如何协调生态治理与经济发展、黄河流域生态保护选择哪些重点、如何分类探索黄河流域生态保护的地域模式、随着引灌工程的推进，大面积种植作物和果树增加对水分的消耗是否会加剧西北地区的干旱等问题。

5.2　中宁万亩枸杞示范园

5.2.1　田间枸杞成熟

2020年7月16日上午9：00多我们到了中宁万亩枸杞示范基地。我们走进了附近的田地里来看枸杞树，枸杞树大约一米多高，而且树枝比较粗壮，新枝条上缀着一串串的枸杞，一颗颗长得鲜红鲜红，像宝石一样晶莹剔透。我们摘了几个放在嘴里，吃起来甜甜的，糖分很高，有一定黏度，每行行距两米左右，长成了一行行哨兵。一些枸杞叶子虽然发黄，但根部或者新枝条的叶子仍然比较绿，枸杞非常繁茂。每个枸杞晶莹透亮，深红色像指甲盖那么大，长满了长形、扁平的深绿色叶子。总之，田间成熟枸杞糖分高，色泽鲜红，浑身是宝。

小贴士5.2　宁夏枸杞名扬天下，浑身是宝

枸杞，管状花目，茄科，枸杞属，枸杞是商品枸杞子、植物宁夏枸杞、中华枸杞等枸杞属物种的统称。人们日常食用和药用的枸杞子多为宁夏枸杞的果实"枸杞子"，且宁夏枸杞是唯一载入2010年版《中国药典》的品种。

宁夏枸杞在中国栽培面积最大，主要分布在中国西北地区。其他地区常见的品种为中华枸杞及其变种。宁夏中宁枸杞已获评农产品气候品质类国家气候标志。

枸杞喜冷凉气候，耐寒力很强。当气温稳定超过7℃左右时，种子即可萌发，幼苗可抵抗-3℃低温。春季气温在6℃以上时，春芽开始萌动。枸杞在-25℃越冬无冻害。枸杞根系发达，抗旱能力强，在干旱荒漠地仍能生长。生产上为获高产，仍需保证水分供给，特别是花果期必须有充足的水分。长期积水的低洼地对枸杞生长不利，甚至引起烂根或死亡。如果光照充足，枸杞枝条生长健壮，花果多，果粒大，产量高，品质好。枸杞多生长在碱性土和砂质壤土，最适合在土层深厚，肥沃的壤土上栽培。

枸杞：果实（中药称枸杞子），药用功能与宁夏枸杞同；根皮（中药称地骨皮），有解热止咳之效用。

由于耐干旱，枸杞可生长在沙地，可作为水土保持的灌木，由于其耐盐碱，成为盐碱地先锋种。

宁夏枸杞树形婀娜，叶翠绿，花淡紫，果实鲜红，是很好的盆景观赏植物。

枸杞嫩叶可作蔬菜，在广东、广西等地，枸杞芽菜已经非常流行，可在菜市场买到枸杞芽菜，但南方基本为中华枸杞，没有宁夏枸杞。在宁夏等西北地区，使用枸杞嫩叶作蔬菜较少。枸杞子被卫生部列为"药食两用"品种，枸杞子可以加工成各种食品、饮料、保健酒、保健品等。在煲汤或者煮粥的时候也经常加入枸杞。种子油可制润滑油或食用油，还可以加工成保健品，枸杞子油。

我们又讨论了方法论的问题。

淮：调研首先是了解现状，有成绩也有问题，我们的突破口从问题开始。在现实中他们已经做得很好了，但是不管他多好，这是成绩，成绩后面会遇到一些障碍或者问题。比如产量第一了，但是收益不是第一。比如叶片发黄了，卷起来了是由于营养不良？还是土壤施肥过度？这个问题种植户比我们更清楚，因为他们做了好多年，对种植、生产、销售、研发都比我们更清楚。所以，我们调研一定要坚持问题导向，问题导向表现为他们的问题是什么？原因是什么？解决的方法有没有用？

张：上官老师这都是新鲜的，不易保存。

淮：是不是快成熟了？

上官：已经成熟了。

淮：尝一尝，真的好甜，来赶紧给我们照一个，把牌子给我们照一下。这晾晒以后烘干，容易保存。冷链也可以。你们学科要深入实地动动手，刨刨土看看，剥开树皮看看，要不然光看表面发现不了深刻的问题。你们有没有想过这个咋采摘？

上官：都可以在这里看一下。

邓：能不能借助花椒采摘机器？

王：这不能用机器。

邓：花椒是硬壳，枸杞比较软。

张：可以用蓝莓采摘机吗？

王：蓝莓是草本。

淮：农业里面现在采摘是个大问题，有人一把一把捋，需要好多人力，成本很高。

王：他们有分拣机器。

淮：这一树看样子产量挺大，产量超过5斤。我们有一年到农户家里去调研，一棵树晒干了有1斤多。

张：这为啥不卖冷链鲜果？

淮：我们不清楚，说不定人家有冷链。我们主要用来煮和泡枸杞。

王：现在买的枸杞不像之前晒很干，现在半湿半干那种。

苟：冬天怎么放它都不返潮，但是到了夏天全潮了，我每年都要扔点，含糖量特别高。这是中宁县的主打产业。

5.2.2 枸杞管理

我们和示范园区的管理人终于联系上了。站在门口，他给我们简单介绍了一下枸杞育苗的情景：把枸杞的新树枝剪成几段，直接埋在土里，让枝条生长出来，这个过程需要大棚或者灌溉。他们育的枝条，下面的土块非常干，但是每一个枝条都泛绿，将来长成一棵枸杞树。示范园区里展示了很多关于枸杞的产品，很多是包装晒干的，有通过塑料袋的，有纸袋包装的，还有用麻袋装。我们坐下来，围绕枸杞生长、生产、产量等座谈起来。枸杞树像辣椒一样，生长和结果有一到两个月，一般要摘六茬，每次摘光，浇灌过十天之后很快会长满，又需要摘一次。在采摘时期，枸杞必须马上摘掉，否则脱落烂掉。可见，枸杞扦插育苗，70 天成熟，一般烘干销售，8 年左右退化（图 5.2）。

图 5.2　成熟时期的枸杞园

通过对枸杞的修剪，保持在 1 米高或更矮，方便采摘，并且需要定时对枸杞园进行管理。

（2020 年 7 月 16 日，淮建军摄）

在中宁县万亩枸杞示范基地，我们还向工作人员深入了解枸杞的生长、生产、采摘、烘干、销售、果园管理、品种研发等相关信息。

淮：我们到这边看看中宁主导产业枸杞的发展，您给我们把枸杞的生产、种植、销售都介绍一下。

果农：现在种植到苗圃，明年开春可以移栽到地里。直接在地里扦插，种子不行，容易变异。要果好必须扦插，剪 30 厘米长插到地里。

上官：像苹果种植多是扦插，无性繁殖。

淮：扦插还用薄膜吗？要灌溉几次？

果农：用也行，不用也行。灌溉分情况，前期的话尽量不要漫过垄面。

淮：您能自我介绍一下吗？您怎么称呼呢？是企业家？

果农：我姓张。也不算是，我们也是枸杞果农。第一年育好苗以后，必须用扦插，倒顺要分清，不能倒插，剪好以后捆好用生根粉把根部泡上 24 小时，可以别到地里，水浇上，成活率一般达百分之七八十。第二年开春，可以把苗栽到地里，挂果了，不过产量比较低，因为没有枝条。第三年枝条好得很。

上官：枸杞最大的有多少年？

果农：最大的是前面栽的几棵，是 100 多年。枸杞树不管多少年全凭人修剪，不让往高长，长不起来。

淮：100 多年有没有退化？

果农：产量不行了，我们这树一到八年以上，果小了，产量低了。一般八年到十年后挖掉重栽。这个枸杞病虫害多，必须打农药，没有无公害的枸杞。枸杞摘回来一晚上就要用盐钠烘干，不然烘不干。自然晾晒的条纹都好着呢。晒的时候用盐钠，用硫磺熏，残留大得很。盐钠是工业用碱，对人体有害。

淮：一年农药打几次？

果农：七八次，但是打农药对枸杞影响不大，为什么呢，因为这茬今天摘了之后马上打药，下一茬摘的时候间隔七天，农药在叶面上，没在枸杞上。

淮：生长期有多少天？三个月吗？

果农：这到端午，头茬开始摘果，第一次开花之后必须七天摘一次，现在马上下果了，下果完了以后再发条，再过二十天到一个月秋果又上来了，又开花又结果，一年六到七茬。

淮：这里是自动晾晒？有没有试过直接卖鲜果？

果农：合作社都是烘干。鲜果贵划不来，一斤要80块钱，邮费很高。

5.2.3 枸杞采摘

手工枸杞采摘劳动力成本高，关键是在采摘时期的技术管理，问题是临时工需求量非常大。在周边，每家每户都要种两到三亩地枸杞，每到成熟季节，人工采摘成了最大的问题，所以他们得招外地务工人员。每年有来自陕西、新疆及其他地区的人来这里帮他们采摘枸杞。但是后来情况发生了变化，包工头在当地组织好劳力，和他们一起坐车过来，管吃管住。本来他们谈的是每摘一斤枸杞是一块七毛钱，包工头从中间要拿一块钱，采摘人员每斤七毛钱的收入。由此导致每年外地农民工不愿意来，因为他们挣不到钱，无法满足他们住宿、吃饭等费用。

关于产业化，首先枸杞不适合榨取鲜果汁，他们承认枸杞是可以当鲜果吃的；鲜果处理必须放到冷库管理，但是冷库管理需要费用，同时鲜果冷链技术很难推广，因此大多数产品仍然是晒干。其次是宁夏枸杞品牌的问题。宁夏枸杞的产量并不大，但是由于宁夏是枸杞最适宜生长的地区，它的土壤一般呈碱性，枸杞最合适盐碱地，而且由于特殊的气温条件导致干旱，宁夏枸杞的产量高，糖分最好，品质最高。因此即使新疆，西藏等地的枸杞也要包装成宁夏枸杞来销售，两者品质是有很大区别。再此我们谈到了枸杞的加工里面是不是有添加剂的问题。真正的枸杞在晾晒的时候是不需要添加一些有毒化学物质的，但是有些人为了易于保存，添加一些东西。最后我们谈到了陕西种枸杞的问题。由于低温多雨，即使我们在陕西的盐碱地河滩上引进了一些枸杞，它的产量或者品质也不如宁夏。即使气候适宜，如陕北等地种上了枸杞，由于品牌效应无法打开商圈，所以还得打宁夏枸杞的品牌。

果农：现在果农赚不了多少钱，大型合作社都赔着呢，我们前面这个村种600亩田，今年第四年，现在赔到五百多万元。

上官：这主要是什么原因？

果农：管理不到位，资金链跟不上，还有摘果的时候找不到人。比如今天第七天要摘果，找不到人，到第八天第九天落果，不行了，晒干都不行。

淮：如果找人的话，人工费怎么算？

果农：比如一斤枸杞卖 30 块钱，15 块钱摘果的，还有肥料、人工、除草、打药。

淮：不能机械采摘吗？我看不是有种采摘机子。

果农：有，但流通不开，推广不了。

淮：咱这今年由于疫情受影响大吗？往年比较好的时候呢？

果农：今年影响相当大。经济和管理跟不上，根本不行。

张：有没有什么新品种？最近不是有黑枸杞吗？

果农：有。黑枸杞、黄枸杞都有。

上官：现在青海和新疆的枸杞发展起来对你们有影响吗？

果农：影响大。他们的枸杞出不去，在宁夏往出卖，我们宁夏要销售五个省的枸杞。青海枸杞不是盐钠晒干的，粒子大得很。这两年中宁县对青海的枸杞查得比较严，不让进来。以前不管，从去年开始中宁县对这个事情管起来了。

淮：你们都能灌溉？灌溉会不会影响品质和糖分？

果农：全是灌溉。不影响。

淮：你说现在采摘人手少，是因为现在年轻人不在，还是没人愿意干？

果农：全部是外来的。像我们这用人的时候在同心、海源、固原找个工头，让他们来雇人，一个人给多少钱。

淮：这跟小包工头一样。他们来了能干多少天？

果农：签合同，刚开始摘的时候合同一签，他必须摘到完。

淮：一个人在这干一茬能挣多少钱？两个月能挣一万块钱吗？

果农：能是能，关键问题是咱这用河南、四川、安徽这一带的，工头抽的提成太高，人留不住。你跟人家签合同一斤是一块七，工头给人家七毛钱，工头抽掉一块钱。要是宁杞 7 号果的话，100 来斤挣个 100 来块钱，要是'宁杞 1 号''宁杞 2 号'果小的话赚个五六十，没意思。

淮：咱为啥不在本地组织劳动力呢？

果农：本地没人，面积那么大，用人量太大了。

上官：像新疆棉花一样。

淮：用工高峰是不是县上也会组织？

果农：县上也组织，不过果农经常摘，有一定的关系。

淮：采摘有什么技术要求吗？我们也能行吗？像这一片场地需要多少人手？

果农：随便谁都能摘，但是不能捏，一捏果，晒黑了。这得需要一二百人。

淮：咱这除了晒干以后卖掉，有没有开发一些新的？

果农：有，果汁、果奶、酒都有。

淮：有出口的吗？

果农：这不太清楚。

上官：东南亚这边也喜欢枸杞，他们煲汤都要用枸杞。北方人倒不一定。

淮：经常吃枸杞明目？是不是头发可以变黑？有什么功能或者好处？

果农：枸杞含量跟其他不一样，黑枸杞主要是花青素，跟红枸杞还不一样，主要美容养颜，适合女性，男性也可以吃，越吃越年轻，皮肤越来越白。

苟：刚说五个省的枸杞是哪五个省？

果农：内蒙古、宁夏、甘肃、青海、新疆。新疆现在产量挺大，内蒙古产枸杞是宁夏运过去的苗。

淮：销售渠道怎么样？如果上门收购？会不会压价？

果农：近几年好，县政府推广了一下，外省商贩全都到中宁县来自己买货，自己加工。没有人压价，都由市场组织。比如我给你出一块钱，他出一块一，这价不抬起来了吗？

淮：你们专门有个交易市场？

小贴士5.3 中宁县枸杞产业

中宁县位于宁夏回族自治区中部、宁夏平原南端，隶属地级中卫市管辖，是国务院命名的"中国枸杞之乡"。全县土地面积为3369.58平方千米，辖6镇6乡，131个行政村、15个社区，常住人口有35.17万人，其中回族等少数民族人口为9.25万人，占26.3%。近年来，在习近平新时代中国特色社会主义思想指引下，中宁县认真贯彻新发展理念，全力打好"三大攻坚战"，深入实施自治区"三大战略"和全市"一带两廊"空间布局，经济社会取得长足发展，先后荣获"中国枸杞文化之乡""中国十佳最具投资竞争力县（市）""国家级农村产业融合发展试点示范县""国家基本公共体育服务体系示范县""全国双拥模范县""全国生态文明示范县""全国法治县创建活动先进单位""国家外贸转型升级基地（枸杞制品）"及自治区卫生、园林、文明县城等殊荣。

中宁枸杞本名宁安枸杞，位居宁夏五宝之首，以原产地在中宁县城宁安堡而得名。中宁枸杞是家种名优农产品，继承我国长期利用野生枸杞的传统经验，在宁安堡一带特殊环境下发展起来的贵重中药材。

距中宁县城约8千米的舟塔乡万亩无公害枸杞示范园，是集生产、旅游、观光于一体的综合无公害枸杞种植示范园区（图5.3）。每年6~11月是枸杞的产果期，7月和8月为盛产期，这个季节到枸杞园观光旅游，处处是硕果盈枝、鲜红欲滴的枸杞。天下黄河富宁夏，中宁枸杞甲天下。据报道2019年1~11月，中宁枸杞产业综合产值达88亿元，目前，中宁全县枸杞种植面积达20万亩，枸杞干果年产量达4.5万吨。

近年来，中宁县坚持走特色化、品牌化、精品化之路，以提升枸杞产品质量和品牌综合效益为核心，打造集研发、种植、加工、营销、文化、生态"六位一体"的现代枸杞全产业链，有力地促进了枸杞产业高质量发展。

目前，全县枸杞加工企业达52家，市级以上龙头企业有30家，有高新技术企业1家，出口企业24家，上市公司1家。中宁县先后建立中宁枸杞专业技术人才信息

图5.3　中宁万亩枸杞示范园

库，成立中国优农协会枸杞产业分会、枸杞产业技术创新战略联盟，获批中宁枸杞院士工作站、中宁枸杞创新研究院等科技创新平台，建立枸杞病虫害预测预报防控体系、产品质量安全控制体系和科技服务体系，枸杞科技成果转化力度逐步加强。中宁县制定了《中宁枸杞标准》和《道地药材宁夏枸杞认证标准》，'宁杞10号'新品种示范推广，冻干枸杞、枸杞清汁、饮料、酵素、GMP枸杞中药饮片等生产线相继建成投产，研发生产枸杞酒、籽油、芽茶、特膳食品、饮品、化妆品、压片糖果等7大类50余种产品，科技支撑力度持续增强。着力打造"中宁枸杞"区域公用品牌，培育宁夏红、早康、杞芽、宁安堡、玺赞等60多个自主品牌，"中宁枸杞"已成为中国枸杞行业中最具竞争力的枸杞品牌。构建集实体销售、电商、微商为一体的市场营销体系，建成中宁国际枸杞交易中心，是目前全国最大的枸杞大宗产品现货、物流、信息、电子交易中心，年交易量和交易额分别达14万吨和70亿元。实施中宁枸杞"百城千店"计划，在全国各地建成中宁枸杞专卖店（专柜）1000余个。

　　中宁耕地面积为101万亩，土地肥沃，林茂粮丰，盛产水稻、小麦、枸杞、苹果、红枣、硒砂瓜等农特产品，素有"塞上江南、鱼米之乡"的美称，是世界枸杞的发源地和正宗原产地。中宁枸杞具有扶正固本、益气补肾、明目安神，抗疲劳、抗衰老，增强人体免疫力之独特功效，已有4000多年的文字记载史和600多年的人工种植历史，是唯一入选国家道地中药材标准认证的枸杞品种，素有"天下黄河富宁夏、中宁枸杞甲天下"之美誉。"中宁枸杞"获得农业农村部"中国农产品地理标志"，区域品牌价值达172.88亿元，是中宁乃至宁夏面向全国、走向世界的"红色名片"。中宁国际枸杞交易中心是国家级专业农产品批发市场和知识产权保护规范化培育市场。目前，全县枸杞种植面积20万亩，七大类50余种精深加工产品远销40多个国家和地区。

　　资料来源: http://www.znzf.gov.cn/zjzn/; http://nx.people.com.cn/n2/2019/1210/c192482-33618790.html

　　果农: 市场大得很, 现在都不够用了。六个大展厅都不够用了。

　　王: 是因为种的人多了吗?

　　果农: 不是, 主要几个省的枸杞全部运进来, 全以宁夏品牌往出销售。

　　淮: 咱地里的枸杞是不是有不同的品种? 哪个品种是产量高、效益高的?

　　果农: 刚开始是'宁杞1号''宁杞2号', 现在不行了, 现在种的是'宁杞5号''宁杞7号''宁杞9号''宁杞10号'。

　　上官: 这是宁夏农科院选育的?

　　果农: 都是农科院的。今年新出来的'宁杞10号', 枸杞大, 皮厚, 晒得质量好。

　　淮: 有没有现摘的, 市场上有没有这个需求? 像西红柿一样。

　　果农: 不, 不晒就搁坏了。

　　邓: 要晒几天?

　　果农: 天气好的话三天到四天。

　　张: 有没有一收, 放冰柜里, 冷链拉走销售的鲜果。这种销量怎么样?

　　果农: 有冷库, 销售的时候鲜果都放在冰里。也可以, 但划不来, 一斤枸杞发到地方都八九十块钱。

　　淮: 除了采摘缺劳力, 现在这个阶段还有什么困难吗?

　　果农: 主要缺劳动力。不光是摘, 除草也是。

　　淮: 机械化应用不是太高?

　　果农: 不行, 必须用劳动力。

　　上官: 劳动密集型的。

　　淮: 这个将来制约越来越严重。咱这种枸杞是不是跟土质、地势、气温有关系? 咱这是不是最好的地方? 是不是优生区? 陕西能种吗?

　　果农: 绝对能种, 能浇得上水绝对能种, 关键问题是陕西雨多, 有晾晒问题。你们晾晒必须用10米宽的那种工棚。

　　淮: 万一将来我们枸杞产业发展起来, 你们的不行了咋办? 你们和其他地方相比优势在哪?

　　果农: 我们这枸杞主要含糖量高, 容易保存, 你像青海、内蒙古的枸杞比宁夏的大得多, 看着好得很, 一返潮糖流出来了。像中宁的枸杞不存在这个问题, 再返潮也还是一粒一粒的。

　　淮: 糖分没有那边高?

　　果农: 糖分都一样, 我们宁夏枸杞不往外流糖。

　　淮: 这里是合作社形式, 是主要宣传、接待? 是不是有些客户可以来找你们签约?

　　果农: 这是中宁县枸杞局跟县政府办的中宁的窗口。可以签约。

淮：如果我们陕西发展枸杞，在陕北合适吗？

果农：只要是水浇地。土质是不是砂土？土有碱性吗？

上官：不是，黏一些。关中是娄土，没有碱性，是中性的。

果农：碱性越大种枸杞越好，种粮食不长。盐碱地的枸杞压秆，粒子大得很，光泽很好。

上官：在大荔黄河滩地都是盐碱地。

淮：气候是不是问题？

上官：可以，没问题。

果农：关键是修剪要跟上，第一年定秆一定要定好，头一年发出来的枝子一定要留好，给第二年打基础。头一年能把条留下，第二年产量就多了。头一年条留不下，第二年没产量了。和苹果修剪还不一样，最高七十公分。修剪是技术含量最高的，想要多产量修剪要跟上。

淮：农村劳动力这个问题，好像所有农业都面临。

果农：你们枸杞少，当地妇女把小孩一放下，好找。像我们这地方农户家都有三亩地，找谁都找不来。

淮：平均每户三四亩吗？

果农：每户一二亩、三四亩、十几亩都有。二三亩地也全都是外面找人。

淮：我们把产品看看。

果农：这种里面有10小袋，包装费6块，这一袋一斤70块钱。这是散的枸杞。这是芽茶。

上官：宁夏枸杞已经打出品牌，是地理标志产品。如果枸杞大规模的生产都受到有限劳动力的约束，果园成熟期特别集中，不及时摘的话就坏了，现在急需采摘机。有些采摘机是一次连叶子啥的都给你摘掉，回去分拣。枸杞这个反复生长，枝条都比较柔软。枸杞种植对生态环境有啥影响？

淮：这在盐碱地种植，是不是能中和碱性？

上官：它喜欢这种微盐碱环境。

淮：所有的果品采摘都有这个临时工短缺的问题，如果大规模产业化，周边都缺劳动力，成熟季节比较集中，要到外地请包工头把闲散劳动力领过来，临时工来两三个月又要回去，不够车费。此外，农民工就业形势不好，打短工有些有专业要求，像工地上干的都有一定的工作量，到这儿来受不了。

张：你来回车费、住宿费、还有吃饭，中介费用、劳务费，怎么解决这个矛盾？在大规模的林果经济区这种问题是普遍的，如果解决好这个问题就促进当地经济发展，辐射带动周边的闲余劳动力致富。

淮：因为在丰收季节好多果树容易落果，所以这个工作量比较多，只要人勤快，辛苦一周两周还是能挣些钱。关键问题是，中介把农民工从外地拉到这来，中间车费、住宿费比较多。这种临时打工形式，像原来割麦子一样，可以是从南向北一直割下来，长时间可以把中间运输费用赚回来。短期车费、住宿、吃饭压力比较大，现在年轻人或者老年人来一次再也不敢来了。你说这问题咋解决？

张：主要还是枸杞要卖上价。采摘在前，销售在后，不能根据去年价格去定采摘价格。劳动密集型只要产品销路好才行。比如打造一个网红产品，定一个大型企业，定向和某些村合作。

淮：理论结合实际，不错。这个问题必须解决，又找不到合适的解决办法。对农村的发展尤其是产业化的影响特别大。在成熟期比较集中的其他果园都有这个问题，比如上万亩西瓜大农场采摘，每天至少都要100多个人在地里不停地翻，要不然有的西瓜熟了，都烂地里了。

张：西瓜还是需求量比较大，枸杞没有那么大需求。

淮：需求量大，舍得花钱雇人，你这逻辑是对的。是不是要象专门组织农民工进城去工地打工一样，现在专门组织采摘工，按照果期成熟的早晚沿路一起采摘。只有外出采摘的收入比其他收入较高的时候，临时工才愿意去。在新疆采摘棉花的时间比较长，有的半年都可以采，但是其他果子不一样，短期要尽快采完，不然全烂地里。这个叫产业化陷阱，比如万亩猕猴桃，万亩枸杞，虽然规模经济了，但是将来销路和劳动力恶性竞争会导致这种困境。机械化是个出路，如果不能机械化，采摘的时候没有劳动力或者劳动力价格被炒得很高，这种情况会越来越严重。在农业领域的机械化应用特别慢，根本就没办法解决这些问题，还靠劳动密集型的农业发展。这个是劳动力市场的市场结构和供求失衡问题。一方面，城里大多是闲散的劳动力失业，聚集在不需要他的地方，一方面农村临时工每年光采枸杞养活不了全家人。

20世纪90年代中期，我国对农业机器人开展研究，相较于发达国家起步较晚，但也取得了一些成果（毕昆等，2011）。采摘机器人主要由四大部分组成，包括视觉识别和定位系统、机械臂系统、末端执行控制系统和移动平台。除此之外部分采摘机器人具有水果收纳及分级功能。胡友呈等研发了一款柑橘采摘机器人，采摘成功率为80%（杨长辉等，2019）。尹吉才研发了一款具备4驱式底盘结构的苹果采摘机器人，室内试验成功率达到91%，采摘平均耗时为29.46秒/个（伍锡如等，2016）。刘静等（2019）发明了一款带有存储功能且可升降的柑橘采摘机器人，可实现不同高度柑橘的采摘，采摘限高为1.85m，采摘平均耗时5.4秒/次，采摘的数量为1~2个/次。崔永杰等研究了一款笛卡儿式猕猴桃采摘机器人，果实采摘成功率为80%，采摘平均耗时为4.5±0.5秒/个，损伤率14.6%。苏州博田公司研发了一款果蔬采摘机器人，人采摘成功率达90%以上，果实损伤率约为5%，采摘耗时约10秒/个。华南农业大学邹湘军团队针对单果类和串型类水果研发了一款多类型采摘机器人，进行了荔枝和柑橘采摘试验，荔枝采摘成功率为80%，柑橘为85%，采摘两类水果的平均耗时为28秒/个（王滨等，2016；刘亚东，2017；张莎莎，2018）。

5.2.4 枸杞产业化路径

最近10余年，我国枸杞产业步入快速发展阶段，呈现种植规模迅速扩大，种植布局不断优化，加工水平逐步提升，产业水平区域分化等四大特点。从生命周期来看，我国枸杞产业总体处于成长期到成熟期的过渡阶段。未来，我国枸杞产业将继续保持增长态势，但其增速将进一步回落，产业结构加速优化，工业化水平快速提高；供求逆转促使竞争更加激烈，创新成为产业新动力，绿色化、生态化成为产业鲜明特征，产业融合成为产业新生增长点，产业链将实现分化与重组（曹林和张爱玲，2015）。

枸杞在我国宁夏、青海、新疆、甘肃、河北、内蒙古、山西、陕西等地均有分布（孟艳，2016）。近年来，枸杞种植业的运作模式逐渐由传统的分散模式向规模化、集约化、特色化方向过渡和发展，枸杞栽培也由农民分散、自发地种植逐渐过渡为由政府引导和促进的规模化、集约化种植（王春兰，2013）。枸杞产业发展较好的地方主要包括青海柴达木和宁夏中宁。柴达木枸杞主要分布在柴达木盆地绿洲农业细土带上，其集经济、社会、生态三种效益于一身。柴达木枸杞产业得到了地方政府的大力支持，2008年开始，海西蒙古族藏族自治州坚持政府推动与市场导向相结合，积极引导、扶持枸杞产业加快发展，在推进枸杞规模化生产等方面取得了突破性进展，枸杞种植基地已粗具规模（罗永红，2010）。在海西蒙古族藏族自治州，枸杞出口和创汇位居青海省农产品之首，枸杞产业成为拉动农牧业经济持续增长的引擎。随着产业链不断延伸以及集群规模不断扩大，深加工企业出现，柴达木枸杞产业销售也由实体店为主发展转变成电商绿洲销售平台，加强了产业链销售端的多元发展（李惠军等，2017）。

聚焦到宁夏枸杞产区，主要集中在中卫市中宁县，该地已经形成"一核两域"的枸杞产业格局，即以中宁为核心，以清水河流域和银川北部为两域（张秀萍，2016），其种植栽培模式从"一家一户分散栽培"逐渐转向"合作社+基地+农户+标准化"的新型种植发展模式（张秀萍，2017）。此外，随着高新技术的不断发展和应用，宁夏枸杞子产业研发了一套符合当地特色的种植技术，以标准化种植，病虫害绿色防控治，"三品一标"生产、清洁能源制干，自动化拣选加工、测土配方施肥、水肥一体化技术为主要内容的现代新技术在枸杞主产区得到大面积推广（张秀萍，2016）。种植规模的扩大，种植技术的革新不断推动着中宁枸杞子的种植水平发展。在枸杞采摘方面，中宁枸杞主要以农户散户种植为主，虽然拥有一些较大规模的种植基地，而采摘方式基本为人工采摘，对于采摘并没有统一标准要求。因此，采摘技术的进步也是当前所需要关注的问题。便携式枸杞采摘装置已经设计完成，但是研发还需要一段时间的沉淀和积累。在枸杞加工及销售方面，中宁枸杞市场营销渠道逐年拓宽，并拥有全国最大的枸杞专业批发市场——中宁国际枸杞交易中心（张秀萍，2018），且市场规范体系较完备。中宁枸杞除了传统的店面销售之外，线上销售迅猛发展（张俊宁和赵洁，2018），淘宝、亚马逊、天猫商城等电商平台均有店铺，QQ、微信等社交媒体平台上也有微店进行销售（潘雪丽和刘芳，2020）。

中宁县枸杞加工产业集群遵循农业产业集群演化的一般发展规律，经历了培育期、成长期及形成期，在不同的发展阶段集群表现出不同特征。地区独特的资源禀赋、历史文化、宏观制度等偶然因素激发集群最初形成，地理临近导致的集聚效应促使集群逐步成长，收益递增引发的路径依赖则进一步促进集群的形成。由于收益递增、路径依赖及企业惯例，集群在演化过程中可能会陷入低效率的锁定状态。为了摆脱这种困境，首先，政府应推动企业间网络合作强度及知识流动，提升集群创新能力；其次，要加强集群与区外联系实现集群在全球价值链上的嵌入，保持集群持续的竞争力（丁瑞等，2015）。具体地讲，加快良种苗木繁育和优新品种选育，实现种苗统育统供；提高枸杞社会化服务水平；通过土地流转实现枸杞产业向规模化种植和集约化经营转变；发展壮大枸杞专业合作社，提升种植户的组织化程度；培育壮大龙头企业，促进中宁枸杞产业集群化发展；加强枸杞市场流通体系建设和品牌保护；强化科技创新与推广；申报国家级重要农业文化遗产，通过枸杞文化的保护和传承促进枸杞产业的发展等对策措施（李强等，2015）。

5.3 盐池师生会

2020 年 7 月 16 日下午我们到了吴忠市盐池县。盐池县在关于水土保持的文献中出现的较多。

在盐池县，我们见到了上官老师的两位学生，他们均来自宁夏大学，他们在博士期间做得非常优秀，安慧已经成为教授，李建平成为副教授，都在自己的研究方向做得非常好，都有自己的实验站。我们聊了很多。

谈到学生培养的时候，上官老师很少组织同学之间的会议。而我用很多精力把学生组织起来讨论。不否认，会议加强学识交流，提高效率，但是应该把学生当作成年人对待。

我们进一步谈到了宁夏研发计划的项目招标的事情。去年西北农林科技大学水土保持研究所的王继军曾经邀请我参与到宁夏研发计划申请，但最后没有成功。从今年开始，由于疫情的影响，宁夏研发项目的招标以本地单位如宁夏大学为主，以其他科研院所参与为辅，这样带动本地产学研结合。

小贴士 5.4 盐池县

盐池县位于宁夏回族自治区东部，为吴忠市辖县，是著名的宁夏滩羊集中产区。历史上是中国农耕民族与游牧民族的交界地带。县政府所在地为花马池镇。县境由东南至西北为广阔的干草原和荒漠草原，以盛产"咸盐、皮毛、甜甘草"著称。驰名中外的宁夏滩羊是盐池主要经济来源。县城北、东、西南分布着大小 20 余个天然盐湖，因此得名"盐池"。

盐池县地域广、人口少，日照长、温差大，属典型的大陆性季风气候，干旱少雨，光能丰富，日照充足，年平均气温为 7.8℃，冬夏两季温差为 28℃左右。盐池县资源富集，全县有可利用草原为 714 万亩、耕地为 133 万亩，是宁夏旱作节水农业和滩羊、甘草、小杂粮的主产区。盐池地上有土地、光热、风能"三大资源"，地下有石油、煤炭、天然气"三大资源"和白云岩、石灰石、石膏"三小资源"，已探明煤炭储量为 81 亿吨、石油为 4500 万吨、天然气为 8000 亿立方米、石膏为 4.5 亿立方米、白云岩为 3.2 亿立方米、风能资源总储量约为 300 万千瓦、年太阳总辐射量为 5740 兆焦/米²，中民投 2000 兆瓦全球最大单体光伏发电站并网发电，发展新型工业前景广阔。

盐池是多种文化交汇融合之地，既有秦汉时期的长城墩堠，又有近代革命的历史遗迹，既有中原的农耕文化，又有塞外的游牧文化。盐池是革命老区。1936 年 6 月

---

21 日西征红军解放了盐池县城，建立了宁夏第一个县级红色政权，盐池成为陕甘宁边区的经济中心、西北门户、前哨阵地和我党的干部培训基地、后勤保障基地，也是宁夏唯一经历过土地革命、抗日战争、解放战争三个历史时期的革命老区。

生态建设是盐池立县之本。1978 年盐池被国家列为"三北"防护林体系重点县，2002 年率先在全区实行封山禁牧，目前全县林木覆盖率达到 31%，植被覆盖率达到 70%，先后被评为全国防沙治沙先进县、全国绿化先进县、国家园林县城、国家卫生县城。盐池是"中国滩羊之乡"。滩羊被评为中国驰名商标，畅销全国 26 个大中城市高端市场，成功登上 G20 杭州峰会和厦门金砖五国峰会国宴餐桌，品牌价值高达 68 亿元。以滩羊为主的畜牧业已成为盐池农民增收的支柱产业。

盐池被誉为"中国甘草之乡"。当地甘草品质优良，药用价值高，在国内外享有很高声誉，"盐池甘草"被评为中国驰名商标。

资料来源：http://www.yanchi.gov.cn/zjyc/ycxq/201707/t20170703_545180.html

上官：西北农林科技大学草业学院成立了，有些经管专业的老师想去做畜牧业，他们原来做旱作农业、粮食生产，现在感觉国内的畜牧业研究比较弱。我们西北农林科技大学经济管理学院有做畜牧经济的。以前有位徐先生专门是研究畜牧经济的。

李建平（以下简称李）：一会可以去看看我们的试验，主要降雨和温度变化的一个小实验，还有一个放牧试验，研究放牧强度和放牧时间对荒漠草原的影响。

淮：这是不是禁牧，是不是设施养羊？

李：老百姓偷着放，我跟同事也做过这个调研，老百姓说如果我有 100 只羊，我赶出去三个小时，要节省一蛇皮袋玉米。

淮：咱这沙漠修复效果还挺好的。

李：陕西省政府说毛乌素沙漠在陕西段消失了，我们不敢这么说，因为我们这边沙丘还太多。

5.3.1 附近农村

吃过饭后，我们进入了盐池县的沙漠地带考察李建平在盐池县实验田的项目。在车里我们边走边聊，发现附近农村空心化严重，老龄化问题突出，退耕还林有补贴，偶有风沙，柠条要平茬。

人口老龄化是随着死亡率和生育率下降而必然出现的一种人口年龄结构变动。按照国际通常的看法，60 岁及以上的老年人口占总人口的 10% 以上，或 65 岁及以上的老年人口占总人口的 7% 以上的国家或地区称为老龄化社会。2010 年全国第六次人口普查，乡村 60 岁及以上老年人口近 1 亿人，占全国总人口的 14.98%，结合我国历年来的人口普查，农村人口呈现高出生率、低死亡率、高增长率的现象（谢飞和王宏民，2018）。农村老龄化进程加快、老年人口规模大、人口年龄分布不均衡。农村老龄化增大养老保障压力，增加了家庭负担，加剧了劳动力供求矛盾，阻滞了农业科技推广，影响了城乡规划布局。应对农村老龄化问题的对策包括加快产业升级，完善社会保障体系，制定鼓励生育政策，不断创新养老模式（郝聪聪和陈训波，2020）。

应把解决问题的重点放在加大农村基础设施建设，改善农村居住环境，加大农村卫生及教育的投入，加快农业现代化进程，加大招商引资力度、促进乡村企业发展为农村劳动力提供就业岗位，吸引农民工回乡就业，鼓励生育等方面。

淮：你们对农村的了解多，农村变化咋样？

李：农民的生活水平明显提高，宁夏的西海固原来是国家贫困县，今年脱贫摘帽。

李：上官老师，那时我跟邓蕾一起做野外样点调查工作，到这边采样是 2011 年，现在快十年了，我将典型的样方再做一遍，盐池这里是 15 个点，那些样土还在不在？邓蕾给了我一些当时的数据，我认为那时候的检测方法跟现在不太一样，误差很大，如土壤碳氮磷含量。

上官：植物样品都说不来，但是土壤样品都保存着。

李：这挺有意义的，我现在已经选好原来那些坐标，所以相当于十年后评估，防范这种系统误差，也是因为现在都用这个 TOC 去做。

上官：土壤样品你可以问一下小郑。

李：我记得有一部分样品上交给专项办了。

安慧（以下简称安）：样品分了两块，还有一部分我们自己保存。

我们驱车大约走了有一个小时，路过了一个村子。这个村子像 30 年前我们老家的样子，村庄大多数都是平房，没有看到二层以上的建筑物，也许跟这个地区发展牧畜业有关系。每家都有很大的院子，周边都是沙漠地区，他们主要圈羊舍来饲养羊，而且有偷偷放牧的现象。

自草原生态补奖政策实施以来，样本农牧户户均养羊数量不降反升，减畜发生率与减畜率均较低，减畜形势依然严峻；当前草原生态补奖政策对农牧户减畜具有不利影响，且由于补奖收入过低，不利影响仍将继续加深；通过提高农牧户的非农牧就业收入占比能够缓解草原生态补奖政策对农牧户是否减畜的不利影响，但对缓解政策对减畜率的不利影响作用不明显（周升强和赵凯，2019）。

淮：这是围起来的实验田吗？

李：还没到，这些是农户在荒地里养的羊。

安：这里每家一个房子和羊圈，简单地弄一点畜牧业。

李：要吃羊肉，要到这些地方来买，还要人熟。当地人把羊拉来贩卖，但不是滩羊，一个羊挣 200 块钱。我因为原来租人家的地，和村主任比较熟悉，这样才能买到盐池的滩羊。黑耳朵母羊是圈羊里的头羊，后代有相似性；也有其他品种的公羊。母羊复杂一些，但是公羊只有一个品种。这空心化比较严重，村里只剩下老人了，年轻人都去城里打工，因为这边把小学全撤掉了，所以孩子进城上学。这个农村没有年轻人，有时候着急找干活的，给你找过来的全都是 60 多岁的老年人。60 岁都是好劳力，我安装防雨棚布时一个人上上下下，我说你年龄多大，他说 72 了。我急忙说，为了安全，你下我上，我把钱给你付了。

安：农村老龄化很严重。在其他县城中没有这么厉害，但盐池比较多，年轻人到这儿待不住。本来草地也不多，农田又大又浇不上水。

李：这边苜蓿产量还挺好。这个村能灌溉上，但是水费很贵，苜蓿和玉米卖做饲料。今年玉米不行。这边玉米一般都不收籽粒，到玉米灌浆期收秸秆，拿塑料袋包着卖给羊场和牛场做饲料。每家地都很多，有30亩耕地，一家有百十亩草场。草场虽然是农户的，但是不能放牧。农户每亩补贴几十元。他们啥也不干，等着收钱就行了。草地项目有个草地证，他有多少亩给你看证上有多少亩。

安：为了退耕还林，如果不这样进行补贴，这边放牧放得很厉害。最明显的是我看了一块样地，冬天的十、十一月份还挺好的，第二年三月份羊全部把草吃掉了，一个冬天过去羊把草吃光了。

李：他们晚上偷偷放牧。放一次牧可以省一袋玉米，放牧的羊肉好吃，有种草叫胡枝子，羊吃这种草长的肉特别好吃，还有一些干草，pH比较高，有点盐分在里面，羊也爱吃。

淮：我们前面有个大野鸡，尾巴这么长。你们是不是经常抓？那边有野兔。

李：这是一个母野鸡，比一般的要大。公的尾巴更长，漂亮得很。兔子要用电网打，电打一晚上能打一车。兔患成了灾害。

淮：再过50年满地都是兔子怎么办？

李：兔子能跑进来跑出去，避免差别太大。因为在试验田学生经常脚踩，有人常常来参观，人为干预比较大，我锁起来，不让进别人。草原局鼓励大家打兔子，年轻人骑摩托车去追。当时我们做这个实验的时候，租的这片是草原，这块柠条比较多，说平茬还没平。

安：这个地方有1500亩柠条？有的很小，那边怎么长那么高，越是沙地这边的柠条越长得好，看土壤差别。这一片的土壤质地有差别，异质性特别强，含沙量越高，柠条长得越好。长得越好的地方需要一个平茬。平常割一遍，越割越长的好。这个平茬不好平，资源后续利用不太好，能喂羊但上面有刺，羊不爱吃。在黄河流域，中午的时候我赶快去买了一个面纱，脸吹得感觉很不舒服，主要天太干，这边帽子不戴不行。我们好多同事现在都有过敏性鼻炎，真的太干燥。吹一天脸干得受不了了，我们一般情况下必须戴着防护面纱。所以我们都拿一套户外的装备，只剩两个眼睛在外面。这个牛心朴子，我们叫老瓜头，车轧了也没事，它生长力特别强，退化到最后阶段。

5.3.2　实验站运营

实验站承包沙地，通过摄像头和雇用农民管理落实国家研发计划项目。

我们一行人在听了李建平简单的介绍后，直接走进了他的实验区。李建平简单介绍了一下实验园区登记的问题，他们通过当地村委会直接承包了1000亩沙地，承包期是60~70年，但是要建固定建筑物比较麻烦。很多地方都建了实验室固定观测点，既需要固定实验设备，也需要一定的住宿或者办公的房屋，所以他们在努力争取延长承包的期限，争取获批一些基本设施条件。他欢迎我们西北农林科技大学通过实验的形式开展合作。他们很长时间没有来实验田，车走错了路，我们绕了一段发现有兔子直接从车子前面跑过去，这实验田里兔子更多，因为兔子喜欢吃草根，对植被的影响也比较大，因此必须减少兔子干扰。为了防止当地人偷牧，他们在实验田周围设立了实验的电网，一旦羊碰到电网以后有 6 秒以上的通电,这样就会给羊一个刺激,使得羊不能跨进或者逃出实验田。

关于实验田管理他们有两套方案。一套方案采用了 360°全方位的摄像头设备,实现在线监测。他们可以通过自己的手机系统直接观察学生在实验田里是否完成达标的任务或者否按照固定的标准来操作,数据读取可以直接在手机上完成。另一种管理形式是他们要雇当地农民管理实验田实施轮牧管理。按照研究方案,把农民的羊作为实验对象放到这个实验田里不同的片区。比如每四只羊在一片区要放够 10 天,再换一个地方轮牧,考察轮牧对不同植被的影响。他们不光让农户在指定的实验区放羊,而且给农户每个月 3000 ~ 4000元的工资。学生千里迢迢从外地赶过来采集数据,有时候需要住在附近的农户家里,采完数据以后再离开。

轮牧是分区放牧或划区放牧的简称,即一个生长季内牲畜在草地不同的放牧单元之间轮流啃食,既能保证牲畜生产又能保证草地质量(张智起等,2020)。近年来由于人们活动范围增大和过度追逐经济利益,导致乱开乱垦、过牧超载、经营方式单一等滥用草地资源,加速了草地的退化(刘娟等,2017)。过去的 40 年中,研究人员也在中国干旱半干旱草地进行了大量划区轮牧试验来验证轮牧制度的优越性,但并未得到一致的结论(张智起等,2020)。一些研究者认为轮牧能够增加牧草产量并同时提高家畜生产性能,而另一些研究者却认为此两者不可兼得,因为轮牧只有在高载畜量或者是草原产草量不足的情况下才具有优势。到目前为止只是在欧洲、新西兰、美国的湿润地区和非洲的部分地区实行划区轮牧,在澳大利亚和美国的干旱地区未能实施。这些观点的分歧主要由于研究对象和管理方式的不同等因素造成(刘娟等,2017)。

尽管划区分牧被声称为一种高效提高草地生产力并兼顾草地生态系统可持续性发展的放牧系统,但这样的观点多数情况下还停留在理论阶段,尤其在发展中国家牧区的应用比较局限(刘娟等,2017)。在中国干旱半干旱地区,由于该地区生长季持续时间短、旱灾频发和轮牧成本相对较高等原因,划区轮牧未能被有效推广(张智起等,2020)。为充分发挥轮牧制度的优越性,我们应充分考虑当地实际情况,把降水、草地生长周期等自然条件考虑在内,全面衡量轮牧制度在该地区的可操作性。政府实施有利政策,为轮牧制度的实施提供必要的基础设施建设。加大对轮牧制度的宣传,增加牧民对轮牧制度的了解,增加轮牧制度的接受度。

我们进入实验田,看到了他们每个实验田挂的牌子,如 2016 ~ 2020 年的国家重点研发计划课题"暖湿性荒漠草原区退化草地修复及生产力提升技术研发与示范"。这个研究项目是科学技术部的研发计划,合作的对象是宁夏大学、盐池农牧科学研究所、兰州大学水利部牧区水科所,主要研究定牧与轮牧对荒漠草原植被土壤性状及碳平衡的影响、轮牧对绵羊生产的影响、季节性轮牧对草地植被再生的影响、构建草剂的适应性、进入畜牧休牧和利用技术体系等问题。

5.3.3 气候变化模拟实验

在实验区里,我们仔细观看了人工降雨模拟条件下不同降雨量对植被的影响。他的实验条件是分为正常降雨量,1/3 降雨量,1/2 降雨量,3/4 降雨量。大家在讨论的时候发现在实验区周围，植被长得非常好，实验区外降雨量的变化及其影响被忽略。

全球气候变暖以及气象灾害频发，对生态环境和社会经济产生了严重的负面影响，特别是农业生产及相关产业，直接威胁着国家乃至全球的粮食安全。气候变化是指气候平均状态统计学意义上的巨大改变或者持续较长一段时间（典型的为30年或更长）的气候变动。通常用不同时期的温度和降水等气候要素的统计量的差异来反映。离差值越大，表明气候变化的幅度越大，气候状态越不稳定。气候变化评价是指运用气候学的原理和方法，对某一时期的气象条件这一自然因素给国民经济建设和人民生活所带来的影响，进行科学的客观分析评定。因此，气候变化评价是气候条件与经济效益紧密结合的总结。全球气变化对经济的影响包括：①直接影响。温度升高，对地球气候及农业来说，增加了干旱和水灾及其他自然灾害的频率，导致农作物减产减收，全球粮价上扬，导致工业品的积压和下降；高温增加了瘟疫和癌症、糖尿病、抑郁症等疾病的发病率，导致医疗开支加大；气候变化也致使极端天气事件可能增加。②间接影响。气候的变化引起水资源和粮食的短缺，引发资源短缺而导致的战争潜在威胁；全球气候变化也是金融危机的诱因之一（曹竣云，2016）。气候变化适应性措施包括：①实施气候变化适应性监测和评价机制。②加强监测预测，建立气象保障和调控系统；③制定适应农业变化的农业措施；提高农业对气候变化的应变能力和抗灾减灾水平，加强生态环境建设，降低农业生产对气候变化的敏感性，发展相关前沿学科与高科技，探索农业高产新途径（李希辰和鲁传一，2011）。

我们仔细讨论起来一些详细的问题。安慧认为李建平做的很多实验可以更加精细，对实验控制组和对照组的条件可以更详细，可以从不同的角度去研究在不同情境设置的径流对植被恢复的影响对，不同降雨量和四区轮牧对植被的影响的模拟实验可以跨学科研究。

安：我也有一个实验站，完全没有柠条的，面积有6.7亩。有很规整的植被，兔子进不去，因为我还拿围栏网再网了一次。

李：这做了一个气候变化实验，比如5个降雨梯度，到33%的一个自然降雨，再增加到66%，根据不同降雨类型，每个月拿这个量筒集沙仪打沙子，雨量筒把降雨给收集再灌过去（图5.6和图5.7）。上次来的邵明安院士提出，你这个都蒸发了吗？它底下有两套雨量筒，还有一个信号站也可以收集，连在手机上可以搜集这一个月降了多少雨。上官老师提出增的雨不是天然降雨，这个咋不是？这两个是增雨器，一个是罐装的自来水，一个做气候变化，这里边有个探头，侦测器可以监测温度和湿度，里边一个外边一个，监测室内室外温度高低，根据监测，里面比例面能平均高出1.5℃，夏天的话里边更高，每十分钟监测一次土壤呼吸。

安：这里边减掉30%，这边降雨是280毫米左右，你这个不同降雨相当于在不同的干旱区降雨季的不同情景，40年的气象数据中最大降雨和最小降雨正好减去60%，这个没办法收集，只有30%的降雨，相当于是100~190毫米，好的话280~295毫米。

淮：讨论气候变化对生态系统的影响及其响应的时候，这个实验没法控制生态系统，生态系统太大。你们这个属于小系统，这荒漠草原地对气候变化的响应，但是还不能算生态系统。

上官：这系统在检测上看水分，因为外围降雨增加，因此从这再给外2~3米看变化，这个叫响应。我们现在发现这个地方草长得好，要看它为什么是这样子的，是因为水分还

图 5.6　气候变化样方

内设土壤温度、土壤呼吸等探测器，通过对多个地区多个样方的数据收集进行气候变化的分析。

（2020 年 7 月 16 日，王耀斌摄）

图 5.7　降雨变化影响样方

搭建遮雨棚，根据对样方内降雨不同程度的拦截，观察样方内植被变化情况，推断降雨变化对更大区域的影响。

（2020 年 7 月 16 日，淮建军摄）

是其他原因导致的。

淮：这个实验有啥示范意义吗？

李：如果降雨变化，从生产力、生物量还有生态系统稳定性上对政策有意义。草地上如果今年雨量少了，明年怎么放牧。今年我申请了一个自治区重点研发计划项目获批了。在这种荒漠草原放牧是 21 亩地一个羊单位。如果生物量和增雨到丰水年有变化了，第二年羊单位可以增加到 1.5 个。

淮：推广经济效益是研发计划都要的重点，在研发计划申报书里不知道怎么写，把总的对策示范和效益都分析出来？

李：我们做过降雨增加的项目，研究的问题是从 1970 年的 240 毫米增加到现在的 290 毫米左右，牧草生物多元性如何变化或者叫可食牧草数量增加还是减少？增加多少能为羊单位提供更多的支撑？如果今后 30 年气温增加 1.5℃后草原牧草怎么样？

淮：这个思路是根据过去 70 年的规律预测未来变化的机制。

安：有没有移动气象站？

李：我们这有一个，监测方圆 5 千米面积计量站，那边还有一个温室监测仪，它有气象站所有的功能，现在只监测降雨变化，是三个降雨梯度，一个正常的降雨，两个检验。

我们跟安慧、李建平谈话的过程中，提到了一个很重要的问题。李建平的一个宁夏自治区研发计划项目已经成功获批了。我希望借鉴一下他写社会效益和经济效益的内容，所以他发给了我他的项目申报书，这跟前两天我们联合申请《气候变化对黄河流域中段陕西段的生态系统的影响及风险应对策略》有一定关系。上官老师认为出指南的人更具有优势，没有必要去争取。我对这个研发计划非常感兴趣，是因为我们做黄河流域生态保护中今后必须关注的这个问题，我今后要积极争取一个研发计划项目。上官老师问我为什么不申请国际政府间合作的研发计划项目呢？我的很多事总是半途而废。

5.3.4　实验经济学与跨学科研究

实验经济学源起于 20 世纪 50 年代，经历了半个多世纪的艰辛探索、曲折发展现已成长为经济学及管理学领域颇具旺盛生命力的前沿分支（包特等，2020）。实验发展经济学研究采用随机实地实验的方法，从微观视角洞察发展问题的本质，科学评估发展政策，寻求更有效的政策设计，以改进发展中国家和地区居民的福利水平。实验发展经济学的理论成果遍及教育、卫生健康、收入和储蓄等领域，大大丰富了经济学的理论和经验证据，使得发展经济学重新回到人们的视野。在其诞生并不断发展壮大的过程中，围绕着实验发展经济学的争论也未曾休止。发展经济学究竟应该关注何种研究主题、构建何种理论、采取何种研究方法，是研究者们未来继续追寻的方向（周业安和孙玙凡，2021）。实验方法将社会科学与自然科学建基于相同的方法论基础之上，这就为消解自然科学与社会科学长期以来所存在的方法论分歧提供了一种解决方案（赵雷和殷杰，2018）。

我们认为李建平的沙漠草原实验与我们的实验经济学有密切联系。

实验经济学是经济学家在挑选的受试对象参与下，按照一定的实际规则并给以一定的物质报酬，以仿真方法创造与实际经济相似的一种实验室环境，不断改变实验参数，对得到的实验数据分析整理加工，用以检验已有的经济理论及其前提假设，或者发现新的理论，或者为一些决策提供理论分析（李素文，2015）。

实验经济学的最新进展包括：①新类型实验数据的收集和利用。传统实验经济学产生的数据主要是经济决策变量数据，近年来，越来越多经济学家认识到收集一些新类型实验数据有助于检验不同的经济学理论以及建立更多更接近于决策者行为的新经济学理论。最新的研究开始讨论决策偏好、决策信息、决策过程的形成，尤其是决策者如何思考决策信息的过程。将新类型数据与传统经济学决策数据相结合，有助于发现和建立新的经济学理论。②非均衡博弈论框架的建立和实验验证。策略性思考是博弈理论及其应用的基础。基于非均衡概念的策略性思考理论框架，继续假定博弈参与者在决策时仍然有策略性思考的因素在里面，但是放弃了均衡的概念以及嵌入均衡概念里面很强的理论假设性。③实验经济学研究在市场机制设计和政策设计的广泛应用。有效的公共政策和法规会给市场参与者提供正确的激励，并有助于建立社会规范和治理腐败、市场失灵以及个体或企业损害公共利益等行为（洪永森等，2016）。

淮：试验田的羊你养多少？

李：每个小区是250亩，里边是8只羊，一共4个小区。因为去年买只羊，结果放羊的放丢了。后来我们租农户的羊。谁给我放，我就租你的羊，丢了是你自己的。租他的羊主要为了看他在实验区里面的活动、放牧强度，分别按照隔一天，隔两天和三天放一次的载畜量了，放牧时间早上出去晚上赶回来。这个小区8只羊开始轮牧，这实验设计挺好。

淮：你们做实验，跟我们的实验经济学类似，只不过我们是把人当对象，基本原理是一样的，但是这里咋做对照？

李：有两个对照，一个是空白组，什么都不做，一个是按照当地人的多年实验做对照。

淮：你们为啥不把牧羊人的行为放进去？

李：这块有电网，人不用进去，一开始羊触电，最后被训练得不敢触电网。因为研究羊是个很好的实验。还有一个重点研发项目是我们组的一个老师研究柠条，柠条平茬以后，第二年长出来种做饲料，挺好的。

淮：为什么农户不进行平茬呢？

李：麻烦得很，他觉得平茬之后饲料硬，羊并不特别喜欢吃，所以他们不太愿意，要不然也有经济效益。

淮：看你们做这个实验跟我们的心理学或者经济学实验类似，他把学生当实验对象，有互动，博弈的策略，短期结果能显现出来。

李：短期内我们从多样性上生产没问题，但其他方面没有太大的变化。技术方面要解放思想，在实践中需要看一下禾本科、豆科植物怎么样变化，羊吃的苜蓿有什么变化？生产力要看单方的草场单位面积常量增加值；生态系统的综合生产力需要不同植物生产承载力的加总。衢州草原生产力研究是把羊和牛都放进去，看放牧之后的影响。

安：生物量对威胁倾向比较明显，差异比较大。做了一个水分和养分的耦合效果也好。

李：这是科技部关于暖湿性荒漠草原的一个项目，主要研究土壤调理恢复，只有恢复措施，增加土壤种子库，让生产力提升。这是一个滑播技术，拿轮子轻度干扰，把播种机后边的圆盘切进土壤了。它把草的侧根切断，相当于人踩了一脚。里边有好几种补播技术，比如条带开沟，每隔10米有一个5米的开条播，有一种是隔1米播一次，有的时候是免播。

淮：这有没有申请专利，这个研发怎么理解？

李：这是研发，这边有些传统技术，也不全是自己开发的。传统技术补播类型非常多，后来又有很多播种的技术，比如条播、压播，补播等。这个示范是让企业做，牧场是流转别人几千亩的土地。

淮：示范的时候企业收费吗？

李：谁也不收费，我们给企业提供技术指导。因为它本来可以实现退化的草场"双赢"，有些企业会弄一些横向项目，用这个申请自治区的一些草场。我们草业学科上一共有四个方向，一个草地生态，一个栽培，一个畜作，一个病虫害防治。

淮：农牧四个区怎么划分？

李：依托我们还有一个本土重复的繁育项目，划出来 1000 亩，每 250 亩一个大区，这个大区又分四个小区，四区轮牧。但是每个主区里边，有不同的放牧开始和结束时间，都是四区轮牧；如把这 4 只羊放进 20 亩地，让它吃 10 天，再到第二个 20 亩里吃，以此类推，第三、第四，再轮回来。

淮：这种迅速发展的轮牧制度是不是可以做好多？

李：今年我们自治区重点研发项目适合这个，上官老师做基于水资源承载力的畜牧管理，就是水资源生产力。本来给 450 万元，最后由于疫情只批了 150 万元。主要还是生产力的问题，你要放多少只羊，要有资产。不管怎么轮牧，它对生态有退化影响。中度放牧理论认为，适度的放牧对物种多样性和生产力是有用的；把羊一直围着不放，草地生产力和多样性不会多好，因此要适度放牧。真正的牧区实施的冬季牧场和夏季牧场，相当于四区轮牧。再一个，这么大的面积，如果羊只数量上去的话，踩踏会把地表的物理结构破坏掉。内蒙古农业大学和东北农业大学研究防护的比较多，包括羊的行为，羊的唾液对禾本科豆科的影响，他们提取羊的唾液做模拟试验。

淮：我们经管学院研究畜牧业，主要涉及人类组织活动，羊管理的决策，农户的投入。有农户的一些基础数据，如果和你们能结合到一块儿就能做得很快，从综合尺度把畜牧业内部的产业链可以连起来做。这黑的是啥？

李：这个牛心草厉害的地方是自我繁衍，草原退化得越厉害，它长得越好。沙化厉害的地方，它特别多；它属于杂类草，牛羊不太去吃它。

安：它多年生的品种有十几种，骆驼蓬也属于这种，如果你们能发现某种植物自我繁衍，不用人工去干预，生态治理就好办了。牛心草在这个地方好，不一定在别的地方就好。路上光秃秃的山那边的植被跟这边不一样，因为固原属于黄河流域典型草原。这里是过渡地带的植物，那边的植物跟这边不一样。这两年数据分析表明，普通尿素释放的比较慢，小颗粒在田里，一年一次，要是不下雨，没有被吸收下去。现在半个月一灌溉的话，时间段与量是对着的，因为我们的尿素是树脂包膜的，这个比较方便。现在水肥一体化的过程全用滴灌，农业大学是这样做的：把水先聚起来，过滤掉，放到一个桶里边，瞬时滴灌到田里去；你们把滴灌技术都改进了，一般滴灌水的势能太小，压力太小了，滴管太小，直接拿管一下通过，这样更快一些。固原改进了，不用滴灌，用管子直接灌过去；我拉了十几条管子，也接受着正常的雨水，再收集的雨水过来，效果还好。它这么高，打了十几个孔吗？

李：把这边留下来，从这些小孔、小管子里面走了，所以看今年效果还可以。关键是处理年限太短，一年时间我做的没有变化。根据我们水分监测，这个地方降雨过后是土壤，水分很快恢复到原状。固原不一样，黄绵土水分持续能力非常强。

安：你做这边的还是两边都做？盐池没有变化，那固原可以？

李：固原变化比较明显。这个月降大雨了，同时补水补好了，在 5 天过后所有水分全部又回到原位了。微生物对温度的提升非常敏感，尤其对水分很敏感，采样的时间也有了。下完雨之后至少一周以后再测，水分对微生物影响很大。这块的保水能力太差，不管是补充的水还是降的水都很快恢复到一个恒定值。第二年对干旱处理，这里渗透太快，蒸发太快，会显现干旱是持续性的；但是增雨跟对照并不一定是显著的，第三年以后植被发生变化，还是影响比较大的。

淮：四区轮牧我们可以结合起来做，把人、组织或者乡村这些因素加进去，把自然科学与社会经济一些因素引进去。

李：贺兰山有一个独立的站点，实验环境非常真实，一旦积累下来，在后面成果可以持续增长。

安：贺兰山那边跟这边的景象完全不同，你要过来雇人一个月还得 3500 元钱，人工成本就比较高。

5.4　石光银治沙展览馆周边农村

2020 年 7 月 16 日下午 5:40，我们赶到了榆林市定边县定边街道的石光银治沙展览馆。一进大门，我们看到高处"石光银治沙展览馆"几个字。在展览馆前面有两三个建筑工人正在用水泥砌墙。我们问门什么时候开呢，他说下午开过一次，现在已经关闭了。石光银治沙展馆采用了仿古建筑的形式，好像一座宫殿，里外两层。

我们顺路进入旁边的一村庄，遇到一个老人在家门口，就闲聊了起来。石光银治沙展览馆周边农户养牛羊、种大杏，大棚种植使用滴灌技术。

淮：你们村子里水咋样，井有多深？连续抽灌能抽多长时间？

老人：十几米深还可以。都是抽不完的。

淮：你还养羊？现在能养多少头羊？是不是家家户户都是这样，还是你家最多？

老人：养 100 来头。家家户户都有，有养几头的，有养一二十头的。我养得算最多，有上百头。

淮：你这个是合作社还是专业户吗？

老人：就是自己养，我不是专业户。

淮：现在羊是不是特别贵？一头小羊羔多少钱？

老人：这是刚下来小羊羔，三天时间的小羊羔卖 320 块钱。六七个月这么大的卖上千了。

淮：你现在这是啥品种？

老人：咱这都是山羊，再一个是多浪羊。多浪羊一胎，最多下四五只。两个比较多。

淮：你们这是不是有花的羊？

老人：不是，全是白的。有的羊耳朵、头上有黑斑。

淮：那是啥品种？

老人：杂交的。羊也不管啥样都没有纯种的。

淮：公羊咋卖呢？

老人：好的山羊三四千块钱一头。

淮：你家除了养羊？种果树吗？你种了几亩？产量咋样？

老人：种的大杏，有5亩，产量都可以，但如果不景气就没产量。

淮：这里4月份有霜冻吗？有冰雹没？

老人：今年没有。

淮：你咋管理呢？每年浇几次？

老人：无非就是水浇地。浇个两三次。

淮：有人养牛没？养羊好，还是养牛好？

老人：养牛的也有。养牛好，问题是你得有资金，没资金不行。

淮：一头牛得1万多？长一年时间？

老人：一头肉牛喂胖卖2万多呢。长五六个月的卖一万多。大牛卖两三万。是肉牛。

淮：你们这人都很富？一头牛都两三万，几十头不是百万，上千万。

老人：投资有能力以后才能养，别人养四五头。

淮：你们种大棚的多不多？我看到大棚了。

老人：一家有一个的，有两三个的，有四五个的。

淮：你家种了没？大棚收入也很不错的。

老人：今年种一个大棚能卖1万来块钱。

淮：这是辣椒？这个品种是啥？在大棚里面能长多长时间？销路咋弄？

老人：这种牛角形的长三四月，一亩地收2万斤辣椒。直接卖，拿去市场批发。好像一斤卖两块多，最近卖一块六七。

淮：你们的牛粪、羊粪咋处理呢？你们还有别的地种？产量咋样？

老人：牛羊粪施在地里。今年除了树，种点玉米。有钱的产量好，没钱的产量低。

淮：为啥这么说？

老人：投入多的可以施肥，投入少的就撒点化肥。

淮：你家不是有几十头羊，都上的是羊粪？

老人：羊粪效果不行。

淮：你们现在这个绿化特别好。你们现在还治沙吗？个人还去栽树吗？石光银栽树需要到村子雇劳力吗？

老人：现在不栽了，没地方栽了。栽树靠雇人。

淮：栽树你参加过吗？一个人每天多少钱？

老人：九几年参加过。不知道。

淮：这里水质咋样？灌溉收费？

老人：水质还行。玉米长得好，洋葱长得也好。不下雨的情况，隔一天浇一次水。浇灌收电费，自己打的井。

淮：像你们的孩子是不是到跟前的石光银办的小学上学？

老人：去县城里面。这没小学，也没幼儿园。很多现在还没娃。那个小学倒闭了 10 来年。他以前办的教了没几年。

淮：你们到外面去放羊吗？饲料从哪来呢？

老人：没处放，圈养，前后都是庄稼，在家里喂着。饲料靠买。

淮：青草饲料吗？有没有专门卖饲料的？

老人：青草多，今年天旱得不好找。不过一般情况下到山里面去看一下。有卖饲料的，买肥买不起。

淮：你现在家里有没有太阳能？

老人：用，这个路灯都有。家里面没有。有太阳能热水器。

淮：我刚用手指戳了，地里面还都是沙子。它耗水很大，施肥跟不上。

我们在榆林市定边县休息。对英雄人物，我们不光要看到他的事实，更要了解他的内心，只有座谈我们才能真正揭示这些人物在特殊年代是如何做决定的。我们更关注他们未来打算，如何把生态效益转化为经济效益，如何把治沙的效益转化成个人利益？如何维护国家利益和个人利益之间的平衡？

5.5　地域模式简析

本次调查的部分地区生态治理模式总结如表5.1。

5.5.1　万亩基地的规模经济和品牌效应

枸杞作为宁夏代表作物被世人所熟知，作为一种耐旱，耐盐碱的高纬度沙地作物也被当地农民青睐。制约枸杞产业发展有多种因素，如采摘枸杞的劳动力缺口，枸杞种植门槛低，其他省份枸杞抢占市场份额等；将枸杞打造宁夏的地方品牌，加工枸杞酒等附加值高的产品，通过冷链技术将鲜果远销或许是未来发展的方向。

中宁县作为西北五省的枸杞销售集散区，基本形成了枸杞的品牌效应；中宁县作为枸杞的主要产地与苗圃地，枸杞的种植面积较大，并且对枸杞品种进行了开发，适应市场，形成了不同的枸杞品种。采摘的枸杞也有不同方式的深加工，形成了多样化产品。可以考虑利用枸杞对一些盐碱地进行生物治理，形成以枸杞为主的绿水青山提质增效模式。

中卫县万亩枸杞生产基地形成规模经济，各地发展大果园形成产品集约化，规模化，同时由于成熟期比较集中，因此需要大批临时劳动力进行手工采摘，很难实现机械化采摘，所以大量的外地短期劳工的招工难成为最主要的发展瓶颈。由于缺乏劳动力，手工采摘枸杞存在着很大的困难。一是包工头抽取提成比较高，二是在万亩果园果子成熟，必须尽快地采摘，否则果子品质降低。

解决采摘难题的方案包括保证果品高价的优势，降低包工头中介费用，需要当地政府组织外地的劳动力；鼓励外地劳动力形成协会组织，降低交易费用。中卫正在进行一个从鲜果到干果，相关的酒饮品的全产业链开发，这是充分利用当地特有的绿水青山资源转化为金山银山的模式。

表5.1 宁夏回族自治区中卫市和盐池县的生态治理模式

模式	行政区划	地理特征	组织属性	主要活动	主要产物或绩效
中卫市	宁夏	平均海拔为1225米，地貌类型分为黄河冲积平原、台地、沙漠、山地与丘陵五大单元，属典型的温带大陆性季风气候。因受沙漠影响，日照充足，昼夜温差大，年平均湿度，年均无霜期为158~169天，年均降水量为180~367毫米	地方政府	草方格治沙有效，沙坡头示范效应突出	中卫自然人文景观独特，自然景观与人文景观相辉映，是宁夏乃至西北较为著名的风景旅游区。集沙、河、山、园于一体的国家5A级旅游区沙坡头，被誉为世界垄断性旅游资源，获得了"全球环境保护500佳"称号
万亩无公害枸杞示范园	中宁县舟塔乡		种植示范园区	坚持走特色化、品牌化、精品化之路，以提升枸杞产品质量和品牌综合效益为核心，打造集种植、加工、营销、文化、生态"六位一体"的现代枸杞全产业链	构建集实体销售、电商、微商为一体的市场营销体系，建成中宁国际枸杞交易中心
盐池县	宁夏吴忠市	属典型的大陆性季风气候，干旱少雨，光能丰富，日照充足，年均气温为7.8℃	地方政府		全县林木覆盖率达到31%，植被覆盖度达到70%。盐池是"中国滩羊之乡"，以滩羊为主的畜牧业已成为农民增收的支柱产业。地下有石油、煤炭、天然气"三大资源"和白云石、石灰石、石膏"三小资源"，地上有土地、光热、风能"三大资源"
吴忠市盐池县草原实验站	大水坑镇向阳行政村		实验站	实验站承包沙地，通过摄像头和雇佣农民管理	不同降水量和四区轮牧对植被的影响的模拟实验顺利落实国家科研开发计划项目

5.5.2　盐池实验站引领经济

盐池实验站成功实施各种草原实验，引领当地经济建设。

盐池的实验基地展示了人工控制降雨的实验装置和实验设计，同时有增温实验，研究全球气候变化对典型草原地区的影响机制。实验站执行各种人工控制实验，具备完备的技术体系和示范类型，通过轮牧观察干预情况下植被恢复和生产力响应气候变化的情况；沟灌技术在传统模式上有一定的创新，在示范推广方面结合了放牧活动。

实验站通过放牧方式的创新提升草原植被质量的相关技术可以作为绿水青山提质增效的关键技术。柠条作为黄河流域生态恢复的主要物种，平茬对柠条的生长影响较大，可以通过开发枝条的利用价值有效提高群众对柠条平茬的积极性，提高柠条的生长质量，进而促进绿水青山建设提质增效。

实验场站的建设对当今农村既产生正面影响，也产生负面影响。正面影响包括场站实验示范需要当地一部分劳动力，租赁当地土地给农民一定补偿，使农村劳动力得到解放，并增加农户的收入。但是场站可能加剧农村非农化就业的倾向，使得农村老龄化问题更加严重。

|第 6 章| 定边县科技示范和荒漠化治理

2020 年 7 月 17 日早上，我们一行在陕西省参观了定边县现代农业科技示范园和石光银治沙展馆。下午参观牛玉琴治沙展览馆及其治沙基地，之后前往榆林市。

6.1 荒漠化治理

沙漠化又称风蚀荒漠化，指在干旱多风的沙质地表条件下，由于人为强度活动破坏脆弱生态平衡造成地以表出现风沙活动为主要标志的土地退化（宁宝英等，2018）。荒漠化治理是关乎国土生态安全及国民经济和社会可持续发展的战略问题。目前，我国土地沙漠化治理措施主要分为机械工程措施、生物固沙措施、化学固沙措施、农业措施等（杨超等，2019）。

荒漠化治理模式的五大类型：一是草原生态保护与生态建设综合治理模式，该模式以保育沙区林、草资源，实现资源的可持续利用与发展为目标。二是生态固沙措施与节水农业技术结合模式。该模式以生态工程措施和节水农业技术为支撑，将沙区环境保护与资源节约利用相结合。三是特色沙产业与林果产业一体化发展模式。该模式以特色沙产业和特色林果业的规模化建设、专业化生产为特征，在完成防沙治沙工程建设的同时，构建多业一体化发展的产业链格局，带动沙区经济振兴和特色产业发展，探索农牧民脱贫致富的新路径。四是农、林、牧、草多元复合型生态农业模式。该模式是在北方农牧交错带建设以草地生态系统为核心的农牧复合型生态农业模式，提高草地生产力水平，建立以合理放牧和以草定畜为主要内容的草场合理利用制度体系。五是庭院生态经济与生态庄园开发模式。该模式以庭院式生产为基本单元，充分利用不同作物生长的空间差和时间差，形成集约化、立体化、增值型生态农业模式（周颖等，2020）。

我国荒漠化治理虽然取得较大成效，但也存在治理主体较为单一、资金投入不足、沙化速度超过治理速度的问题。为更好推进我国荒漠化治理，首先，促进治理主体多元化，形成政府扶持、企业和农民广泛参与的治理格局。其次，政府加大资金和人才投入，使荒漠化治理专业化。最后，为荒漠化治理提供制度保障和法律保障，防止前面治理后面破坏的现象发生。

6.2 定边县现代农业科技示范园

小贴士 6.1　定边县现代农业科技示范园

定边县农业园区规划总面积为 10 平方千米。园区核心区位于白泥井镇先锋村，按照"政府主导、企业参与、市场运作、规模经营"的运作模式，累计完成投资

9850 万元。目前已建成智能温室 9984 平方米、日光温室 40 栋、双面拱棚 12 栋、普通拱棚等建筑 68 栋、大型连栋温室 11520 平方米、办公楼及学员培训楼 3000 平方米，完成水、电、路、供热管线、围墙等基础设施建设。白泥井移民新城（农业园区服务基地）肩负着加快完成建设榆林"现代特色农业基地"和"移民搬迁、现代农业、小城镇"三结合同步发展的战略任务。发展定位为区域循环经济示范点、区域农副产品加工及物流基地、区域农业高新技术产业基地、县域经济发展副中心。园区总体发展战略为：加快农业现代化和产业化步伐，实现社会经济快速发展；配套和保障物流体系，增强辐射带动功能；加强农村基础设施建设，塑造良好人居环境；注重地区生态保护，促进经济和自然和谐发展。

园区核心区建成投入使用以来产生了较为明显的社会效应，每年培育辣椒、西瓜、甜瓜等优质种苗 6000 余万株，主要服务于白泥井镇及周边地区农户，总种植面积达 30000 余亩，在促进当地农民增产增收、提高农业生产效率等方面发挥了重要作用。

同时引进试验种植草莓、生姜、葡萄、樱桃、油桃等果蔬品种并取得初步成功，进一步丰富了定边县果蔬生产种类，为提升农业生产产值注入了活力。

加强基础设施和公共服务配套设施的建设进度，强化核心区辐射带动作用。加大新产品新技术引进和推广力度，充分发挥核心区示范试验、科技培训、宣传推广等作用，辐射、带动周边及全县农业产业优化升级，逐步改变传统农业经营模式。

7 月 17 日上午 8:40 的时候，我们前往榆林市定边县现代农业科技示范园。定边县现代农业科技示范园的"庭院+大棚"模式有新意。早上特别安静，很多滴灌条件下的乔木和幼苗说明这是刚刚建设的一个示范区。由于刚刚下过雨，地面非常潮湿，用手捏一下黏黏的呈沙土状，感到冰凉。进了中心地区，我们看到一些商业建筑和住户。一个院子里圈了几只羊，有一头山羊的腿、头、尾巴是黑的，其他地方都是白的，还有一头山羊全身都是白的，带着犄角，它旁边有三只毛茸茸的小山羊。院子里到处扔的都是杂草，旁边放了一个水桶。

6.2.1 农业或牧业示范园区的功能

农业示范园区是在农业科技力量较为雄厚、具有一定产业优势、经济相对较发达的城郊和农村，划出一定区域，建设以农业生产、农产品加工为基本功能，兼顾展示示范、教育培训、技能创新等功能的综合实验体。现代农业示范园区发展问题有资金投入缺口较大、设施农业比重较低、企业融资门槛较高等（李佳颐和杨丹妮，2013）。推进农业示范园区建设措施包括依托现代农业技术体系创新团队，增强园区科技支撑能力。既要重视政策性扶持，更要注重园区自身可持续发展；创新农民培训机制，提高农民培训和示范带动效果（傅建祥和罗慧，2017）。

6.2.2　白泥井移民新城

　　白泥井移民新城的居民通过大棚种植实现收入增加。路上走来一位老人，我详细地问了他。他说花30万元可以买这样一个三亩地的院落，包括已经建好的平房、大棚。大棚里面种蔬菜还是种果树由农户自己选，所有的水暖工建等都非常齐备，购买没有户口限制，城里人也可以在这里买。路上走来的这位老人种的主要是黄瓜、西红柿。每年收入有30万元，今年由于疫情影响，产量与收入有所减少。后来我们又碰见另外一个陕北农民，通过聊天我们了解到，他家里种的是樱桃，主要让人们进来采摘，顾客采摘的时候可以在里面任意吃，吃完带走的，每斤可以卖30元钱。他收入非常稳定，他说到这里来后生活好多了。原来他们在山里住，山里没有水，他们要到山下去挑水喝，而且山上供电、供气也有问题。山上太旱，不长庄稼，即使在山上有几十亩地，产量和收入也没法达到正常水平。

　　淮：你家种的啥？

　　农：我种草莓。

　　淮：草莓现在成熟了没有？

　　农：都下架了。草莓在冬天种。

　　淮：年年种还是里面还种别的？

　　农：今年种草莓明年种小瓜，换着种。

　　淮：你这个大棚是大号的还是中号的，有多少面积？水肥是滴灌还是喷灌？

　　农：面积有七分地，用地下水滴灌。

　　淮：你草莓今年产量可以？卖得咋样？

　　农：草莓产量还可以，今年价格不行，因为这个疫情导致卖不出去。能卖个两万多。

　　淮：今年卖两万，花多少成本？你草莓是啥品种？

　　农：这个成本得一万四五。这品种还很多，我也叫不上来。

　　淮：你是本地人？承包大棚给人家交租金？这么一个棚多少钱？

　　农：本地人。不交。30来万连棚都搞好。

　　淮：有啥补贴吗？大棚种啥都是你自己说了算吗？

　　农：没有。我这个树是自己说了算。有桃、杏、枣、樱桃等，成熟了卖桃。

　　淮：大棚里面还能长成桃树，我还没听过，大棚种桃子和外面比咋样了？

　　农：比外面的好，桃子和柚子开花时间都多了。

　　淮：这大棚的桃子产量咋样？是不是比草莓要卖得多？

　　农：一年也能赚个一两万块钱。草莓卖得多。

　　淮：种树费劳力，还是种草莓费劳力？

　　农：种草莓费劳力。成本还高。种树只种一年，种草莓每年一茬，之后还要种。

　　淮：这个叫什么村子？外面叫什么公园？

　　农：这叫十里沙。十里沙办的这个公园叫"侏罗纪公园"。

　　淮：你们从山上哪搬迁来的？

农：大部分都是外地来的。都是山上人。

淮：这个算不算新农村建设？这都几年了？

农：这不算是新农村建设。如果有钱，你想到这儿来，直接在网上买，有七八年了。

淮：你们住这儿是不是收入明显增加了？

农：和他们住的南山比增加多了，也守住了孩子。起码交通条件各方面便利，可以挣钱，其次这有水，可以浇水。主要今年这天旱，老家里人都没水吃，像红沙窝，是大沙漠，连草都没有，现在林业局把这都弄成林，在开发，但树还不大。

淮：造林是靠谁？最近这两年他们雇佣你们栽树的？

农：有投资。大部分都各干各的。

我们遇到另外一个走过来的老人。

淮：你大棚里种的啥？今年卖得咋样？

农：桃子。今年桃不行，我今年还不会用淘宝店。

淮：为啥你还不会用？林业局没给你们培训吗？

农：这个我们不行，没有技术。有培训，培训这个也没有用。实施起来还是有差距。

淮：你种桃子几年了？大棚桃子几年挂果？

农：三年了。三年挂果。

淮：你当时为啥种桃子了？种桃子卖钱了吗？

农：当时政府直接要求。我头一年挂果挂得不多，去年我一棚桃下来还卖一万多。

淮：能挂一半果吗？

农：没挂这么多。去年一开始价格好，来收购的话，一斤能卖 50 元。

淮：大家到你那儿去采，价格挺高的。要我到你这儿来，我 50 块钱我都买不起了。大棚里面是不是也打药了？跟露天的桃子比，哪个打得要多？

农：必须要打药，果子都有害虫，没办法，你得经常打。在外的话打得多，天越旱病虫越多。

淮：冬天或者树上有没有病菌？有啥病？

农：有。我也不知道咋回事。好像是腐烂病，我们没有技术。

淮：你们村子种桃的有一半吗？

农：有七八口。

淮：有没有村委会？街道办？

农：没有。

6.2.3　土地承包权利

农村承包土地确权登记颁证能够显著促进农地转出，而对农地转入影响不显著。农村承包土地确权登记颁证满意度对农地转出和转入均影响显著。农村土地承包经营权确权对土地流转的影响受到调查村所处地形条件等社会经济特征、承包耕地面积等家庭特征和主要工作等个人特征的影响，但影响程度存在一定差异。因此，可以采取加强宣传引导、提升土地确权颁证的满意度、加强农民的技能培训、完善农村基础设施建设等措施更好地促进农村土地有序流转（丁玲和钟涨宝，2017）。在其他条件相同的情况下，农地确权使得农户参与土地流转的可能性显著上升4.9%，平均土地流转量上升了约0.37亩（将近1倍），土地租金率则大幅上升约43.3%。因此，农地确权不仅降低了交易成本，促进了土地流转；同时也增强了农地的产权强度，从而提高了土地资源的内在价值（程令国等，2016）。

这里土地承包权60年有保障，可以依靠补偿，分期付款，主要靠种养。

张：这房产权是你们的，还是租的吗？有合同吗？

农：是长期承包。有合同。承包60年。

淮：承包60年相当于是自己的了。现在城市买房的产权最多是70年，你们一包60年，这个有多大面积？这个地皮算钱？

农：一户三亩。这个路是从中间画到对面分摊。

淮：这门都装好了吗？这是给人一次付清的，还是贷款了？

农：都是个人买的，自己掏钱。

淮：我听说你们这有煤矿有油矿，是不是？你们个人能采吗？

农：我们山里都有油，我们老家是济源，开采这个石油。个人不可以采。

淮：你们咋挣钱了？是不是在你的地上？

农：如果开采活动占了我这个地，这块地他都买。

淮：大面积给你补偿的话，一亩地能补多少钱？一年两万？

农：2016年时一亩地两万，现在和以前一样。以前没开采时才9000元钱，开采时才6000多，最后三权回收以后钻采公司把个人的地全部收了。

淮：啥叫"三权"？

农：三权回收，原来是个人打井，最后靖边县县政府钻采，然后是国家钻采公司，原来延长石油公司在这干过。

淮：这个合并之后，对你们影响是好还是坏？大家主要靠啥呢？吃水咋解决？

农：种地，要靠种地、养羊；过去种谷子、豆子，山村里都没有水。在山里都买水吃。

淮：在哪买？离你们家有多远呢？

农：到定边呢。有70千米，我们再往家运七八千米。

淮：你这村子养羊多吗？在家里养？

农：只是三个五个，个别的也养，现在没草料吃。

淮：现在羊肉能卖多少钱？活羊咋卖呢？

农：羊肉卖40块钱。一斤活羊要拿大秤称。比如20斤的羊羔拿出计算。刚刚下来这么大的羊羔今年花了400块钱。

淮：这都山羊？哪个羊贵？

农户：绵羊、山羊都有。绵羊贵，山羊也贵。

淮：你们这里缴纳合作医疗和养老保险吗？你们都过60岁了吗？

农：没有。过了不用交。

淮：你们看病在哪呢？离得最近的诊所或医院在哪？

农：你想到哪到哪去。离县城10公里路。

淮：你们这看电视用的是有线？

农：大部分用的锅①。我拉的网线。

淮：你儿女都在附近打工？儿女都在外面做什么呢？

农：儿子工作着呢。打工呢。小儿子在大武口那边，二儿子在公司。

张：像他们这里把技术、扶持、新农村一体化，还帮助农民脱贫。

淮：大棚相当于技术和产业，解决个别山上搬迁户生计可持续发展问题。这个新模式挺不错的。这个跟原来新农村有点像。

张：但是由他们林业局主导，给农户有技术支持。

淮：有大棚给他们找了点事儿。

张：挺不错的，大棚扶贫，利润也有不少钱。

后来我们走到了村里的小商店，有一个年轻人和相关老师正在聊一个问题。

淮：我们这种外地人能不能在你们这儿花30万买一套？十几套能便宜点吗？

农：还行，可以商量，属于自己的可以自由买卖。不限制户口，跟投资商品房一样。

淮：现在要在这种大棚呢，不种行不？

农：行。我这个是3亩地。把这儿地方买下来，相当于自己的。

王：这要买个3亩地再建个别墅？自己装修？

农：不用建，都建好了。再装随便，现在还有装100多万的。水电气都有。

淮：如果大棚要挣不了钱，麻烦了？

农：能挣着，这个地方全省最有钱了。

6.2.4　饮水问题

这里打井吃水，水位有所下降，饮水工程有待完善，沙尘治理要继续。

淮：水多少钱一方？

农：我不记得了。

淮：现在你们用的是自来水？怎么收费呢？

农：现在这干净，这还是地下水。这没有收费，各在各地里打井。

淮：打多深呢？估计得花多少钱？

农：七八米深。打一口井，看你打几个管；打三四个管子上来往一块儿一做，需要1000块钱；不贵，这个机器现在用不成了。

淮：为啥？

农：水位下降了，用七八年就不行了，现在要达不到50米都不行。

淮：这个水位下降是最近两三年的事情吗？

农：从1950年开始慢慢一直下降，年年下降，过去的水到这出水了，现在你挖上一丈也出不了水。

淮：你们到这住以后，是哪一年打的井？

---

① 指抛物线面天线。

农：是 2013 年。要把这个做配套，井都打好了，不用都给你上水。

淮：水能用？用水浇地吗？

农：这今年用不成了。今年天旱，水位下降。水用于浇地。

淮：去年缺水，打不上水的时间加起来有没有一个月？今年都打不出水吗？

农：记不清了。今年能打出水。

淮：水有没有污染？有没有什么异味或者泡沫？

农：这种污染大得很。暂时没有异味。

淮：你咋知道污染呢？

农：暂时也说不好，过去有人记住地下水位了，现在没有人核对了。

淮：你在这儿住时间长了，这地方会不会有啥别的你担忧的问题？我听说这打井要打 30 米，再过两年我吃不到水咋办？我到哪儿买水呢？

农：没啥问题。饮水问题没办法，这不是这个地方的问题，这都是要政府解决的问题。

淮：这自来水是从红旗渠引水吗？

农：那比十个黄河水都大。

苟：遥远的很，国家还没立项呢。

农：不遥远，上面批了。

王：咱这县城引的黄河水？地下不让开采。

淮：我现在担心还有沙尘，啥时候最干旱了？现在有没有沙尘暴？

农：我们今年最旱。是 40 年里最旱的一年。今年没怎么出现过沙尘暴。有扬沙，这是避免不了。

淮：我们附近有没有交易市场？

农：往这边十几千米，县城里有批发交易市场。

淮：我们这是搬迁项目，还是生态项目？除了种大棚，还有别的啥绿化项目呢？

农：这个是生态项目。多少年来不停，这个绿化越来越好了，向外面扩张。

淮：外地人可以在这儿买上几套，过 20 年会不会升值？

农：会。我的现在没有升值。刚开始还没，有的是租着，我们现在住这里。

淮：我们假期租上一两个月也可以？

农：可以，我们这边装修过了。

淮：把我们的实验或者实习的有些学生，一批一批发过来都住这。

王：这个园区管理有没有村委会？

农：有。村委会就是我这边。

王：这个园子有没有技术管理人员呢？

农：也不算管理人员，我得做事。

我们讨论的另外一个问题是这里的水位有没有下降。最近十年这里水位下降非常明显，虽然他们刚来的时候水位在井下 10 米左右，但是一年又一年过去，水位不断下降，现在井深到了 30 多米。园区建立之初村民每家每户都可以承包一些地绿化，后来村委会或者街道办会组织当地职工来植树，专业农户被雇佣来管护树林，植树造林效果非常好。这个林业局项目既有政府投资，又让农民集资，不仅让农民从生态脆弱区搬了出来，把矿山资源流转给开发的集体，并且让移民到这里学到技能，能够继续从事农业。一方面可以让人在这里安居，提供良好的住宿条件，另一方面可以让人们乐业，通过经营大棚，获得收成。

6.3 石光银治沙模式

到了 9:50 的时候，我们再次赶到了石光银的治沙展馆。办公室主任安排了我们去看治沙展馆。刚一进门，可见治沙展馆装修非常好，我们在石光银的宣传词前面合了影。他提出了在历史上沙进人退和今天的人进沙退，绿进沙退这场 "人定胜天" 的精彩博弈，这正是中国半个世纪以来致力于荒漠化治理的一个缩影。石光银只是一个普普通通的定边农民，他能够数十年如一日，以治沙为人民为己任，成为了陕北黄河流域生态文明建设的一面旗帜。2020 年石光银获得由全国治沙委员会颁发的 "治沙英雄" 的称号。

最让我们感动的是，在石光银展馆的宣传影片里面，他提到："我一辈子只做一件事情——治沙。" 石光银治沙模式是以群众力量，带领农村，最后成立股份公司运作的。他有自己的石光银治沙公司、定边马铃薯脱毒种苗组、培育中心奶牛场、三边风情园、现代农业科技园、千亩樟子松等项目运行。

小贴士 6.2　石光银

石光银，男，汉族，1952 年 2 月生，陕西定边人，中共党员。

他带领村民通过发展沙产业，把治沙与脱贫致富相结合，使农民在治沙中得到实利。2000 年他被国务院授予全国劳动模范荣誉称号。2012 年陕西省第十二次党代会选举石光银为十八大代表；并当选陕西省第十三届人民代表大会代表、第十三届全国人民代表大会代表。现任陕西省人民代表大会常务委员会环境与资源保护工作委员会委员。

石光银是陕西省定边县海子梁乡四大壕村农民，18 岁入党。他 20 岁担任大队长时，带领群众致力于治理沙漠的伟大事业。1984 年，他怀着锁住黄沙、拔除穷根的责任感和坚定信心，辞去乡农场场长职务，举家搬进沙区，成为全国承包治沙第一人。37 年来，石光银承包荒沙、荒滩 22.8 万亩，已治理 19.5 万亩，植树 2000 多万株（丛），在毛乌素沙地的南缘，营造了近 100 千米长的绿色屏障，为阻挡黄沙南侵，改善当地生态环境做出了重大贡献；他总结出一套行之有效的治沙方法，经治理的沙地林草覆盖率均达 65% 以上；他组织 207 户农民，成立了全国第一个农民治沙公司，探索出一条 "公司+农户"，综合开发，多业并举，以治理促开发，以开发保治理的产业化治沙新路；他关心乡亲，个人出资实行生态移民，把生活在生态极为恶劣地区的 50 户特困农民迁移到自己承包的沙地上，为他们盖房子、打水井、分口粮田，帮助他们走上致富之路；他组织 80 多名农民办起 "农民文化夜校"，带动沙区农民学文化、学技术，他投资数万元建起 "黄沙小学"，让沙区子弟，就近上学读书。石光银同志的治沙模式和技术辐射了周边乡村，他无偿为群众提供树苗 50 万株，种子 4000 多千克，打水井 160 多眼。

石光银多次受到党和国家领导人的接见，2000 年被国务院授予全国劳动模范荣誉称号。他还被联合国邀请出席防治荒漠化会议，介绍治沙经验，并荣获联合国粮农组织颁发的"世界优秀林农奖"，为国家赢得了荣誉。为表彰石光银的先进事迹，弘扬他的崇高精神和优秀品格，2002 年全国绿化委员会、人事部①、国家林业局②授予石光银同志全国治沙英雄荣誉称号，颁发了金质奖章和证书。

"治沙是我唯一的事业，只要一天不死，我要栽一天树，把治沙进行下去。"这句誓言，"治沙英雄"石光银已经践行了 40 多年。从 20 岁开始，这位陕西省定边县海子梁乡四大壕村的普通农民，便怀着为沙区人民锁住黄沙、拔掉穷根的强烈责任感和坚定信念，带领群众投身于治沙事业中。

由于各地自然条件不同造成治沙成本不同，导致许多地方的国家投入与实际治沙需要存在一定差距，单纯依靠"政府投入、农牧民实施"不能满足治沙现实需求。我们要坚持以政府为主导，实行国家扶持与发动群众相结合，充分鼓励社会各界力量参与防沙治沙，走产业化防沙治沙之路。近年来，一些企业积极探索产业化治沙之路，产业化治沙以企业为主体，以种植、养殖、加工、旅游为主要经营内容，形成上下游衔接的产业链条。由于产业化治沙有一定的经济效益，调动了企业和群众防沙治沙的积极性（孙敬兰，2014）。治沙产业化是加快治沙步伐的较有效的方式，加快推进治沙产业化工作，从战略高度开发沙区资源，既能维护生态安全，又能解决粮食安全，是解决东西差距的重要举措。推进产业化治沙的主要问题是社会力量参与产业化治沙国家政策吸引力不够，产学研联动缺乏科技支撑，管理体系尚不健全。产业化治沙的对策是提高认识，凝聚全社会产业化防沙治沙共识；建立治沙产业化的表彰奖励制度，动员全社会参与防沙治沙；完善政策，充分调动社会力量参与产业化防沙治沙积极性；强化科技，努力提高产业化防沙治沙综合效益；改进服务，切实加强产业化防沙治沙宏观管理（钱能志和魏巍，2013）。

小贴士 6.3　石光银治沙展馆

石光银治沙展馆始建于 2004 年，于 2018 年完成改造升级。新展馆主体建筑面积为 601 平方米，使用面积为 448 平方米，主要分为互动体验厅、主体展厅和多媒体厅三大部分。展馆外正前方的墙体上，一组气势恢宏的石刻浮雕真实还原了石光银带领着定边治沙人，在这片土地上"三战狼窝沙"时的场景。

定边县位于四大沙地之一的毛乌素沙地边缘。"山高尽秃头，滩地无树林，黄沙滚滚流，十耕九不收"这是曾经在这里生活着的人们真实写照。馆内互动体验厅采用现代化成像技术，使观众身临其境，了解和体验"荒漠化"的危害及定边县一代代治

---

① 现为人力资源和社会保障部。
② 现为国家林业和草业局。

沙人的杰出贡献。

　　馆内主题展厅通过文图、视频、实物陈列等形式全方位讲述了共产党员石光银生命不息，治沙不止的故事。

　　该厅同时还陈列有生物固沙中常见、常用的沙生植物标本。生物固沙又被称为植物固沙，是通过封育和栽种植物等手段，达到防治沙漠，稳定绿洲，提高沙区环境质量和生产潜力的一种技术措施。

　　正是有了石光银、杜芳秀等一大批将一生奉献给治沙事业的时代楷模们，一个宜居宜业的绿色定边正在三边高原上崛起。目前，定边县森林覆盖率达33.5%，森林保有面积313.2万亩，真正实现了由"沙进人退"向"人进沙退"的转变。同时由于水土环境的不断改善，过去的沙滩变成了良田，贫瘠的土地变成了农民手中的"金钵钵"。

　　资料来源：http://www.tranthy.com/wenhuafangtan/25414.html

6.4　治沙巾帼英雄

　　在下午1:00多，我们又驱车赶到了介绍治沙英雄牛玉琴事迹的展览馆。牛玉琴作为女英雄治沙，令我们敬佩。牛玉琴全家三代，30年如一日坚持了下来，逼退风沙十公里，从一棵树发展到3000多万棵，树林从1万亩发展到11万亩。在她的带动下，当地群众纷纷投入到植树造林活动中，终于使当年的不毛之地变成了如今的大漠绿洲。牛玉琴是治沙巾帼英雄，她领导成立靖边县绿源治沙责任有限公司。2006年，牛玉琴治沙基地被列为全国农业旅游示范点，极大带动了周边旅游业和其他服务业的发展。和石光银事迹的展示馆相比，牛玉琴的展览馆显得有些陈旧；但是从沙盘上看，凡是她治沙成功的地方都是一片绿色，而其他地方还有大量裸露的黄沙。

小贴士6.4　牛玉琴治沙基地展览馆

　　牛玉琴治沙基地展览馆位于靖边县东坑镇金鸡沙村，是"全国农业旅游示范基地""延安干部学院党员社会实践教育基地""榆林市爱国主义教育基地""榆林市青少年爱国主义教育基地"。

　　牛玉琴从20世纪80年代初开始，与丈夫承包了万亩荒沙，开始了防沙治沙的艰难征程。但是，正当他们的宏伟计划刚刚有点起色的时候，丈夫却患病去世了。在经受了巨大打击之后，牛玉琴从痛苦中站了起来并立下誓言：一定要让万亩荒沙绿起来。她白天治沙造林，晚上料理家务，经过不懈地努力，她亲手栽植的上万亩林子终于绿了起来。在此基础上，她继续扩大治理规模，让11万亩茫茫黄沙变成林草覆盖率达80%以上的沙漠绿洲。

为了能够更好地造林治沙，1998年牛玉琴创办了"绿源治沙有限公司"，并建立了育苗基地。为支持全村人治沙造林，牛玉琴将自己培育的树苗无偿提供给乡亲们。在初步取得了经济效益后，牛玉琴不忘家乡百姓，创建了"加玉林场"，创办了"旺琴小学"，成立了靖边县绿源治沙责任有限公司，带动和扶持了近百户群众通过造林治沙实现脱贫致富。牛玉琴用顽强的毅力和辛勤的汗水，为保护和改善沙区生态做出了突出贡献，被授予中国"十大女杰"、全国"三八红旗手"、全国劳动模范、全国防沙治沙标兵等荣誉称号。

牛玉琴的治沙基地被评为国家农业旅游示范基地，被确定为靖边县共产党员教育基地和生态文明教育基地。从1994年担任东坑中学的名誉校长起，牛玉琴每年植树季节都要带领师生植树造林，并向学生讲防风固沙、保护环境的好处，学校也将牛玉琴的林地作为德育教学基地。近年来，陕西省和榆林市林业部门投资兴建了"牛玉琴治沙成果展览馆"，成为人们学习植树精神的场所之一。牛玉琴的先进事迹已被拍成电视专题片《牛玉琴和她的树》《西北治沙一家人》和电影《一棵树》，在全国播映。而牛玉琴几十年坚持造林治沙的精神已经深入人心，她坚韧不拔的形象像一座矗立在陕北大地上的精神丰碑，闪烁着耀眼的光芒。

30多年过去了，这位共和国的同龄人，依然坚守在沙漠中，亲自固土种树。她说："我作为共产党员，牢记忠诚，治沙要有奉献（精神），没有奉献的精神，这片荒沙没有绿色。现在要让我的儿子、孙子都来治沙，只要我活一天，要在沙漠跑一天，就算栽不成树，也要看一看。"如今，她的儿子张立强继承父母的事业，走上了"向沙漠要经济"的治沙新路，带领全村乃至周边各村的群众，投入到植树造林中。

资料来源：http://www.sx-dj.gov.cn/a/zl70nfjxsd/20190819/6530.shtml；http://www.hsjycc.com/2018/0506/58.shtml

在展馆第二层里，奖章等各种荣誉都摆满了整个房间，在他们会议室墙上的几句话，使我们感到惊讶，左边写着"坚持绿色发展理念，实现绿色发展战略，走文明发展之路"，右边写着："绿水青山就是金山银山，建设生态文明关系人民福祉，关乎民族未来"。这些话都是党的十八大、十九大提出来的新的生态文明建设理念。她居然紧跟时代发展。这位治沙英雄，70多岁的时候，依然奔波在外，我们和她的一幅照片合影。

6.5　牛玉琴治沙基地

在金沙滩，我们参观牛玉琴的旧居，走入了牛玉琴治沙示范基地。牛玉琴治沙示范基地内乔灌草结合，南北有差异，局部有退化。我们选择一个地方下车，我们脚底的黄沙因为最近下过雨，有点潮湿，脚一踩下去，鞋就陷下去。地面上全是裸露的黄沙，上面有枯枝败叶，有些小的树苗在生长。一些柠条的根也已经坏死，枝条已干成枯枝（图6.1）。我们走到一个沙丘上，发现有一处乔木长成了灌丛，有一些旁枝枯死，仔细分辨，这是退化的柠条树，过去长得很好，目前有 30% 的新枝是绿色的。

图 6.1　灌木与枯落物

十里沙基地中生长较多的一种灌木，地表已经覆盖了许多枯落物，这些枯落物逐渐分解为腐殖质，能够提升土壤养分与肥力，进而使植物生长得更好，形成良性循环灌。

（2020 年 7 月 17 日，淮建军摄）

我们在这里边走边看边讨论。由于学科背景不同，生态学、林学或者经济学的视角也有不同，关注的问题也不一样。很多地方有一半的苗木枯败，一半还是绿色。但从远处看去，绿色远远多于枯枝，这里树种比较多，有各种草，我们叫不上名字，乔灌草结合的结构非常明显。

淮：这个树在这儿至少长了两三年了？

上官：这个好多年呐。它不是今年枯死了。我推断这是樟子松长到一定高度，三五年后自然衰败。它没到合理的死亡阶段，提前老化了。

淮：这是不是跟沙漠这种地方适合的树种有关系？有的本来寿命是 50 年，在脆弱地区长 30 年。但是有的正常的寿命是 10 年，结果在这 2 年死了。

张：你得做 30 年的实验才能得出结果。

淮：直接观察树轮能看出来它的树龄。

我们爬上一个观景台——一个很高的沙丘。方圆百里尽收眼底（图 6.2）。我们发现两个问题：第一，沙丘以一条路为界，西北一片绿化明显比较好，而东北一片裸露的沙丘和枯死的树枝比较多。我们用手挖了一沙洞，发现雨水渗透到地下大约有 10 厘米，20 厘米以下全是干的，但是草长得非常茂盛。沙棘的根在沙子里扎得特别深，比上面的枝叶更长。第二，牛玉琴这 11 万亩土地收益是什么？它如何让这种模式可持续发展？在观景台旁边有一座高约 50 米的水塔，水塔下面竖一块牌子上写着"光伏扬水灌溉系统"，这是深圳市天元新能源公司支持治沙处理的公益项目。

图 6.2 治沙林远景

治沙林整体植被覆盖率较高，乔、灌、草皆有，植被空间分布良好，能够有效地利用阳光，同时拦截降雨、枯落物覆盖等，也为动物提供了更好的生态环境。

（2020 年 7 月 17 日，淮建军摄）

离开沙丘之后，我们路过了白宇山。上官老师指出白宇山是现在陕西境内沙漠治理中最难的一个地区，人们采取各种措施在这白宇山种上各种植被，但是都没有达到应有的效果。虽然在白宇山的山沟里树木长得郁郁葱葱，但是远处看白宇山却是一个石头山。

6.5.1 沙地农业研究

沙地农业是沙漠化和荒漠化地区，以经济效益为衡量标准，发展农业高新技术的新兴产业（刘恕，2003）。沙地农业发展存在一些问题：①沙地农业标准化生产程度低、规模化、集约化生产能力依然薄弱；沙地地形多样化，种植条件参差不齐，某些地区无法实现规模化种植，种植结构高度相似，农产品生产过程中大量使用化肥农药对农产品造成污染，导致农产品价格不高，农户收入低下。②沙地农产品竞争力不强，供给结构性问题依然存在；农产品深加工发展滞后，销售平台狭窄，导致农户农产品积压，造成资源浪费，影响加工企业的利润空间。③资金投入不足，科技创新能力低；沙地农业是一种"多采光，少用水，新技术，高效益"的知识型农业，因资金和技术投入不足，不利于延伸产业链，发展循环农业，致使农户投入多、回报少。④相关政策缺失，生产方式落后，经营模式不合理；受资金、科技、规模、经营管理能力的限制，带动农户的能力不强，严重制约农业产业化发展（孙萌萌，2018）。沙地农业发展的热点：①发展沙地农业自然资源条件优势，发展地域农业特色产业；推广沙地农业标准化种植，发展沙地特色产业，发展沙地绿色养殖，构建种养复合模式，为农户增收助力。②大力发展沙地农产品加工业及新型农业服务性体系建设；政府出台扶持政策，对农产品新产品的培育、加工、营销等各个方面给予人才支撑，着力农产品转化增值，为农户减少投入，加大农产品投资回报（王丽华，2019）。

6.5.2 经济效益与生产耗水

在治沙过程中，要实现生态效益向经济效益转变，涉及多要素管理，规模生产要降低耗水。

王：因为从前期到后期，树长大之后需要各种水分、养分，如果这些条件一旦达不到，供应不上，树长得太大，蓄水量就不够了。杨树长在这，发芽很早，开始在下面抽枝，因为它水分达不到，上不去。

淮：跟平茬有关系吗？比如长到 1 米的时候全部剪掉，让他从旁边长，直接灌木化。

邓：这个耗费人力，没办法弄？

王：这是乔，这是灌，充分利用乔灌草，乔灌草结合效果好，但是把地下的水都吸干了，是不是？

邓：充分利用空间，这叫混合生态系统。

淮：我们见了牛玉琴，问她把种树怎么实现经济效益呢？

上官：她绝对不会考虑这个，国家战略上也不会考虑这个。

淮：习近平主席都讲了金山银山了，能完全不考虑经济效益么？

王：考虑生态效应，现在绝对是优先考虑生态效益。

邓：因为绿水青山能够转化要从治理上来实现。

王：地方沙漠产业一开发，这边林可能就毁了。

淮：在这直接种作物行吗？

邓：种不了。成本太高，平常地区有点水就够，这得大量的用水，经济上不划算，成本计算不合适。

淮：石光银地里玉米都用滴灌，可以节约一部分水。

张：如果真是这样，您得衡量，如果土地资源稀缺才会往土地弄滴灌，如果土地够用我不会往这个地方弄。

淮：石光银在地上种土豆用滴灌，叶子很繁盛，绿化效果很好。

张：跟经济学的成本计算有关，如果一个地方达到规模化生产，他会在这个地方发展；如果小农户种植也用滴灌，规模不大，不需要那么多地，又因为每个农户都自身利益最大化，很少有人像牛玉琴。

淮：让他们种经济林果是一条道路？

邓：经济林果需要比较高水平的管理，要来回巡视，还需要剪枝、施肥、除草，种上保证它活就可以。

淮：如果我们把西方旱作农业的经验借鉴一下，在这里来试一下。以前没人探索经济林？

上官：陕北这块的还是生态林为主。经济林现在涉及很多要素管理，涉及市场、管理和技术，和生态林还不一样。最近几年生态城镇还是少，但是最近几年一般发展经济林。

淮：在榆林座谈的时候，他们提到种沙棘开发药材，建立基地，想经济化、产业化，想法很好。不知成功没有？

上官：沙棘算开发最成功，国内开发都几十年了，还是这个样子，采摘很困难，前景很好，但是道路太曲折。

淮：石光银精神，尤其是牛玉琴精神，单打独斗也行，抱团组织也行，都要坚持。

在一个坡面上官老师使用木棍扒开一些表面沙土，查看更深处的湿度，判断该区域的土壤含水、渗水情况。

淮：在这个有50米高的沙丘，位置最高，周边的都能看见。

张：这看不见边。牛玉琴的治沙基地植树造林后，主要靠自然恢复和人工抚育。

淮：牛玉琴育林11万亩呢，开始的时候没人给她发钱？

上官：没有。草是自己长的。

淮：看那边种的这些树，好像有好多干枯了。

苟：这个树开始是要买苗子，到最后可以自己繁育。

上官：育苗，自己要繁育，要不然他买苗太难。

邓：这要比路边的树好一点。

淮：感觉这风没有带起一点沙尘。

邓：刚下过雨，现在沙子还湿着。

淮：以这个路口为界，路这边都绿化得好，植被好，跟前的退化严重。

淮：这杨树不行。

王：杨树耗水。杨树是高耗水高生长。这个叫阔叶，叶子越大，消耗越大。杨树本来是耗水物种，根下面都不分叉。它是从最底部开始分叉。

张：像这种植物吸水是不是很多？下一点水，根全吸了。

王：没有，截流，不完全下到地下面，先截一部分。

邓：这么大雨，有的顺着这个汇集到根部。

上官：这都还是湿的，这不是干的。

淮：说明这个渗漏都特别好。

淮：你拿这旁边有个树枝挖一下啊。

上官：下面一般都是这样的。

淮：这能渗透将来蒸发是不是也快？

上官：因为不一样，直接干，有点慢。

王：好像是上面干的，但下面全是湿的。

张：沙子很细。

淮：这干了，离地面有十公分吗？

上官：没有，从这儿干了，这个降雨就几公分。可以仔细做一个对比，这个地方生态效应出来了。

王：这台子是堆起来的？

上官：这堆起来的。

苟：那边还有喷灌呢？

淮：喷灌，上面加线吗？还是移动式？

上官：它是新修的试验田。

淮：压了一个管子排水，他哪来的水？牛玉琴当时在掏沙子的时候，发现下面水位比较高。为啥还有滴灌呢？

上官：这都是要打井，把井水打上来滴灌。

淮：他滴灌也是为了节水。

王：有的地方都已经干了。

王：但这干得很快。

淮：说明降雨是在今天早上四五点。今天站在高处看，像干枯的也很多。

王：很正常。毕竟蒸发量大，蒸发量大倒不是什么问题，蒸发比较快。

淮：你们做实验有没有发现，比如今年降雨量少，明年更少，20 年后都不降雨了这种趋势？

苟：降雨量越来越多了。

淮：雨是多了，但是该下雨的时间不下，一下下暴雨，虽然雨量多了，时间分布不同。跟气象有关系。

王：是小气候变了。

淮：说明降水量增加了。

张：植物有蒸腾作用。

王：植物耗水也耗得厉害，前期靠水，如果没有降雨，这地方会越来越干，树越多，消耗越多。按照蒸腾作用，降雨是需要条件的，达不到降水条件，这不降，降到别的地方，比如山挡住它雨就下在平坦的地方了。

王：现在研究都有地下水位的结论。地下水位一下降，再升就很难，降雨增加，但是雨降下来的时候树多了，把降水利用了。

淮：上官老师，原来邵明安院士的模型能解释地下地上水循环吗？

上官：他是做小麦的，是一个农田生态系统。

淮：研究沙漠的水循环？

上官：沙漠是另外一个，土质参数都不一样；这国家也补偿，每年补偿多少钱？

淮：国家用生态补偿这个方式，一亩地才十几块钱。

上官：所以这要确定适当的补偿标准。

淮：原来退耕还林有个标准，后来又有提高？

上官：标准在提高。2014 年新一轮退耕还林政策要比 2000 年的补偿提高不少。

淮：一亩地 100 多元钱？像这种生态林补偿，最新政策是啥？如果靠这补偿金，收入也挺高。

6.6 地域模式简析

本次调查部分地区的生态治理模式总结如表 6.1。

表6.1　定边县现代农业科技示范园和治沙展馆模式

模式	行政区划	地理特征	组织属性	主要活动	主要产物或绩效
定边县现代农业科技示范园	白泥井镇先锋村		示范园	按照"政府主导、企业参与、市场运作、规模经营"的运作模式，累计完成投资9850万元。目前已建成智能温室9984平方米、日光温室40栋、双面拱棚12栋、普通拱棚等建设68栋，大型连栋温室11520平方米、办公楼及学员培训楼3000平方米，完成水、电、路、供热管线、围墙等基础设施建设	加快完成建设榆林"现代特色农业基地"和"移民搬迁、现代农业、小城镇"三结合同步发展的战略。建成区域循环经济示范点、区域农副产品加工及物流基地、区域农业高新技术产业基地、县域经济发展副中心
石光银的治沙展馆	十里沙村		展示馆	石光银联合5乡8村302户的农民创办了治沙公司，创造出"公司+农户+基地"的治沙模式。通过大办沙产业，实行农林牧、种植养殖并举的办法，把治沙与农民脱贫致富相结合，使农户在治沙中得到实利	治理荒沙、碱滩22.8万亩，累计植树4000多万株（丛），在毛乌素沙漠的南缘，营造了百余里长、几十里宽的绿色生态屏障。石光银的治沙公司资产总值已达1亿多元，年纯收入达100万元，成为一个集造林治沙、种植养殖、旅游观光、科技示范、农工牧一体的大型绿色庄园
牛玉琴治沙展览馆	靖边县东坑镇金鸡沙村		展示馆	1998年牛玉琴创办了"绿源治沙有限公司"，并建立了育苗基地。牛玉琴全家三代人，30年如一日坚持了下来，逼退风沙十公里，从1万亩发展到11万亩。在她的带动下，当地群众纷纷投入植树造林，终于使当年的不毛之地，使定边县变成了如今的大漠绿洲	她让11万亩茫茫黄沙变成林草覆盖率达80%以上的沙漠绿洲。创建了"加玉林场"，创办了"旺琴小学"，成立了靖边县绿源治沙责任有限公司，带动和扶持了近百户群众通过造林治沙实现脱贫致富

6.6.1　安居乐业

定边县现代农业科技示范园"新村+大棚"模式实现安居乐业。示范园通过租赁60年的方式让农户可以获得新建的三亩地的宅基地，其中包括有七分的大棚。农户搬迁到这里以后不仅可以获得大棚的经营权，而且可以在盖好的房子里居住，每家都有一口井。大棚种植收入每年在1～3万元。最初由林业管理部门在周边地区植树造林，他们在自家前后和大棚内通过种植经济林果发展农业，实现新型农业生产方式。这是从林业生态项目实施的一种探索性的模式，既实现了新农村搬迁，把住在脆弱地区的农户集中在这里，同时又通过生态治理的方式，使得更多的农户参与到了社会治理过程中，既解决了生态治理，又解决了生计恢复的问题。这种模式是否向外推广？最关键的一个阻碍是地租的问题。土地利用形式和土地价值在这种模式发展过程中起着主导的作用。在黄河流域其他县市宅基地租赁都要基于地租的变化，农户拥有宅基地，还需要相应的就近就业的机会和场所。

6.6.2 治沙精神

治沙馆展示的英雄精神值得我们学习。石光银治沙展示馆的纪录片，宣传他们作为企业家的科学治沙，锲而不舍的精神在克服万难中发挥可贵的作用。坚毅顽强的精神和科学有效的方法是成就一切事业的关键，这也是我们中华民族优良的传统。石光银主动承包沙漠进行治理，四十年如一日，利用草方格固沙再种草种树治理，这启示我们依靠科学实现新绿水青山建设中提质增效，同时石光银治沙集团有限公司对绿水青山提质增效模式的构建也有所帮助。

牛玉琴带领全家人进行治沙，这种魄力和精神值得我们学习。牛玉琴治沙基地的植被恢复效果较好，11 万亩沙地形成令人震撼的绿洲。在植被恢复和生态系统的各个环节都得到了有效的提升。但也出现了各种乔木和灌木在沙地生长退化问题。在治沙观景台上看到二人都以旱柳、杨树、松树为主，又选育其他树种，但是在牛玉琴的林子里大乔木下植被少，沙土裸露，松柏树下有较多的枯落物，也发现有大量的豆科植物。比较石光银和牛玉琴治沙的现场，前者更侧重于节水技术的推广和使用，而后者很少滴灌，种植大量的包括杨树、油松等。如果未来降雨越来越少，干旱越来越严重，植被干枯是否会导致毛乌苏沙漠沙退化，使得风沙再起？

治沙的生态效应如何转换为社会效应？国家对生态林的补偿标准是一个关键问题。补偿标准的制定在于如何激励更多的人从事生态治理工作，能否实现可持续的管护工作。榆林治沙得到较多的是社会效益和生态效益，根本无法转化为经济效益，因为目前任何经济活动的干扰，很容易破坏植被，这种生态效益和社会效益本身以耗费大量的地下水资源代价。只有生态效益奠定了生存的前提，才有经济的发展，这样生态效益转化为经济效益的过程是非常漫长的，需要等待治沙成功之后，人们的生计有了保障之后才有发展经济的可能性。

第7章 榆林农村集体经济

2020 年 7 月 18 日早上，我们从榆林市出发，先后前往榆阳区赵家峁村、白舍牛滩村、途经黄家圪崂村和古塔镇，到补浪河女子民兵治沙连，最后考察了高西沟村。

7.1 赵家峁村

2020 年 7 月 18 日上午 9∶00，我们到达了榆林市的榆阳区，驱车赶到了新修建的赵家峁水土保持示范园（图 7.1）。赵家峁村山沟被开发得非常好看。远处有大棚，山下有各种娱乐设施和窑洞酒店等。在赵家峁另一侧沟里，半山腰上的农户已经搬离了窑洞，在院子里种上了玉米。当地农户从山沟分散居住转变成了新农村集中居住。克服了山高路远，交通不便等各种风险。

图 7.1　赵家峁远景

赵家峁示范园区位于一条沟渠两旁，建有一些住宿、游乐设施，以文化与旅游为主导产业。

（2020 年 7 月 18 日，淮建军摄）

在赵家峁示范园区的一个斜坡上，很多刚刚栽种的树苗像棍子一样，没有树叶，在斜坡下面有一个平整的广场，种了一排排细细的树苗，地上有车拉水经过的痕迹。斜坡之后，有些地方种了柏树，个别树叶发黄，树枝干枯，说明当地十分干旱。

后来我们看到了赵家峁水土保持示范园的简介（图 7.2）。榆阳区古塔镇余兴庄办事处的赵家峁村位于榆林城区东南 35 千米处，属黄土丘陵沟壑区，总面积为 7.8 万平方千米。赵家峁村建设了"一山一水一片绿，宜居宜业宜旅游"的水土保持示范项目，目前有 4 个功能区，第一个是农业产业开发区，第二个是杏树生态景观区，第三个是山水文化旅游区，第四个是黄土风情体验区。我们现在所处的位置是综合治理示范区，旁边有农业示范区、新农村示范区。从高处向下俯视，可以看到整个沟中有窑洞、人工湖、游船、亭台楼榭、滑翔轨道和卡丁车赛车道。沟的上游栽满了松柏，植被非常好，而在下游有一个很大的水库。沟内建有200多米长的台阶，中间还有一个亭子，景观非常好看。

图 7.2　赵家峁水土保持示范园简介

7.1.1　国家级重点水土保持园的功能

赵家峁国家级重点水土保持园具有水土保持、休闲娱乐、生态扶贫等功能。

淮：这个是新农村项目？

上官：新农村项目是上面这个村子。

淮：水土保持在哪体现呢（图7.3）？

图 7.3　赵家峁新建绿化地

台阶式梯田绿化能够有效地防治由雨水冲刷带来的水土流失，栽种的绿化林对雨水进行一部分截流，树根对土壤也具有一定的固定作用。

（2020年7月18日，淮建军摄）

上官：综合地体现为植被恢复，坡面水土保持措施、沟道淤地坝措施。

淮：新栽的这些树把沟壑刚好都利用上了。

张：栈道都有项目。

淮：这绿水青山先绿起来，休闲项目要审批后再投资？

上官：这些项目都是引进的，这玻璃桥、滑道都是引进的，再和公司合作运营，投资比较大。

淮：这个村子已经好多年了？

上官：2013年开始做这个乡村旅游开发，以前是老村子。

淮：正在建设的新景点，娱乐性比较强，文化性比较差。这种娱乐都是一次性消费，附近的人来一两次，不会再来了。

上官：这儿吃饭、住宿都有。

张：农家乐一体化，可以做成会议室，招待会议、学术会议、企业会议、政府会议，这样就有稳定的客源了。

淮：这里的生态功能包括水源涵养、生态服务价值；还有精神方面的价值功能，休闲娱乐。这为什么是国家级重点水土保持园，是因为原来水土问题比较严重吗？

上官：这个村子是典型水土流失严重、经济单一落后的代表，但是最终治理有效，黄河流域其他地方以这儿为榜样。

淮：村上办游乐项目，村集体管理门票，怎么给村民分红利？

上官：这是股份制的。

淮：这水库的水从哪里来？

上官：这主要是煤矿排出的石矸水，水量还不少。关键是水流到哪里去？

淮：拦水是不是一种过滤措施？

上官：它抽上来了也不是很干净。

王：需要地渗。

上官：你可以在这儿看一下。

张：上官老师，这么大一片都需要维护吗？还是自然生长？

上官：不用管，自然生长的。

张：前期种上再不用管了？

上官：一般有管护，但管护比较随意。

张：是不是600毫米降水线以内不能放羊？

上官：是的。这个村子知名度比较高。建设标准较高，位置比较好，加之品牌营销做得也好。

淮：为什么树距种这么宽？

上官：在这栽的果树，是经济林。现在还用滴灌，但树长大以后根扎深一点就好了。

淮：袁家村也有一种产业模式。没有山没有水，主要把人聚起来，通过建筑等标志性的东西把它做大，但是到一定阶段以后就衰落了。

上官：乡村旅游只要能维持就可以了。

淮：旅游到一定阶段维持现状。第二个集体经济改革。王征兵教授承担杨凌集体产权制度改革项目，他认为集体所有制最本质的问题是怎么变？

上官：一定要探索了才行。

这个景区是可以免费参观的公园，但是娱乐项目要消费。我们来得比较早，上午 9∶00 左右，公园里人很少。但是当我们准备离开的时候，发现停车场已经停了很多车，附近的村民全家到这里游玩。我们对面的一个山坳里有很多大棚，在搞设施农业，我们决定一探究竟。我们驱车从另外一个斜坡上去，到达赵家峁村支部委员会，门口挂了好多牌子，有赵家峁股份经济合作社、赵家峁村民委员会等。我们参观了赵家峁村史展览馆。

7.1.2　集体经济发展

中华人民共和国成立后，经过社会主义改造，集体经济成为中国农村的主要组成部分。农村改革启动后，农村集体经济经过多次改革和调整，不断明确职能定位、探索发展方向、创新实现形式，在农村经济中的地位发生了深刻的变化，形成了多种多样的发展路径（高鸣和芦千文，2019）。

农村集体经济发展的基本历程包括两个阶段：第一阶段，从生产资料私有到生产资料集体所有制的农业合作化转变的时期。再到人民公社时期（1958~1978 年）；国家进入计划经济阶段，农村集体经济的发展受到一定限制。第二阶段，1978 年召开十一届三中全会后，农村发展了农民群众自发的包产到户和家庭承包经营制度；在家庭联产承包责任制实施后农村集体经济在家庭与集体统一经营，统分结合双层经营体制基础上，衍生出多种实现形式，多种形式支撑推动农村新型集体经济（李燕，2020）。

为进一步激发农村集体经济活力，在"三权分置"体制下，深化农村体制改革，促进农村土地流转，丰富农村经济业态，为农村集体经济发展注入活力，大力发展乡村特色龙头企业、建立农业合作社很有必要。以市场为导向，构筑农村优势产业布局，增加集体经济收入，推进产业化经营等方面加大力度，才能确保农村集体经济稳步发展。

赵家峁是能人带动的集体经济发展的模式，所有模式都需要探索（图 7.4）。

7.1.3　榆阳模式

赵家峁是一个因改革而变、因改革而兴的村子，它从一个建档立卡贫困村发展成为陕西全省基层党建、农村改革、乡村旅游、生态文化的示范典型，是榆阳区贯彻落实习近平新时代中国特色社会主义思想和党的"三农"改革政策的缩影。赵家峁村遵循三权分置的原则，总结出三变经验，明确了三条路径，促进了三产融合，在整体推进农村集体产权制度改革的方面，经过不懈努力，为全面建成小康社会奠定了基础。

赵家峁村展览馆展示了赵家峁村土改时代、农业合作化时代、人民公社时代荒山秃岭的状况及家庭联产承包责任制之后的变化。2012 年 11 月，党的十八大召开之后，把解决好农业，农村，农民问题作为全党工作重中之重，贯彻落实党关于"三农"工作的重大决策部署，加快发展现代农业，着力促进农民增收成为重要课题。赵家峁探索了一条主动转型的科学发展新路子。赵家峁发展起源于企业家张冲平回到赵家峁老家，当选村书记，并召开会议。这次赵家峁会议，标志着榆阳农业工作实践经验总结和工作思路创新的又一次突破。榆阳赵家峁提出了三条因地制宜的路径（图 7.4）。第一条是东南部农业条件较差的贫困山区，重点推进土地股份合作制，解决土地撂荒问题，整村流转及其经营。第二条路径是在北部农业条件相对较好的滩区，重点推行资源性资产股份合作制，解决土地细碎化问题，现代农场规模经营。第三条是城中城郊村、经济发达村推行经营性资产股份合作制。解决集体资产经营管理与转型发展问题，推进集体经济公司化，基层治理社区化这三条道路为赵家峁村的发展指明了方向，为现代农业的发展及其经济的改革指明了道路。从此全村一边修建新农村，改善生活条件；一边发展设施农业，让大家富起来；并在村里成立公司，股份制化经营。成立了榆林市榆阳区宏宇农业发展有限公司，全村投资 500 万元，流转土地 960 亩，融资筹资 435 万元。2017 年 6 月，榆阳区被农业部、中央农业办公室确定为中国第二批 100 个农村集体产权制度改革试点县区。2019～2020 年，村委会总结落实乡村振兴战略的八条措施，整乡推进，板块联动，深化改革，创新机制，面向市场，龙头带动，基础先行，生态优先，突出特色发展旅游对标高线，精准扶贫，十乡十村示范带头，党建引领全面提升。

图 7.4　农村集体产权改革三条路径与榆阳模式建设

站在村边的高台上，我们再次观察了大棚。近处山坡上的树以银杉、松柏为主。与之形成鲜明对比的是，不远处的深沟的自然侵蚀非常严重，从高处往下看，沟壑林立，侵蚀的裂缝长达二三十千米，深达一两千米。

7.1.4　榆阳模式研究

赵家峁创造出的榆阳的模式可以总结为：一运用系统思维，统筹发展，推进整体治理。二完善机制，深化农村产权改革，股份合作，利益联结。三构建新体制，培育新市场主体，做强龙头，带动农户培育新业态，产业融合，多元发展，开创新风貌，加强基层治理，整治环境，教化乡风。四是树立新作风，要坚持党引领，改善作风，锻造铁军。

"榆阳模式"是实现农村体制改革、促进乡村振兴道路上的成功探索，丰富了农村业态，搞活了农村经济活力。但该模式的推广，前期需要较大的经济投入，要求劳动者有一定的相关知识技能。为充分发挥该模式的经济带动作用，首先，政府要建立完善的帮扶机制，保证有经济开发潜力的地区拥有发展可能。其次，对劳动者进行必要的职能培训，提升劳动者人力资本，为乡村经济转型和发展储备人才。"榆阳模式"下的农业发展，是一幅农业增效、农民增收、农村发展的新画卷。努力打造粮仓核心区，狠抓水利生态建设，增强农业可持续发展；着力建设美丽乡村，全面提升基础设施建设水平，全面开展土地承包经营权确权登记颁证，落实"三权分置"，完善流转机制，大力开展农业园区、龙头企业、专业合作社、一村一品示范村、家庭农场，加快了农业现代化进程（王森等，2015）。

"榆阳模式"不仅是明确"市场主导、产权推动、工业反哺、科技支撑、产业特色、融资多元、生态文明、城乡一体"的新型农业发展模式（王森等，2015），也是以龙头企业为引领、合作社为主体、家庭牧场为基础、养殖示范村、示范户为补充的现代畜牧业的生产格局（张凌云，2017）。它以乡村文化为切入点，将乡村旅游与养生养老、休闲度假、保健康养等结合起来，构建由乡村旅游主题、乡村旅游产品和乡村意象为一体的乡村旅游模式（赵琳琳和谢宁，2018）。"榆阳模式"的乡村旅游，以产权制度改革为契机、以绿色景观和田园风光为主体、以民俗文化为亮点，深度推进了一二三产业融合发展，激发了经济转型的内生动力，闯出了农村改革新路（赵琳琳和谢宁，2018）。

7.2 古塔镇黄家圪崂村

7.2.1 古塔镇

在我们路过的半山腰的一个平台上建了八卦阵，这个阵四周有十二生肖的石像，栩栩如生，旁边立着一个大石头，讲述八卦阵的修建人王中山。王中山是榆阳区余兴庄崔家河人，1960年生，在1980年加入了盘龙山庙会。2011年3月，他担任了盘龙山庙会会首，主持修建了这个占地300多亩的盘龙山工程。一路上田野里非常干旱，只有阴沟里才有一些绿草。

一路前行，我们考察了古塔镇名字的来由。古塔是一个佛塔，于2012年6月8日重修。

古塔很高，塔后面有一个门面很小的庙宇，原名古佛寺。进入第一层院落，佛堂里供奉着约五米高的大佛，也有神仙菩萨。二层院有更大的佛像，虽然没有人，但是有香火，非常安静。佛堂里都有神像，金光灿灿。寺庙、道观、佛塔说明当地农民对于庙宇道观非常重视，寺庙的香火非常旺盛。

在中国地名文化中受佛教影响命名的村庄，具有浓厚的佛教色彩，同时体现了深厚的文化底蕴。传统原生态村名是自古既有、经久流传的。地名村名对研究历史、地理、经济、交通、民情有助。村名是社会历史的缩影或活化石，承载着丰富的历史文化内涵，折射一个地域的文化传承，象征一段特定因缘（安希孟，2021）。宗教信仰通过构建个体权威、增进人际信任和内化交往规范等途径强化农村老年人社会资本，并通过宗教伦理传递、交往纽带维护和社会资本转移等机理实现社会关系重建（林瑜胜，2018）。求神拜佛的社会传统、利益博弈与利益驱使、现实的利益诉求、宗教治理工作不利等的影响是导致当前农村宗教盛行的主要原因。破解该难题，需通过"分类施策"引导村民理性看待宗教、"双管齐下"妥善解决农村的现实问题、"多方联手"加强农村非法宗教治理工作的力度、"因地制宜"加强基层统战干部队伍建设（闫红果，2018）。乡村振兴离不开自治、法治、德治相结合的乡村治理体系，而农村地区宗教工作对农村的乡风文明建设，乃至农村经济社会的发展都产生直接而实际的影响（李明，2021）。加快完善农村宗教治理制度，构建治理机制体系，提高治理能力和治理效能，是加快推进乡村治理体系和治理能力现代化，实施乡村振兴战略的有机组成部分（刘立敏，2021）。

7.2.2　黄家圪崂村

我们离开古塔村，经过古塔镇黄家圪崂村。黄家圪崂村规划宏大，功能齐全，是乡村振兴建设项目的一个范本。古塔镇黄家圪崂村新农村建设老年公寓 39 套，村民住宅 183 套，人均住房面积达 38 平方米，住宅类型分为老年公寓、小户型、中户型等。项目共占地 192 亩，总建筑面积达 3 万平方米。社区建设包括了土地整理、河道治理、道路通畅、建网改造、绿化美化、环境治理等工程。

村子建设非常好。开车上坡穿过村子，见到山顶有些果园，玉米大约有六七十厘米。路边比较旱，但整体上绿意盎然。我们下车后在这合影留念。据说这是当地一个企业家给全村每家送了一套别墅。我们考虑存在移民搬迁的问题，他们首先建好了新农村，移民过来住，一些采矿区就可以顺利采矿。

12:30 我们离开了这个村子，进入了榆阳区，一路上很多地方灌木、乔木、草丛连到一块儿。这里杨树都长成了灌木，有些杨树刚刚栽上不久。平整的地里收割机收获之后秸秆还田，增加肥力。为什么这里的树木那么茂盛呢？这里沙漠地区实际地下水位是比较高的，只要挖一个坑，栽树就能活。但是近年来由于农村灌溉，以及植树造林等活动，地下水位明显下降，很多地区出现了植被退化的情况。

小贴士 7.1　古塔镇黄家圪崂村

榆阳区古塔镇黄家圪崂村位于榆林城区东南 11 公里处，辖黄家圪崂、石山寺两个村民小组，现有村民 39 户 695 人（党员 8 名）。到 2007 年，全国人大代表、原榆林市文昌集团董事长张文堂在父老乡亲的极力举荐下，回村担任黄家圪崂村主任。在广征民意、集中民智、组织专家反复论证的基础上，按照"结合实际、高点起步、总体规划、分类实施"的原则，拟定了《黄家圪崂村建设社会主义新农村十三年规划》，计划投资 4.5 亿元，用 13 年时间，将黄家圪崂村打造成主导产业独具特色、基础设施完善、人居环境优美、村风文明、农民持续增收的社会主义新农村（图 7.5）。项目按一次规划分两期实施。投资 3.1 亿元的一期工程于 2007 年开工，2015 年底建成。完成土地整理、水利治理、道路畅通、电网改造、绿化美化、污水及

垃圾处理、宜居及配套建设等七大工程。其中宜居及配套工程修建村民事务中心大楼1栋，农家小院222套（老年公寓39套，村民住宅183套）。

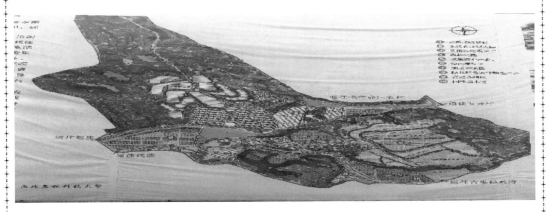

图 7.5　黄家圪崂村建设社会主义新农村十三年规划

（2020 年 7 月 18 日，淮建军摄）

从 2016 年开始，按照习近平总书记"实事求是、因地制宜、分类指导、精准扶贫"的扶贫指示精神和党中央提出的"产业兴旺、生态宜居、乡风文明、治理有效、生活富裕"的乡村振兴战略总要求，陆续实施二期工程包括的现代观光农业、现代养殖业和旅游度假业三大工程。大力发展集体经济和绿色有机产业。计划用 5～10 年的时间使村集体年收入达到 1500～10000 万元、人均纯收入达到 10 万元的水平，切实做到脱贫不返贫。

资料来源：华商报 . 2015-07-31. 民营企业家张文堂为村民建别墅222套花费近4亿 . 第 7 版～第 8 版 .

邹敏 . 2010. 黄家圪崂一个贫困村的翻身样本 . 中国扶贫，18：22-27

7.3　金鸡滩镇白舍牛滩村

一路向前，到达金鸡滩镇白舍牛滩村，一行人参观了田园综合体；在项目一期工程规划图上，既有大型人工湖，又有现代农业景区、生态治理景区等。项目的目标是将金鸡滩镇白舍牛滩村建设成全国一流的田园综合小镇。我们登上了观景台俯瞰，右边是一座巨大的游乐场，里面有好多儿童游乐设施，旁边正在施工建设新农村。左边一排一排郁郁葱葱的柳树，一个儿童游泳池，远处有一排公寓是样板房。正前方，有水上浮桥，一些家长带着孩子在这个浮桥上走动。有一个人，趴在车轮胎上正从滑沙跑道上滑到下面的水池里。在宣传栏里，我们看到榆阳区金鸡滩白舍牛滩村产权制度改革简介（图 7.6～图 7.7）。

图 7.6　白舍牛滩村田园综合体规划设计布局图与鸟瞰图

图 7.7　白舍牛滩村湿地公园及游乐设施远景

小贴士 7.2　金鸡滩镇白舍牛滩村规划

　　白舍牛滩村位于榆林城东 30 千米处，属典型北部风沙草滩区，村城面积 378 平方千米。全村辖 13 个村民小组，812 户，2345 人，以种植养殖、农产品加工、乡村旅游运输、矿产服务业为主要产业。2017 年人均可支配收入达 15880 元，为了更好地发展壮大集体经济，提升农民生活幸福指数，不断促进乡村振兴，结合全村实际情况，制订了 2018~2022 年工作规划。

　　一、指导思想

　　坚持以党的十九大精神为指导，认真贯彻实施"乡村振兴战略"，精诚团结、求真务实、砥砺奋进、创新发展，用 3~5 年时间，将白舍牛滩村建设成全国一流的田园综合小镇。

　　二、规划内容及预计成效

　　1. 基础设施建设

　　抓住金鸡滩煤矿整体移民搬迁契机，聘请深圳蕾奥策划有限公司对占地 10 平方千米的田园综合体进行规划，聘请中国建筑设计集团北京总院对田园新村进行施工图设计。坚持以"新材料、新能源、节能环保、智慧管理"的设计理念，新建 770 套二层别墅、合作社接待中心、新型农民培训基地、幼儿园、小学、幸福院、红白理事会、商业街 3 万平方米，配套绿化、亮化、池塘、桥梁、亭塔、公园等公共服务设施总投资 8 亿元，形成功能齐全、错落有致、环境优美、村容整洁的田园新村。

2. 深化集体产权制度改革

牛滩村在其产权制度改革过程中主要做法包括：

①始终坚持一个目标，两个底线，把握三个原则，尊重法律，尊重历史，尊重民意，做到四个结合，"将集体产权制度改革与产业发展相结合，与安置区建设相结合，与基础设施和公共服务相结合，与环境综合整治相结合"，抓住五个重点，清理资产，通过村民自评核定其资产总价值为 2948 万元。②成员界定，坚持宽接收，广覆盖，民主决策，2017 年 9 月 30 日为改革基准日，经济组织成员是 2208 人，通过三级示范接受群众监督。③股权配置，将资源性资产和经营性资产全部折股量化到人。

7.3.1 白舍牛滩村田园综合体规划

截止参观时，已将原有 368 块零散耕地整合成了 81 块规模田，全面进行了高标准农田改造，新建蔬菜大棚 93 座；已建成开心农场、油菜花海、高粱迷宫、望月台、休闲垂钓、划船、烧烤、滑沙、舞牛桥、卡丁车、碰碰车、观光长廊、休闲广场、儿童乐园、水上乐园、七彩滑道、摩托车赛道等娱乐设施项目。完成了停车场、卫生间、区间道路、亮化绿化、好人广场、家风家训广场、餐饮广场、新时代广场等基础设施工程；建成了装起式轻钢样板房 1 处，重钢样板房 1 处，建成了游客接待中心 1 处，千亩花海、村史馆等，累计投资 4580 万元。

2019 年修建汽车越野赛道、千亩沙漠湖、千亩花海等，该项目建成后可将本区域的建筑垃圾，粉煤灰石膏等固体废弃物变废为宝，既能有效解决固体废弃物污染环境、占用土地的难题，又能培育发展农村的新产业、新业态、新模式，对实施乡村振兴战略具有十分重要的意义。同时，正在与榆林市水务局积极争取黄河流域示范区建设和煤矿疏干水综合利用项目，通过曝气吸附等工艺净化水质达到灌溉标准，用于农业灌溉生活。今后将白舍牛滩村打造建设成为陕西田园综合体示范村，黄河流域生态建设示范村，煤矿疏干水综合利用示范村，采空塌陷区治理示范村，村集体产权制度改革示范村，乡村振兴标杆村，最终成为三次产业融合发展，生态宜居，生活富裕的美丽乡村（图 7.7）。

7.3.2 共同特征

如何评价这几个村发展模式，发展集体经济，实现自然恢复是共同特征。

淮：我们今天到这几个村子，都是首先把土地整合问题解决了。其次加大投资，资本运作。还处于投资建设期，判断模式有没有成熟需要四五年。

上官：赵家峁时间长一点，2013 年开始的。

淮：这些村子农户住得比较散。背后都是矿上的人把项目建好，把周边农户搬迁，解决经济赔偿的问题，煤矿节省了大量的征地搬迁交易费用。

上官：这个树密度不能太大，过度密植，反倒影响植被自我生存发展能力。也要看什么树种，有些树种长大一些自己有调节。如果要追求经济效益，必须要更新经济树种，不是原先一类树种。

淮：原来树苗是 1 米×1 米，经过 10 年树冠也大了，是不是还要挖掉一部分呢？

上官：生态自然恢复伴随植物竞争与淘汰。像杨树生长过程水分不足，营养不够，杨树之间竞争，弱的就死了。

淮：为什么刚开始不种开一点？

上官：这个都是阶段性的。

淮：刚开始如果 2 米×2 米的话，是不是不能防沙？

上官：这是一个生态适应和演替的过程。

淮：这样必然有一个退化阶段，林木都有一个最大生长期，生长期结束这片林子就退化了。

上官：还有些树种不一样，有些树种生长时间持续很长。

淮：在榆林座谈的时候，说樟子松经过 40 年大片死亡，估计是这种情况。还有个问题，沙地里面的机械化容易破坏沙丘吗？

上官：沙地里可以随意开展土地的大规模开发，对沙地生态造成较大的影响，存在二次沙化的风险。

淮：现在已经发明了栽树机，是不是有机器把树放进坑里就行了。

上官：可以，挖坑、移树苗、浇水都机械化了，不过完全的机械化很少见。

淮：以前树苗有人背、用马车拉，现在有时候用到汽车了，至于挖树和灌溉的机械化程度就看是不是有条件用，如果能有条件用的话效率也就高了。一般情况下，种树要不要考虑病虫害？

上官：以前植树较少没有考虑到病虫害的问题，例如目前大面积种植的樟子松林、油松林和物树林，就存在严重的病虫害，所以开始就要想好怎么搭配树种。

淮：是不是要在沙地里面也探索种药材？

上官：一直有探索，药材种植虽然我没有看到，但听说好多公司在做药材种植。

淮：这些采用大水漫灌？

上官：不知道，现在一般不用大水漫灌，都用滴灌技术。

淮：我一直有个疑问，现在治沙的这些人是怎么受益的，除了生态，他们对治沙的前景怎么看？这对将来的治理、管理模式研究有很多帮助。

土地流转的中国模式，以政府和集体的组织协调为基础，体现为对土地供需各方的双重代表和双向协调。各级党委政府和农村集体组织的居中协调，既是当代农村土地流转的组织基础，也是其相对于"私易模式"和"公征模式"的比较优势（凌斌，2014）。流转方式不同，村集体的角色不同，形成的土地流转秩序也有很大的差异。在行政主导的组织化流转中，村集体扮演的是政府代理人的角色，村集体介入下流转关系发生了异化，从而造成了大户霸租、农户霸地的治理困境；而当组织化流转以村民自治的形式进行时，作为农民的联合体，村集体获得了农户的充分授权，交易双方的市场关系也得以保留，土地秩序实现了良性运转。因此，要充分认识制度安排对流转秩序的影响，防范地方政府过度干预土地流转的行为，在此基础上保持村民自治活力和规范性的制度建设，引导地方政府做好农业建设的基础性工作（张一晗，2021）。

7.4 女子治沙连展览馆

下午 4：00 多，我们赶到了闻名遐迩的女子治沙连展览馆（图 7.8）。女子治沙连展览馆前面竖立着一只红旗，有七名女子手扛着铁锨，推着车，在风沙中前进，跟随着党的旗帜，这形象地说明了当年女子治沙的情景。一进门，有一面党旗，我们看着宣誓词，在党旗下宣誓，我们要团结协作，学习女子治沙连精神，为黄河流域的生态治理和高质量发展做出贡献。展览馆展现了女子治沙连团结协作无私奉献，适应时代要求的精神。她们的坚韧不拔、无私奉献、团结作战、创新创业的精神，这也是现在这个时代最需要的精神。

图 7.8 女子治沙连及其建造的柳芭庵子

小贴士 7.3 女子治沙连展览馆

在 70 年代初，榆林的荒漠化更加严重，在这种大背景下，女子治沙连于 1974 年 5 月 14 日组建，首批有 54 名女兵。女子治沙连既有当地村民参与，又有北京知青参与，队伍素质比较高，她们既能打井，又获得了当地政府和民兵连队的支持，所以一方面她们有机械设备，比如手扶拖拉机，另一方面又有科学指导，还利用了风力发电、抽水灌溉。在 20 世纪 80 年代，伴随着从人民公社到包产到户，从计划经济到市场经济，连队转变为承包经营乡办林场。1992 年治沙姑娘们适应市场经济发展和深化改革大潮，连队转变观念、调整思路，大胆探索创新"以劳养武""以连养连"的新机制。积极推行"种、养、加"一体化模式，大规模实施土壤改良、高产创建活动，发展现代设施农业和畜牧业，建起农副产品生产基地，走上了规模化、标准化农业发展的路子。连队还与西北农林科技大学合作，探索科技治沙模式。治沙连在新的历史时期焕发出新的生机和活力。

7.5　地域模式简析

本次调查的部分地区生态治理模式总结如表7.1。

表7.1　榆林市榆阳区赵家峁、黄家圪崂村、白舍牛滩村、女子治沙连展览馆的模式简介

模式	行政区划	地理特征	组织属性	主要活动	主要产物或绩效
赵家峁水土保持示范园	榆阳区古塔镇余兴庄办事处	黄土丘陵沟壑区，总面积7.8万平方千米	村委会	企业家张冲平返乡当选村书记。农业产业开发区、杏树生态景观区、山水文化旅游区、黄土风情体验区	
黄家圪崂村	榆阳区古塔镇	榆林城区东南11千米处，辖黄家圪崂、石山寺两个村民小组	村委会	企业家张文昌返乡当选村书记。黄家圪崂村打造成主导产业独具特色、基础设施完善、人居环境优美、村风文明、农民持续增收的社会主义新农村	现代观光农业、现代养殖业和旅游度假业三大工程
白舍牛滩村	榆林金鸡滩镇	典型北部风沙草滩区，村城面积378平方千米。全村辖13个村民小组	村委会	将集体产权制度改革与产业发展相结合，与安置区建设相结合，与基础设施和公共服务相结合，与环境综合整治相结合，通过三级示范接受群众监督，将资源性资产和经营性资产全部折股量化到人	用3~5年时间，将白舍牛滩村建设成全国一流的田园综合小镇
女子治沙连展览馆	榆阳区补浪河		展览馆	在20世纪80年代，连队也经历了承包经营到乡办林场。1992年推行了多元化经营和科技治沙的全新模式	大胆探索创新"以劳养武""以连养连"的新机制。积极推行"种、养、加"一体化模式，建起农副产品生产基地

　　赵家峁村是一个典型的整合水土保持示范园区、新农村生活区、坝地农业示范区以及旅游休闲区的综合治理发展园区。

7.5.1　"农户+资本+企业"

　　赵家峁村的"农户+资本+企业"模式是企业家返乡创业的写照。在赵家峁村，国家级水土保持生态示范工程体现在一个开放的、有山有湖的游乐场所。赵家峁村在2012年前后由企业家出身的领导出任村干部，投资500万元，创办集体企业，探索集体所有制产权的变革问题。逐渐实现了"三变"，在随后的2014年、2015年、2016年逐渐探索，并且积极响应每年中央一号文件里提出的农村改革目标，由此形成"生产、生活、生态"的"三生"和"三变"改革。在积极响应中央政策的同时，赵家峁又得到了地方政府的支持和帮助。到2019年全村实现了100万元的分红。这是一种典型的由能人出任村干部，并且带动大家创办企业，通过企业化经营，实现脱贫致富、乡村振兴的模式。关键是完全遵循中央一号文件中关于农村经济发展的总体思路，并且积极试点，从而成为在全国具有影响力的农村集体所有制改革典范。通过深化股份改革制度，将原始的小山村转变成为一个

集旅游、生态为一体的现代小康新农村。通过村民募集土地、资金、人力等一系列资源，将赵家峁村资源整合，统一管理，创造更高效的利用模式。

赵家峁村主要以水土治理为出发点，利用煤矿排水在山沟建立水系，并在两边开展水土保持与绿水青山的建设，以生态环境为根基，结合文化打造旅游，休闲等为主题的功能区，遵循三权分置，总结"三变"经验，明确三条路径，促进三产融合，将绿水青山生态文明建设与农村发展改革有机结合起来，形成生态建设促进改革发展，改革发展回馈生态建设的良好循环，成为乡村振兴的示范典例。

7.5.2　企业家当村支书与新农村建设

黄家圪崂村也是企业家返乡当村书记进行新农村建设的模式。黄家圪崂村据说是一位富户进村规划建筑花费了 3.1 亿元，在为期两年的时间内完成竣工。规划区功能非常全，既有物流中心，又有特色养殖区，还有特色种植区。在居住区外，有很多文化、教育、娱乐等场所。通过改善环境、建立新型农业物流基地等方式，实现当地村民年收入突破 10 万元。资对该村的总体进行规划治理，形成一定规模后，通过前期的投资设施等直接促进农业、经济林、养殖的发展，在良好的发展走上正轨后依靠村民对自身区域的生态维护与建设，从而达到对该地区绿水青山提质增效的效果。

企业家返乡创业存在的问题：首先是内部因素：①高风险下返乡创业失败的反复性压力；自身发展缓慢，实力偏弱，依旧有极高的失败风险。②服务缺失，较少受到有关部门关注。③个体文化与认知差异导致"创业绩效"缺乏统一的测度体系（张兆年和霍秋文，2018）。其次是外部环境：①因土地指标限制，导致企业"无地可用"。②招商优惠政策多针对国内大型企业，对规模不大的新兴产业的企业不够重视。③回乡创业的企业家，人际关系不足，办事不顺利。④招商引资政策、内容不具体，宣传力度不够，导致企业家对家乡的情况了解不够（谭建军，2016）。

吸引企业家返乡创业的措施包括：①加大对企业家回乡创业的扶持力度、在资源上予以照顾、加大宣传力度用乡情吸引投资、做好企业家回乡创业的后盾。②搭建平台，构建企业家回乡创业的长效机制。③构建良好的市场环境，保障返乡创业企业的良性发展（周冬等，2018）。

7.5.3　整村搬迁与田园综合体

白舍牛滩村是凭借煤矿补偿整村搬迁，探索发展集体经济的模式。白舍牛滩村在该村党支部的引领下，紧随国家与榆阳区发展机遇，进行产业调整与产权改革，主要通过对村中各种资源的整合，利用好集体的力量，对村集体进行统一规划和设计改造，实现五种发展模式，对区域内进行绿化建设，将绿水青山建设变为改革发展的基石，直接将生态效益作为发展中的一个基本要素，使之与村民的产业发展与经济利益挂钩，促进村民对于绿水青山建设的积极性、主动性，从而达到提质增效的目的。白舍牛滩村的田园综合体项目也是新农村与旅游景区的结合。

田园综合体是集现代农业、休闲旅游、田园社区为一体的特色小镇和乡村综合发展模式，是在城乡一体格局下，顺应农村供给侧结构改革、新型产业发展，结合农村产权制度改革，实现中国乡村现代化、新型城镇化、社会经济全面发展的一种可持续性模式（张学勇，2019）。

田园综合体的特点包括：①以现代农业为基础，拓展农业功能，实现田园生产、田园旅游等多业态融合的发展模式。②农业生产、生活、生态"三生综合"。③突出农业、文化和旅游相结合的休闲农业和乡村旅游新业态。

但是，田园综合体建设中存在一些问题：①缺乏政府强有力的政策支持及政策引导。②政府资金压力大，社会参与不足。③产业发展较为单一，产品缺乏特色。④功能不全，服务质量有待提高。⑤建设发展不平衡，导致一、二、三产业比例失衡（陈海鹏和詹琳，2019）。

田园综合体发展对策及建议包括：①选择合适地点建设田园综合体，避免盲目乱建。②强化农业基础，其他产业共生共荣。③坚持以政府为主导，市场为向导。④统筹兼顾，实现特色化发展。⑤田园综合体可以优先建立一些农业示范园。⑥田园综合体构建模式要以资源、科技等为依托，打造具有农业特色和高新农业科技发展相结合的新发展模式（方荣辉，2018）。

7.5.4 集体英雄与个人英雄

补浪河乡女子民兵治沙连体现了黄河流域荒漠化地区人民与荒漠化作斗争的艰苦奋斗精神，也向我们展现了军地共建、以人民为中心、为人民服务的信念与担当，也是利用科学力量治沙，建设绿色长城的典范。女子治沙连区别于之前石光银老先生的公司治沙模式与牛玉琴的个人奉献，这是一种军民融合的新方式。军队的流动衍替为治沙工作提供了源源不断的生力军，也为当地军队建设、生态建设提供了一个新试验地。

女子民兵治沙连模式反映的是集体主义，与个人英雄治沙模式不同。女子民兵治沙连与石光银，牛玉琴等英雄的个人行为相比，具有以下几个特点。①服从军队领导，响应国家号召；②女子民兵既有当地女性，也有青年知青，知识水平比较高，在20世纪六七十年代已经开始利用机械开井，使用拖拉机，并且在建设三北防护林中发挥了重要的作用；③女子民兵在军队管理的情况下一代又一代地变化，在造林规模上有一定的局限性，累计造林900多亩。他们与治沙英雄有共同的信念和奉献精神，激励着后代人。目前女子民兵治沙连所在的基地已经逐渐实现了产业化，逐渐从单纯的治沙转型成为以军事训练、红色旅游为目的经营性组织，这种转换是适应当前市场经济条件下军队产业转民营的一种必然趋势，在生态治理过程中具有更高的效率，这也为我们探索生态效益转化为经济效益过程中，国有林场或者国有体制下军队产业如何转变为适应市场发展的经营主体提供了很多启示。

7.5.5 各村区别与联系

通过对这三个村级农业发展示范工程的考察，我们不难得到以下结论：随着生态治理，生态环境和农村发展相互促进，农村集体经济主要表现为以旅游企业和休闲农业为主的一种经济发展模式。这种经济发展模式的主要特征是前期投资比较大，发展也比较快，吸引了大量的游客，收入也非常高，但是在近三年内，这些项目都是处于投资阶段，前期是亏损的，是否盈利或者可持续，需要经过 5 ~ 10 年的经营后再做判断。这种模式在陕西的很多地方得到了推广，如果没有发生疫情，这种模式会在黄河治理中发挥极其重要的作用。但是在疫情发生之后，社会的消费结构和认知模式已经发生了重大变化，悲观预期会影响以旅游为主导产业的乡村振兴和生态治理。

这三个示范园在融资模式、创建目标、规划模式有本质上的区别，但都为解决当地村民的可持续生计问题。现在各地都在进行乡村旅游业的开发，是否会存在产业过剩的问题？要因地制宜，依托当地特有的自然资源和人文资源进行主题建设和探索，集体所有制的改革是关键。积极响应国家号召，不断探索实践，使得"农户+资本+企业"模式成为典范。但能否复制到全国进行大面积推广，依赖很多条件：①基于优势资源，比如赵家峁村有山有水或者通过煤矿获得更多的支持和补偿。②需要借助能人或者大企业家的捐赠投资，驱动资源变为资本，没有大量的资本投入以及积极的政策引导，根本无法实现这种转化。③在集体所有权向产业化转变的过程中，军队的、国有化的管理体制只有积极通过内部治理压力和外部政策的驱动，才能实现军转民。在大多数农村地区，集体产权改革仍然处于探索阶段，在理论界也存在着分歧。因此，我们要通过一些典型模式，尤其是以赵家峁为代表的榆阳模式，去探讨每种模式需要的支持，从而为进一步探索地域模式提供一些有价值的参考。

|第8章| 榆林科技园区和基地

2020 年 7 月 18 日，在晚上吃饭的时候，上官老师把团队委托给我，让我带团队继续行进，我向他承诺按照原计划路线进行参观学习。他强调，由于我在水土保持领域认识的专家学者不多，所以可以根据实际情况适当调整路线，也可以缩短调研进程。19 日早上从宾馆出发，我们先去了榆林国家农业科技园区，接着去了榆林沙地森林公园，下午又去了神木六道沟水土保持实验站和神东集团生态示范区，收获也很大。

8.1　榆林园家农业科技园区

2020 年 7 月 19 日早上出发到达了榆林园家农业科技园区（图 8.1）。园区正处于建设阶段，偌大的园区很少有人，导航找不到我们要参观的展示馆，因此驱车走了一段。

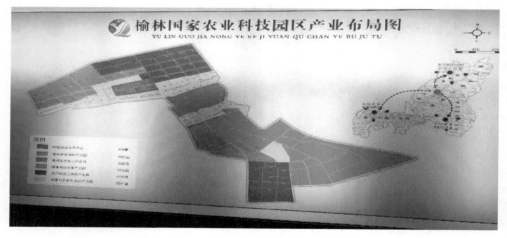

图 8.1　科技园区产业布局图及其建设理念

8.1.1　榆林国家农业科技园

从车上下来，右边一个金碧辉煌的圆形大楼是榆林国家农业科技园区管委会。8:30 我们走进了这个管委会，有一个门卫值班，我们向他说明来意，门卫首先说明这是周末，并不接待外来人员。但是当我们说明是水保所的科研人员，只是想在园区展览馆看看成果，并且给他看了我们的介绍信。门卫热情地让我们进入大楼。我们进了展览馆，打开灯里面瞬间亮堂起来。

榆林国家农业科技园区根据榆林市区域经济社会发展需要，为了加快现代特色农业建设和农业产业化发展建设，以市场为导向，以科技为支撑，开展农业优良品种引进，繁育和农业先进技术示范推广，通过集成创新、示范推广、信息服务和辐射带动，提升榆林现代农业发展水平，保障区域经济稳步增长，增加农民收入，促进城乡和谐发展。示范区选址在榆林市北郊，地势平坦，地表水资源丰富，农业基础雄厚，交通便利，自然条件优越，具有较好的农业科技推广和辐射带动的区位优势。2009 年 5 月 14 日，榆林现代农业科技示范园区启动建设。

榆林国家农业科技园区选址在榆林城区东北约 10 千米处，规划面积为 18.3 平方千米，分为南北两区和传统农业改造区三部分，北区主要规划建设有核心区，功能区分绿色农产品交易中心、农产品质量检测检验中心、农业信息管理中心、农业科技研发中心、农业技术培训中心；设有设施农业、水产养殖、观光农业、生态谷林业和新农村建设区；南区主要规划建设高效有机种植区、屠宰加工区、苗木花卉区、优质牧草区、长城旅游观光区。

园区创业服务中心占地 836 亩，榆林优势良种产业园占地 4000 亩，有机生态农业产业园占地 2086 亩，标准高效农业产业园占地 8956 亩，农产品加工物流产业园占地 6335 亩，陕北特色农牧文化产业园占地 5561 亩。

为了全力建设好榆林国家农业科技园区，需要做好以下方面：一是拓宽农民增收渠道，在拓宽农民增收渠道的时候，主要强调要多予少取，放活的方针，不折不扣地兑现退耕还林补贴，粮食补贴，良种补贴等各种惠农政策，增加农户政策性收入，加强农民培训和劳务输出，提高技能化，组织化程度，增加农民工资性收入。二是完善集体林权改革，制度改革和土地流转政策，增加农民财产性收入和经营性收入。目标是促进农业产业化发展，满足城市快速发展，农耕文化和农业科技成果转化的需要；培训农民，提升农民技术技能和开展农业科技合作交流的需要；实现城市服务、城市休闲、观光娱乐的需要。园区主要发展旱作农业，这是我国北方典型的农牧交错带干旱半干旱地区的农业模式。这种旱作农业的独特的发展模式体现在农业技术、农耕文化、农业用具和品种等方面。示范区基础设施建设包括道路、交通防护林、体系工具、供水、供热、网络通信、污水处理等。

园区建设将始终把生态效益放在突出位置，严格执行环境保护规范，实现环境污染零排放，坚持经济效益，生态效益并重，注重运用环境友好型生产技术，科学合理规划布局各功能区建设污水和垃圾处理设施，并通过园区推广工程，进行环境友好型环保技术的改造生产。它的辐射带动效应要分为四个层次，首先辐射园区周边村庄，其次是带动榆阳区牛家梁镇和周边地区，再次辐射榆林现代特色农业基地，最后辐射榆林市 12 县区和周边地区的广大农村（图 8.2）。

招商引资的重点领域是农副产品深加工、名品花卉、设施农业、优质林果业、市场营销等。招商引资政策涉及土地供应、财政扶持、税收优惠、信贷担保、信息宣传、科技创新、人才扶持、基础设施优惠以及优化投资环境，这些可以作为我们研究农业政策的一个典型，也是招商引资优惠政策的一个范本。

榆林国家农业科技园区的总体目标是，以现代农业科技为支撑，以发展特色农业、设施农业，高效农业和观光农业为主体，建成省内领先，国内知名的国家农业科技园区。园区将在十二五期间致力于打造"六个一"工程，即实现 100 家企业入区建设，实现年产值

图 8.2　榆林国家农业科技园区的生态效益、辐射带动效益、社会效益

100 亿元，获利 10 亿元，安排就业 1 万人，进行农业技术培训 1 万人次，辐射带动受益农民一百万人次。杨凌农业高新技术产业示范区和榆林国家农业园区之间有有显不同。榆林国家农业科技园区通过政府支持，有更多的资金投入，市场化运作来实现发展目标，而杨凌农业高新技术产业示范区长期依靠政府投资，市场化虽有所发展，但是略逊于榆林的投资计划。

8.1.2　榆林产业模式

在车上我们忽然讨论起主导产业。榆林可以模仿美国的拉斯维加斯的产业发展模式。

淮：姚顺波教授给我专门提起骆驼刺的例子。骆驼刺在美国的拉斯维加斯，长势特别好，可以长到一人多高。为啥骆驼刺比国内的长得高、长得好？估计跟产业制度有关系。因为私有化，企业有动力把这治理好，以后造房子，搞旅游，所以把啥产业都搞起来了。虽然它的农业不行，但是它环境治理和经济收益通过其他的形式补充，实现咱所说的生态治理和经济效益、经济发展相结合。后来城市发展引入的产业有两个，一个是博彩业，另一个是汽车产业。我们的榆林能不能那么搞？榆林现在生态治理方面绝对没有问题，现在依靠煤或者石油。假设石油不景气，主导产业能不能做汽车？

上官：如果榆林植被恢复得好，也可以。关键要看主要产业辐射的服务圈。在服务圈内要看我们中国人的生活习惯。你能不能把产业辐射到 200～400 千米，是否能够引导人们的消费习惯？

淮：拉斯维加斯强调的是产业集聚。我们说聚人气，聚财气。赌城把财富聚起来了，能博彩的人本身有钱，他来投资、搞房地产和买豪车，把周边的产业都拉动起来了，叫产业集聚。国内首先是利用技术优势或者政策优势。例如深圳改革；在榆林想真正通过市场凝聚起来的产业集聚恐怕难以实现。

上官：还要看你的产业链、供应链建设程度，建设得好才能形成产业基地。南方好多城市发展得比较成熟，他们的供应链和产业链非常发达。江浙一带开发得非常好，而且成本低，空间上的各种合作已经形成不少年。比如要发展绿色化工，或者矿山净化，这种清洁能源的发展就相对容易一点。

8.2　榆林沙地森林公园

8.2.1　榆林沙地森林公园

我们很快到了榆林沙地森林公园。进入园区以后，阳光明媚，百花齐放，姹紫嫣红。昨天刚下过雨，裸露的土比较松软（图8.3）。

图 8.3　榆林林业展览馆与沙地森林公园简介

沙地森林公园内的几座建筑也由于疫情原因关闭，只有几名工作人员对园内植物进行管护。

小贴士8.2　榆林沙地森林公园

榆林沙地森林公园是由榆林市人民政府立项，市人大常委会批准建设的一项公益性重点工程。榆林空港生态区规划范围内，榆林中心城区西北7千米，规划总面积为10平方千米。于2006年6月启动建设，2008年被陕西省林业厅批准为省级沙地森林公园。

公园所处位置在全国植被类型区划中属"干旱草原植被带"，在陕西省植被分区中属"长城沿线风沙草原区"。这里天然分布的植物主要有沙蒿、沙米、沙竹、沙蓬等。人工栽植的乔木树种有旱柳、小叶杨、樟子松、油松等，灌木有丁香、绣线菊、紫穗槐、柠条、沙棘、花棒、踏郎等。近年来，完成政府投资8000万元，共栽植以樟子松为主的各类树木50多个品种，约140万株，已逐渐成为榆林沙区植物的基因库。林木覆盖率由建园初的18%提高到现在的60%，林分质量得到很大提高，三季有花、四季常青的效果已经开始显现。

榆林沙地森林公园由旅游管理接待服务区、特殊景观区、生态保育区、游憩区等4个功能区组成。完成政府投资约1.5亿元，建成景观大道和主、次干道路24千米；建成人工湖一座，占地 100 亩，蓄水 6 万立方米；建成中心广场一个，占地 60 亩，含停车位 244 个；水、电、气等基础设施均已完成建设；瞭望塔主体建设已完成；并建成了西北地区最大的林业展览馆，现已对外开放。与此同时，引进项目 12 个，完成社会投资 7 亿元，其中，大漠绿淘沙高尔夫球场、射击场、华纳巨树假日酒店、漠海丽江酒店、汽车主题公园、跑马场等 6 个项目已投入使用。会议中心、大型器械游乐场、陕北民间音乐馆、沙漠之花美术馆、盆景园艺博览园、动物园等项目正在加快开展前期工作。

榆林沙地森林公园以沙地森林生态环境为主体，以维护生态平衡、保护现有林地为前提，坚持"保护优先、合理开发、永续利用"的原则，建立"政府主导、社会投资、公园管理、市场运作"的机制，整合资源优势，突出地域特色，建设榆林中心城市"后花园"，促进空港生态区开发建设，努力打造集休闲度假、文化娱乐、科普教育和生态观光为一体的国家级沙漠森林公园。

榆林沙地森林公园里有一个榆林林业展览馆。一个瞭望塔有 200 多米高，像一个大蘑菇开了两层花。由于缺乏维护，有些窗户玻璃已经破了，基层水泥板已经破损，门口台阶有很多零散砖块，这个地方年久失修，缺乏管理，但是也不难想象曾经的热闹。

榆林沙地森林公园完全实现了自然恢复，植物，多样性比较复杂，但是有些地方出现柠条衰退死亡的情况，说明缺水仍然会导致植被退化。总之，榆林沙地森林公园规模巨大，维护保养有待提升。

8.2.2 公园管理问题

我们在这个公园里边走边聊。

第一个说到的是公园管理体制。张垚提出，澳大利亚的管理体制是林业局统一管理公园，一头管理，权力比较集中。不同于澳大利亚和芬兰，我国公园体制存在多头管理问题。王耀斌认为，在国外由于法律比较健全，芬兰公园管理活动非常有效，相反地，国内公园没有得到有效管理。一方面管理者对后期的管护、园区的运营，缺乏细致的跟踪；另一方面，政策制定者也没有长远的考虑，中国管理体制导致政策缺乏延续性。

淮：这个公园因地制宜地推广模式，但估计耗水严重。

张：刚才在楼的前面大水漫灌。

王：是喷灌。这边是典型的沙地，刚才转的叫喷灌。

淮：咱走进去看一下。这个植被咋这么茂密呢？

王：园区里面会浇水，管护好。

淮：这个里面的植物比女子治沙连的植物多。

张：这类植物种类好多，以参观教育为主，是植物园，跟博览园都一样。

淮：我们的国家公园体系要把各种公园，山水林田湖等旅游景点统一管理。

张：澳大利亚把三四百公园系统全部都集合统一管理，墨尔本 Victory 公园统一管理，每一个门口，跟中国石油一样立个牌子，管理权属于各州了。

淮：澳大利亚是不是好多年都是这样执行的？

张：Victory 公园系统可以借鉴。它成立一个部门统一管理；门票免费，很少维护，具有原始功能。最简单的治理是不干扰，不会铺水泥，土路就借助自然生态环境修建。

王：理念不一样。在国内如果景区不铺路人都不进，好像不是公园。

张：澳大利亚不是不修饰，是让自己开辟路径。Victory 公园不会像这样一个坑一棵树，树是原生的，没有破坏直接保留下来。我们还走先破坏后治理的路，还引进了一些西方国家不用的加工产业。

王：在芬兰国家森林公园的路是人走出来。他们叫原始公园，也不投入，管理只不过提供一定的宣传。它有预警系统，公园很大容易着火，他会给你预警。

淮：国内公园生态治理有两大类问题，一个是技术问题，比如荒漠化治理技术，抗旱技术等，二是管理问题。

张：这个跟政治制度有很大关系，因为公园有财权物分离，都是多级科层管理。在澳大利亚林业局没有上头管，有监管系统，没有直属领导，是权力最大的一种机构。澳大利亚是联邦制的国家，每个州的治理是州长说了算，国家总理只是负责军事、外交、经济活动管理，他不会管具体的内务。这和我国不一样。

淮：芬兰是啥样？

张：和欧洲一样，西方国家这种政治体制叫代议制。

自 2013 年党的十八届三中全会决议提出建设国家公园体制，特别是 2015 年启动国家公园体制试点以来，国家公园建设成为各大媒体关注的热点话题，引发了社会各界的讨论；各种媒体向社会公众传播国家公园坚持生态保护第一、国家代表性和全民公益性的建设理念，国家公园体制改革取得了重大进展（彭福伟，2018；田俊量，2018；黄宝荣等，2018）。2014~2017 年，推进三江源等 10 个国家公园体制试点。2017 年 7 月 19 日，习近平总书记主持召开中央全面深化改革领导小组第 37 次会议，审议通过了《建立国家公园体制总体方案》。2017 年底前，有关部门研究提出建立国家公园体制总体方案。按照中共中央国务院印发的《生态文明体制改革总体方案》要求，在总结 3 年试点经验的基础上，结合重大问题研究和国际经验借鉴，制定建立中国特色国家公园体制的总体方案。印发《建立国家公园体制总体方案》。2019 年 6 月，中共中央办公厅、国务院办公厅再次印发了《关于建立以国家公园为主体的自然保护地体系的指导意见》。党的十九大报告提出"建立以国家公园为主体的自然保护地体系"。党的十九届五中全会再次要求"坚持山水林田湖草系统治理，构建以国家公园为主体的自然保护地体系"。各试点条例确定了国家公园的管理的主要内容，建立了相关管理制度和标准，其总体规划均制定了目标指标表，在自然资源和生态系统监测方面开展了许多工作。2020 年，根据建立国家公园体制总体方案明确的国家公园功能定位和相关程序规范，在具有国家代表性的重要自然生态系统，整合相关自然保护地，设立一批国家公园。

国家公园体制试点和改革的成功首先得益于高层领导的重视与引领，通过改革创新推动整体进展。其次是试点先行和动态调整，国家公园对于我国来说是新生事物，在试点、争论和探索过程中逐步达成共识并不断深化。最后是利益相关方参与和改善治理体系。国家公园体制改革从一开始就十分重视利益相关方参与，并把改善治理体系、提高治理能力作为重要举措（王毅和黄宝荣，2019）。

　　但是国家公园顶层法律、制度、标准欠缺，对国家公园建设的保障不足。管理体制距"统一、规范、高效"的要求仍存在一定的差距。国家公园多元化资金机制还不成熟，资金存在较大缺口。目前，试点所涉及的自然保护地来自财政的拨款渠道主要有两个：本级财政拨款和中央财政专项转移支付（唐小平等，2019）。试点的资金来源渠道单一，国家层面和各试点还没有建立相应的投融资机制，社会资本参与国家公园保护管理缺乏相关法律和政策保障（黄宝荣等，2018）。

　　未来应统筹推动以国家公园为主体的自然保护地体系建设，加快推进国家公园和自然保护地立法进程，构建多元共治的国家公园治理体系，积极探索建立国家公园生态产品价值实现机制。

8.3　神木六道沟水土保持实验站

　　我们离开了这个公园后，一路上看到很多高大的圆筒状的建筑物，上面印着"求实，创新，安全，高效，主导，品质"等，这是一座大型的炼油厂。它们在开采大量资源的同时，带动了本地其他产业的发展，也实现生态补偿，有利有弊。

　　一进入神木县，环境有所变化。天气比较好，蓝天白云下是一片绿，路边有自然生长的柠条。在山头上乔灌木长得很好，斜坡上一般是黄土，有明显的侵蚀痕迹。在山坳里，河滩上农作物和周围植被长势比较好。

8.3.1　六道沟的侵蚀实验

　　11 点左右我们赶到了六道沟侵蚀与环境试验站。我们在六道沟受到樊军老师的几个学生的热情接待，研究生在六道沟试验站进行实验观测，做完老师交给的任务，发表自己的文章（图 8.4）。神木六道沟站培养了大批脚踏实地的研究生。经过简单交流后，学生带领我们去参观他们的实验及实验站。六道沟试验站博士生给我们介绍人工降雨对径流侵蚀的实验。

图 8.4　六道沟试验站

小贴士8.3　神木县六道沟侵蚀与环境试验站

神木侵蚀与环境试验站始建于1991年，于2007年正式挂牌，2011年升级为国家级试验站。位于陕西省神木市以西14千米处的六道沟流域，北依长城，地处毛乌素沙漠的边缘。六道沟流域流域面积为6.9平方千米，主沟道长为4.2千米。该流域地貌为片沙覆盖的梁峁状丘陵区，大于100m的沟道密度为6.45千米/千米²，沟谷面积占流域面积32.66%。年平均气温为8.4℃，无霜期为169天，平均降雨量为437.9毫米，平均干燥度1.8，属典型的半干旱区。试验站的研究方向包括以下5个方面。

1）气候变化对该区土壤沙漠化过程的影响；沙漠化过程对生物多样性和生态系统的影响及其反馈机制；不同生态系统土壤沙漠化过程及其机理；土壤沙漠化过程的主要影响因子及控制途径。

2）水蚀风蚀带坡面土壤水蚀、风蚀的搬运、沉积过程。分析水蚀–风蚀互动机制，气候因子、生物因子和地面因子对土壤水蚀、风蚀影响强度及其相互作用；土壤水蚀风蚀经验模型和机理模型。

3）风水复合侵蚀对植物生产力形成的影响机理及其调控途经。综合分析不同植物类群、盖度、植被结构和分布格局与防风固沙和水土保持效应的相互关系；农牧交错带优化生态–生产模式。

4）矿区退化土地复垦与生态修复的理论与关键技术。重点研究在水分胁迫条件下矿区土壤复垦的主要障碍/限制因子、植被恢复的关键理论及技术等。

5）水蚀风蚀环境下生态系统资源分类、配置、替代及其自我维持模型以及自然资源（特别是水分养分）有效利用途经，实现植物同化产物现存量不断增进的关键理论和技术体系；通过有效结合生态设计和生态规划，提出加强生态系统管理、保持生态系统健康和维持生态系统服务功能的实践体系。

试验站现有400多平方米的实验室、办公室等，可容纳20多人生活及研究用房。现有实验室6间，野外试验用地100多亩，建设有径流小区22个（附有围栏保护），气象监测站3处（附有围栏保护），坡面土壤水分定位监测点350余处，小流域把口站5处，降雨观测点30余处，山上供水设备3套。试验站所拥有的仪器设备和研究条件基本能够满足神木监测站研究需要。目前有30余名固定科研人员和研究生在该试验站进行科学研究。试验站实行对外开放，为开展国内外合作研究和培养人才服务。

资料来源：http：//www.iswc.cas.cn/ywtz/smqsyhjsyz/shmzhgk/

我们很快出了试验站，进入一个村子，再向山上走去，山上坡度比较大，大约爬了有半个小时才到了他们的实验田。学生们正在模拟在不同植被条件下人工降雨对径流的侵蚀情况（图8.5）。这个实验设备是几十年前的，比较简陋，通过两个桶蓄水，一个桶在前面蓄水，一旦超过了某个水位以后，再通过二级桶蓄水。因为在陕北有可能发生暴雨、泥石流，因此这种观测非常重要。不同的实验立着很多桶，共模拟了七种不同的情景，如第一种是杂草，第二种是自然生长的柠条，等等。我们再往上走，还看到另外一种已经完成的实验，筒里种了很多植物，而且旁边还有一座水井，是用于灌溉的，这些桶在杂草中每

图 8.5　水土保持试验样方

通过划分一定面积的样方，为实现研究目标在不同的样方中进行不同的实验处理，进而对实验结果进行对比得出实验结论。

（2020 年 7 月 19 日，淮建军摄）

一排是六七个，立了 4 排，上面有个摄像头，这些基本设施保留不变。后来其他同学给我们介绍了正在开拓的实验田，他们拿锄头等工具，先把山坡按照一定的坡度要求整好之后，再用砖块把它修成一个小方格，中间有排水沟，他们准备在不同方格里种植不同的植被。实验田的石砾多，埋在荒草里，内部有的已经打了格子种上了草，刚刚平整的还没有种，能看出来全是沙子，旁边也有桶之类的工具。

在学生带着我们去看他们实验的路上，我们开始了访谈。

淮：樊老师让你们做什么课题，这是哪方面的实验？

女博士：有灌层截留的，做水分恢复。

淮：在山上你做的啥？

硕士乙：也是做水量平衡。

淮：樊老师把你们放到这让你待几年？

女博士：一个实验正常开展的话，四月到十月，在野外做实验至少半年。

淮：张垚要在农村至少呆半年，要不然你根本不了解现实情况。我们现在要做的田野调查有好多类型，一种是直接住农村。费孝通在村上蹲了三年，写了一部著作，震惊全世界了，这本书叫《中国乡村调查》。住到这儿，跟村民完全一样，跟着种地，看乡村的人情世故，这种方法叫融入调查，你和农民的角色一样。我们现在这个方法是对立调查，我们一进去站到农民对面去问他们，这种方法有时候有问题的，人家不相信你就啥也不说。你们刚来没很久吗？你来的时候这心里咋想的？

女博士：今年 5 月 26 日过来的。没想什么，老师让来了，来了以后把实验田整理一下，必须得把土刨开，利用率好一点会有杂草，整理好，该种豆子的，就种豆子。一开始不下雨很旱，我们就浇水，整理好，长出来了。

淮：你们每天都浇灌吗？

女博士：不，一般是雨养农地，正常来说，五月底就不那么旱了，但是今年到五月底还是旱，我们给它浇点水，长出来之后，让它依靠正常降雨就行了。

淮：你浇水是大水漫灌，还是拿管子，浇了几次了，隔多少天浇一次？

女博士：一开始的时候隔了三四天一次，后来当地农民说只要让浅层湿了就行了，就没再浇了。

淮：你家原来是农村的吗？

女博士：不是。来试验站做实验和调研都很受欢迎，不管是不是西北农林科技大学的学生，都可以来。

淮：周围有多少村子，有多少农户？村子有多少人呢？降雨够么？

女博士：不知道，没调查。2013 年以来，观察到农户撂荒，都不产粮了，每年农民还在。有时候雨大了还会有二级径流。

淮：自然降雨？为啥叫二级，有区别吗？怎么没有前面的测量呢？

女博士：我们在下完大雨之后，会收集径流来看一下。一级满了，会流到二级。我们是人工测量的。

淮：半夜下雨你半夜来吗？下完雨之后早上再来这会不会流走了？

女博士：不会。

淮：数据我们也没见过，去年刚修的？这个苜蓿啥时候长得最好？

女博士：你们八月雨大的时候来，它长得很好，不小心被羊啃，现在长得不太好。但正常的撂荒地不是长得少吗？苜蓿存活能力特别强，如果它长出来，我们会剪掉，是属于模拟自然的，除了长出了苜蓿，偶尔处理一下。

淮：这是带黄色边的雨量筒吗？（图 8.6）

图 8.6　坡面小区径流收集

降雨后一定面积的斜坡上的地表径流聚集起来，收集在一个桶里，通过查看桶中水的高度盘记录该区域的地表径流的量。

（2020 年 7 月 19 日，邓香港摄）

女博士：也是测土壤水分的，但是只测浅层，它的尺度比较大，它收集射线，往里面撞击到土壤表面，有些减速；土壤水分含量越高，效果越强，再反射回空气中，越来越少，我负责收集数据。

淮：脚底下的水是咋回事？

女博士：前两天下过一场大雨，漏水了。

淮：你们分不同植被是什么意思？

女博士：九个小区分三种植被测降雨量。

淮：收集雨量的数据，为什么不上网？你们有什么程序可以直接下载数据？

女博士：这个算是最先进的，探头上面监测的盒子收集埋在地下探头的数据，以前每次还得跑到这里把它卸开；现在不用打开，在杨凌就可以搜集数据。

淮：你们每天下午都得来，比较晒。

女博士：还好，现在不是很干，我们刚来那会儿，四五月时可干了，现在降雨增加了，都下暴雨，上一场降雨有 40 多毫米。

淮：上一场雨是哪一天？

女博士：大前天。这两个都降雨了，这是我们目前的公共地。

淮：你的试验地在哪呢？需要多长时间？

女博士：比较远，每个人各自留地，各做各的实验。光走的话要半个小时，如果背着仪器，就要慢一点。

淮：有没有规定的时间限制？

女博士：没有。

淮：有规律吗？我要测量的话，按两个月或者一个月一测，你们吃的水都是从这儿来的？

女博士：不是，这是浇地用。

张：这要模拟收集径流的，最后看里面水的多少，这样操作会不会受蒸腾影响？

女博士：这是控制的简易实验，下完雨之后上来收集，做对比实验，因为行距不一样，主要看他们行距和灌溉方式，测试不同的处理。

淮：对病虫害有没有什么监测措施？

女博士：一般没什么病害。

8.3.2 学生野外实践

我们通过这个实践了解野外实验站学生的工作。学生在野外长期学习生活，已经逐渐适应野外调研或者从事当地农业，与当地村民的合作交流。这给了我们一个启示，要把研究生培养与国家战略需求和农业实际结合起来，不能仅靠理论知识和图书馆查阅文献分析，更需要长期培养一批喜爱农村，对农业有深入了解的人。这个老问题一直没得到很好的解决。总之，要加强学生野外调研活动，强调社会实践人才的培养。

淮：如果让张垚和他们一样在这里驻扎农村，待上一年，能否改变农村现状，能否给当地带来投资？在这种艰苦的环境下，没有网络，吃饭都很简单，没有食堂那样丰富，买不到水果，没法借阅学术资料，没法参与学术会议，没有大城市的繁华，有的时候甚至停电停水，水保所培养的硕士生和博士生更接地气，更有能力，能够在艰苦环境下开展创业创新工作。你们两个愿意到这儿来做实验吗？

苏：方向不太一样。

淮：可以一样的，科学需要遇到问题去解决问题，不管跟你方向有没有关系，社会需要啥，项目需要啥你去做啥。

苏：这边主要处理黄河流域的水土保持治风沙，不涉及水土流失问题，这两个目的不一样。但是治沙也好，水土保持也好，最主要的是植被恢复。

女博士：是植被恢复，这里的降水量从 2003 年到 2019 年平均是 460 毫米左右，从 2016 年开始渗水量比较多。

苏：说明这个实验田选错地方了，降雨量超过 400 毫米就可以了吗？还有动态变化过程，在黄河流域这是长期过程，2003 年到 2019 年的将近 20 年的平均值是啥？一般特征吗？

女博士：一般特征就可以了，超过 400 毫米降雨以后可以自然恢复。这个原来是用来降雨的架子，做人工降雨，也是做了不同的处理。通过控制这个针头的数量来控制降雨强度，降雨时间。

淮：我们研究的对象是人，如果通过摄像头我们把学生做实验的行为观察一下，就可以从最近 30 年做实验的学生行为数据中得到一些规律。

8.4 赵家沟旱作农业示范园

8.4.1 旱作农业

旱作农业在中国又称旱地农业（简称"旱农"），是指在降水稀少又无灌溉条件的干旱、半干旱和半湿润偏旱地区，主要依靠天然降水和采取一系列旱作农业技术措施，以发展旱生或抗旱、耐旱的农作物为主的一种雨养农业，也是在干旱、半干旱或半湿润易旱地区完全依靠天然降水从事作物生产的一种栽培制度。旱作农业包括种植业、养殖业、林果业及其他农业生产，其核心是充分利用自然降水，提高自然降水的利用率（降水量的多少能被利用，单位为%）和利用效率［每毫米降水可生产多少产物，单位为千克/（毫米·亩）］。我国广大北方地区农业生产受干旱影响很大，要走以"土壤蓄水"为主的有机旱作农业的道路（任红燕等，2019）。旱作农业现有不足主要是农业人口素质有待提高，杂草量多而集中，技术集成薄弱以及有机旱作农业生产标准化建设有待进一步加强。目前，有机旱作农业生产还处于探索阶段，存在着标准化建设基础薄弱与有机旱作农业快速发展之间的矛盾。旱作农业未来的研究热点包括有机旱作农业发展路径和旱作农业生态化与高质量发展。陈阜认为技术创新是发展有机旱作农业的基础支撑，其核心是要素投入精准高效、技术模式集成配套、产品质量标准规范、产业功能拓展延伸（任红燕等，2019）。通过发展旱作农业，提升生态环境的质量，强化生态屏障建设的效果，最终达到为生态而生产、以生产为手段而强化生态保护效果的目的。这些目标的实现对区域内农户生计改善、经济社会发展、生态环境保护和生态屏障建设提供坚实的科学基础和条件保障（李凤民，2020）。

8.4.2 赵家沟的田野

我们已经进入了赵家沟旱作农业的示范研究区。赵家沟沿途作物因干旱很少出苗，村边排水的大沟植被茂盛，侵蚀严重。

沿着山路向上，面前出现了村庄，一栋栋平房整齐地形成方形院落，但是路边挖了沟，正在铺设天然气管道。大约有一两户正在进行装修。我很想去对面村庄考察干旱条件下农户如何维持生计。当地旱地玉米示范基地的一个农民说下种子之后，雇了洒水车每隔两天洒水，保证出苗。但是今年非常干旱，苗都没有出来。今年的粮食是个大问题，虽然大家都买粮吃，但是新冠疫情的发生对他们的影响非常大。

在村口深沟边有很多垃圾，沟里的植物长得非常茂盛。在草丛中隐埋着几个粗大的塑料管，一旦有大雨，人们会将雨水排放进这个沟里，一方面雨水滋润了植被，另一方面冲刷沟侵蚀越来越严重。

向西边望去，在崇山峻岭中涌现出一层层高楼大厦，神木市就在这崇山峻岭之间。脚下土质非常疏松，山沟里斜坡上还有很多被侵蚀非常明显的洞。在山坳里面，我们居然发现了一个小型油田，附近还有其他大型的作业平台。远远望去周边一些小建筑物像小火柴盒子一样大，远看汽车像小玩具车一样。

8.4.3 赵家沟农户生计

赵家沟二月有沙尘，新农村正在建设，贫富分化严重，子女教育花费多。我们走进了一家农户，了解了一下他们的生计。路边户主约二十五六岁。他承认，随着生态环境的改变，这里的沙尘暴越来越少，但是每年二月份还会发生。赵家沟附近大约有九个村民小组，更多的是在山里面住，还没有搬迁上来；他们村在路边。目前新农村建设政府补贴5万元，自己要出25万元。新农村周围还有一道围墙，没有通电，里面空空荡荡，所有房子没有门窗。虽然新农村正在建设，但是搬进去的人非常少，因为一般有钱的人并不是很多，特别有钱的人又不会住新农村，能搬进新农村的一般是在山大沟深的地方居住的一些迫切需要搬迁的农户。

这位农民经营一个制作金属家具的小型工厂，机器设备很多，有自己的车床，还有一个年龄大约45岁的工人。他既说到了当地的贫富差距，又说到了村里孩子进城上学的事情。我认为他们有自己的工厂，每年收入20万元左右非常好了。但是他认为这是穷人的生活，和富人没有办法比。因为这里富户经营有煤矿，已经在城里买了一栋又一栋大楼，而他们还没有这个能力。为了孩子上学，他家买了一辆小汽车，他妻子负责接送孩子在神木市上学，每天特别辛苦，所以他们在城里租房住宿。中国农村，为了孩子上学，大多数农村家庭在城里租房，被迫逐渐城镇化，农村留下大量老年人，当地农业或者非农服务主要依靠当地生产资料和留守劳动力来发展。

8.4.4　赵家沟旱作农业示范园

小贴士8.4　赵家沟旱作农业示范园

解家堡乡赵家沟旱作农业示范园，自2009年起兴建，县财政年度投资100万元，用于农业生产基础设施的改善、新品种的引进、新技术的推广、适用农机具、农村能源、庭院经济建设等。2010年，分别安排双沟覆膜绿豆、大豆、全覆膜玉米、谷子、马铃薯标准化核心攻关田各120亩，辐射区600亩，共计1200亩，设置小杂粮展示园20亩，试验研究区20亩。在市、县、乡技术人员的努力下，特别是在西北农林科技大学专家的精心指导下，抗御苗期低温、中期干旱等不利因素，目前长势仍显良好。

品种展示园：2010年安排6大类作物120个品种，种质资源多数来自本县境内。通过展示，筛选有推广价值的品种进一步作对比试验、试验示范。

旱地栽培创高产示范田：涉及5种作物，各120亩。按照原实施方案结合目前气候及生长现状，豆类可达到100~150千克的生产水平，谷类可达到320~350千克的生产水平，旱地玉米可望突破700千克，马铃薯应在3000千克左右。

试验研究区：2010与西北农林科技大学合作，针对西部地区各种豆类的产业需求，分别设置微集水试验、抗旱试验、密度试验、肥效试验等21项试验、示范，通过参试人员的精心设计、安排、记载，可望收到良好的试验效果。

经过7年的建设，这座总面积1200亩的旱作农业示范园累计为神木县试验引进和培育了近1400多种农作物新品种，创造了两项全国高产纪录，多项达到省级先进水平。最值得一提的黑豆新品种的试验成功，让神木取得了"中国黑豆之乡"的美誉，旱作农业示范园的示范引领作用日益凸显。

资料来源：http://sx.sina.com.cn/yulin/focus/2015-06-22/110926611.html

赵家沟旱作农业示范园包含品种展示园、旱地栽培高产示范田和试验区（图8.7）。在这些高效生产技术实验研究基地，有榆林市的，有西北农林科技大学的，有西北农林科技大学与神木农业技术推广中心合作的项目。实验田的玉米比路边玉米要好很多，大约在一米五到两米高，而非实验田的玉米矮一点，在一米二左右。另一个牌子是稻谷优良品种选育。

实验是通过采取不同的种植方法或者的机械化手段，在不依靠自然降雨的情况下，培育出抗旱抗倒伏的高原品种。

西北农林科技大学实验田的规模非常大，满山头上种了实验的作物，建设效果比一般效果要好。旱作农业的发展或者新农村的建设项目还没有得到验收。有些实验田种洋芋，地上都有管子连接，铺设得非常稠密。我们并不理解这个实验条件是如何控制的，但是在实验田外侧，是已经稀疏发黄的作物和完全裸露的黄土（图8.8）。在这些实验田附近总有稠密的塔群和一些玻璃屋子，这是高压电发射塔和设施农业。虽然地里没有大棚，但是在玉米地的边上看到有些塑料，说明这里使用地膜。

图 8.7　赵家沟旱作农业基地简介及新品种引进示范

图 8.8　赵家沟旱作农田

由于今年干旱，作物缺少生长必需的水分，在成熟季节仍然呈现幼苗状态。

（2020 年 7 月 19 日，邓香港摄）

8.5　神东生态示范基地

8.5.1　乌兰木伦河两岸

当路边大多数商店都竖着"加水洗车"的牌子时，运煤车越来越多，我们已经非常接近煤矿了。运煤车大约 30 多米长，前面四个轮子，中间八个轮子，后面有四个轮子，这种大型车排队说明附近煤矿每天采煤量非常大，运煤车收益非常高。

荀师傅讲在 30 年前这些路面坑坑洼洼，没有吃饭的地方，大风一起漫天黄沙，遮天蔽日，人都呼吸困难。现在环境非常好，有很多水泥硬化路面，远处高楼林立，两边进行各种商业活动。我们很快就到了双沟岔中桥，桥下是一个河道，河滩很宽。

原来这里是乌兰木伦河。乌兰木伦河两岸有铁丝网加固防止碎石塌陷，乔木灌木长得非常好，桥洞两侧都用石头加水泥建成，偶尔有些水泥脱落，河床上有些窟窿。在河岸上长了很多老头树，根部树杈长了很多。其他的物种非常多，路边长着绿色植物是刺槐。

沿着乌兰木伦河一直向上游走，我们进入了大柳塔水土保持公园。在山上种植的一些被用三根木棍撑起来的树，有些明显干枯，有一簇簇的不知名的花开放，但是树下寸草不生。

8.5.2 神东生态示范基地

神木市大柳塔因为神东集团煤矿而出名。由于我们要去的是哈拉沟煤矿生态示范园区，导航引导我们进入了一个小区，学生下车在前面问路。一个老人说有个戴眼镜的人是神东集团坐班车的人。两个学生立即与他交谈起来。

相遇不如巧遇。这个人居然是神东集团的一个领导，他听了我们的来意，建议我们先去找集团公司开个介绍信。我们有水保所的公函。我们问路的这位同志坐着出租车追了上来要带领我们上山去。从水泥路面到沥青路面，再到石子铺成的路面，很快进入矿区生态示范区。我们车跟着前面的出租车，一路向上，在门口看到一个宣传"护卫绿色家园"的牌子，两边白杨树高约有二三十米，枝叶繁茂，但是旁枝斜出，疏于管护。路边土层有些黄土，石头裸露在山体截面上。山上的植被与灌木相结合。

神东生态示范基地是在采空区回填后在上面进行的生态建设基地。示范园区里有的地方是沙地，草长得比较繁茂，有裸露的沟沟坎坎，有的沙地有枯枝败叶，有一种新开着浅黄色的野菊花长势并不很好。

很多树木都是从外地移栽来的，都有一个供灌溉使用的橡皮管，有一部分没有成活，绿化除了大小的灌木，乔木之外，还种了一些新鲜花卉。矿区把水抽上来形成了人工湖，用于灌溉。再往前走，青石板路通向一个小型的湖，四周水泥砌成的坝，防渗水。

在一片树林有很多人聚集在一块儿吃烤肉。路边还有些当地农民卖小零食、烤肉、水、其他食品等。这里种了很多大树，凉风吹来，让人心旷神怡。但是垃圾没人管理，规范性比较差，有些不文明的行为。这里厕所很简易，管理不善，是个狭小闭塞的空间。在树底下虽然铺上了石子，但是外边还是沙子，斜坡被雨水侵蚀得坑坑洼洼，说明这里水土流失仍然严峻。

我们在示范园区的停车场停车，我和这位热心人互相介绍，他叫常建鸿。他听了我们自我介绍是西北农林科技大学的，对我们增加了很多信任，给我们简单介绍了一下情况，欢迎我们来做调研。我提出了参加座谈的要求，他很快组织安排了座谈。

常建鸿（以下简称常）：这里是塌陷后再治理的。下面采空了有塌陷现象。

淮：这个地方建了几年？

常：一两年。

淮：这个治理效果特别好。

他建议我们把车停到这里，走下去看更好。

小贴士 8.5　神东集团生态示范区

　　神东生态示范基地属于神东哈拉沟煤矿的采煤塌陷区，占地面积 10000 亩，扩展面积 50000 亩，是神东近三年生态治理规划中最重要的一环（图 8.9）。

图 8.9　神东集团生态示范区

（2020 年 7 月 19 日，淮建军摄）

　　"神东公司始终积极响应国家环保政策，践行'绿水青山就是金山银山'理论。"神东环保管理处处长王义介绍，今年春季神东公司安排实施绿色生态建设工程 41 项，投资 22406 万元，重点实施了神东生态示范基地建设，沉陷区生态治理综合示范区建设，厂矿、园林及周边道路绿化等项目。

　　目前，神东生态示范基地建设了水保林、常绿林、经济林三类。除了可以为当地村民带来收益的经济林外，神东生态示范基地还建设了土地复垦试验田。在神东生态示范基地，除了科技园外，还因地制宜建设了植物园、水保措施园、土地复垦措施园、地质环境恢复治理措施园。在基地生态治理的同时，全面展示和科普神东生态治理技术。

　　资料来源：http://sx.sina.com.cn/brand/2019-09-03/detail-iicezueu3136448.shtml

　　常：以前这座山裂了缝，再用土回填一下，给老百姓补偿，村庄都被搬迁了，之后就不管它了。现在国家规定每开发一吨煤拿出一块钱设立生态修复的专项资金；现在赔完钱，山上的村民集体搬迁后，我们要在采空区地上地下进行修复。我们有环保处，你要详细了解，明天叫他们给你好好介绍一下。我可以给你们留个电话。西北农林科技大学跟神华有合作项目。

淮：你们项目偏向技术研究吗？

常：项目有人管理，我没参与。跟你们学校、中国矿业大学、内蒙古大学、中国农业大学都有合作。这晚上人多，到七八点都是煤矿上班的本地人。

淮：听口音你不是本地人？我是扶风人，你是哪里人？

常：蔡家坡。1996 年来的，我们同事也有好几个是杨凌职业学院的。

淮：明天我们座谈一下，主要收集一些资料。了解你们这几年一些具体措施、成绩、需求或者问题。

常：我问一下单位领导才可以。

淮：我们从宁夏、甘肃一直过来，还要到山西去。我们这个项目叫黄河流域的生态治理调研，后面国家要启动一个重大项目。

常：我跟我们领导说一下。你们在这儿自己活动，南边植被、植物与这都不一样。

淮：你们生态治理是一种值得推广的模式，在很多地方值得学习。

常：我们在内蒙古那边也在做，投资也是很大。

淮：你们都是有钱的大单位，投资大！有没有受到疫情影响？

常：现在煤价受今年疫情影响不大。我们把提出的一元钱给国家交完之后，国家又返还给我们，要求我们去恢复。

8.5.3　矿区作业与地下水

矿区基本实现半自动化作业，通过地下水库处置污水，可能存在一定风险。

淮：你们这里人的收入特别高，至少是每年上百万？

常：十来万。前几年董事长收入接近百万，现在有限制。

淮：现在还有没有一线下矿工人？这些是全自动化呢还是半自动？

常：没有，现在矿区人工操作，遥控机器，可以理解为半智能化。

淮：渗透、漏水现在怎么处理呢？

常：现在煤矿井下渗漏每个地方不一样。我们现在在井下自己建一个水库，把多余的水抽到污水区，处理完再打到景区，一般能达到没有污染的水平。

淮：这水能给牛羊喝吗？

常：能，但得达到一个标准。在地下采煤，水里面有润滑油、乳化油、机油、柴油，还有各种烟气，保留在水里面。水通过多级处理后才能达到灌溉或者生态治理所需的水平。

淮：在矿底下有没有辐射？

常：我们煤中心的皮带机在线监测设备有辐射，高压环境也有。

淮：你们有哪些科研方面的需求？

常：有些项目没有分类，跟着问题走，自己想一些话题，生态环保绿化队，科研项目比较少，好多都走了专项课题，招标或者按工程走。

淮：绿化不走科研吗？不太像研发计划？

常：也是基层项目，工程项目。我们所有项目都在国家能源局招标网上，随时关注生态、绿化、工程、机械等项目招标。

淮：我们认为生态治理评价效果，从过程、动力、响应、效果等方面进行产业链评价。有没有偏软科学的，偏向经济管理的项目？

常：你们明天早上9：30左右跟他们交流？

淮：非常感谢，给我们讲解一下更好。

常：我是技术研究院，他们是环保处，你得找他们。下面你们到周边再看看。

8.5.4　畅谈新收获

后来我们登上观景台——园区最高的地方，向更远的地方看，矿区治理的植被非常好，而没有治理的地方光秃秃的，石子铺成的路向四面八方延伸。一些树下都有滴灌水管。煤矿企业具有丰厚的利润空间，因此他们拿出一部分钱把生态治理做得非常好。人工湖湖水两旁绿色植被长得非常好，在远处大柳塔镇高楼林立。因为这里有矿区，当地人非常富裕，大柳塔的经济发展远远会高于一般乡镇。在示范区有很多地方被平整种上了玉米，还有一些蓝色的建筑，好像是工厂的大棚。大家明确分工，准备明天的问题，认识到不同科学的差异，畅谈新的收获。

淮：到集团座谈时间取决于他们。神东是个央企，他们生态治理是一个典型。为了压缩时间，明天早上7:30出发，我们每天晚上的总结一定要坚持。真正的科学研究是整理素材，挖掘问题，找到创新。你们调研照片照得不少，发现和自己专业结合的东西，每个人都有当时灵光一现的认识，这都是非常珍贵的东西。回去尽快用一周时间把一些东西整理好。有些还需要补充一下，比如生态示范区网上资料，也许比我们照片拍得还好；比如有些作物，包括一些治理方法，文献里都有。这样实际和理论结合，你会发现理论和实践之间的差别。不管将来我们做科研还是做实践，都会深刻认识到这种差别，这就是你做事情的一个出发点。讨论这些问题产生的根源就靠我们去思考。最后利用研究方法论，解决现实和理论之间的空白。

后来我们讨论起科学技术发展史。

张：中国古代技术发展以经济为导向。中国古代的四大发明——火药、指南针、造纸术、印刷术，都是经济性产物。出发点不一样，外国比较注重自然科学理论、技术学科研究。你不会去像牛顿一样去研究一下牛顿第一定律，不会去研究天文学；外国人天文学都发达得很，天文学对于当时中世纪的欧洲并没有任何经济价值。

淮：现在也是，我们好多科研侧重技术，研发计划偏向技术和工程，资助几千万，软科学基础研究，资助几万块钱。我们看到这么多了，生态上能不能提出个高水平的理论问题？

张：特别大的问题，后面再问农户，问他们生活遇到些什么困难？

淮：明天我们第一问他们怎么发展呢？为什么这样发展？第二问发展效果怎么样，哪方面好，哪方面还有不足吗？每一个问题都是关注现状、过程、结果。哲学里讲全面的看问题，既有积极的也有消极的。这样既能显示出我们理论水平高，又能给人很多回旋的余地。这一半调研都过去了，你有啥收获呢？咱闲聊，你不要太紧张，从苏博士开始。

苏：收获了很多碎片化的信息，我做的主要是土壤水分的问题。

淮：生态治理和土壤水分有啥关系呢？

苏：在黄河流域土壤水分是主要的限制因子，但是我现在还会考虑到养分，因为我主要研究刺槐。我写的第一篇文章是黄河流域的土壤水分问题，基本都理解了。与现在的理解不同。

淮：土壤水分有什么演化特征？

苏：主要整合不同恢复方式，从不同植被类型、地形地貌、气候条件收集 2000 年以后数据，整合分析。

淮：土壤水分是什么变化规律？

苏：下降了！

淮：下降了，还用你证明吗？好多人都说上升了吗？

苏：下降了，但是限制在一定程度，因为我整合的是 0~5 米那种浅层的。

淮：我们好多人做自己的活，对比别人的研究结论之后，都有一个"so what?"，你做了有啥意义呢？

苏：因为每个地方情况不一样。结论是自然恢复要比人工好，但是很多地方这人工栽植的效果也很好。这还是要结合实际。因为各个地方情况不一样，土壤水分下降；不同类型土壤水分下降的程度不一样。

淮：这种不能推广，集成方法的缺点是把尺度差异都抹掉了，这种方法有很大缺陷。所以我们在集成和分类之间优化，集成之后还有一个分类。只要分类标准好就能把这几类规律总结出。比如毛乌苏沙漠和准噶尔盆地的沙漠、塔里木盆地的沙漠有什么区别？它们的生态治理有何不同？

王：有降雨，有海拔，有差异的因素很多。

淮：你能不能用一句话给大家总结一下？

苏：我只做刺槐，现在觉得跟想象中还是不太一样。特别六道沟站，我去了的第一感觉就是我不要待在这；因为我现在专注于毕业，这次出来没有什么目的。

淮：你们俩有目的？开学就二年级了。

王：老师就让我们来看看，发现问题，感受一下黄河流域，因为我们要做黄河流域方面的一些东西，还是不太一样，比自己想象的要好一点。从一路上来看很好的，我去过北京北边的沙漠，植被、覆盖度很好。北方不适合种树，因为需水量很大。北方本来就缺水，越种树地下水受到的影响越大，种草好一点，种树整成老头树，这是对树本身的一种伤害，是对地下水的消耗，没有可持续性。

淮：但是这些树都活得很好！

王：这都是靠人工灌溉着。

淮：是不是消耗了不该消耗的水，你咋知道消耗了那么多呢？

王：因为树木本身要消耗水的，一棵树消耗的水比较多。

淮：我明白了，你想说的是要因地制宜，灌木为主。

王：就纬度和海拔来言，乔木靠水，下面是灌草，太白山海拔 3000 多米杨树种不活的。

淮：好像人家种活了。

王：长得不好！

淮：好死不如赖活着。

王：自然不能违背！

淮：种这树不知道把多少水消耗？

王：所以北方存在一个很严重的地下水位降低的问题。去年Nature曾经发文说黄河流域虽然绿了，但是以地下水消耗换来的。

淮：我们都认为地下水下降，我们在榆林监测数据显示实际没有下降。

张：这得长期研究，短期说不上来。

淮：参照尺度要看到多长时间？

王：有的打20米钻下去，是下降的。

淮：那咋办呢，给他们建议不要栽树，全种草？

王：这不可行！

张：要不栽树，要不换表面的植被，要不引入水源吗？

淮：他认为不能以消耗水为代价去换绿水青山。

张：可以从别的地方引过来吗？从青藏高原、红旗渠引过来。

淮：你把别的地方水引过来，那边是不是水又少了？

张：我没有深度了解，但听宁夏教授说降雨量少。长江三峡对西北地区的降雨量有影响吗？

淮：有。几年前的文章说长江三峡改变了西北气候。

张：你着手去研究他怎么变化？

王：这就要从全球尺度建模，提取相关因子，看你们能不能联系上了。

苏：真的联系基本都是为什么，我只能先把理论依据研究出来。我们现在做的都是某一个很微观的特定问题。

淮：科学问题要很小，能做。

淮：明天座谈交流的时候你准备问啥？

邓：我问一下园区的植被类型，是不是让人承包？因为我做提质增效关键技术和发展模式。看一下中间有没有采取什么措施能提升到关键技术。

淮：现在是不是已经开始做关键技术和发展模式了？

邓：没有，九月开题。

淮：提质增效是啥意思？

邓：提质增效是在原来这块地想办法用措施，让它生态效益质量提升、效果更好。比如这一片原来都是草，能不能中间种树，看灌木是否比草要好一点吗？

淮：你们几个同学都在研究矿区治理，是我们校内的？

王：各个地方，北京、武汉、上海也有，他们老师在做，跟着课题做了。我问一下他们做啥项目，你们平常聊聊矿区治理，比如矿区土壤呼吸、重金属、筛选矿区植物。

邓：杨乐不是说去矿区采样吗？他做什么？

王：土壤污染治理，通过一些数据看吸收效果。

淮：你们都通过实验拿数据。拿什么去测？

邓：人文跟自然不一样，本质上都不一样。

王：通过与老师天天交谈，感觉我们自然学科要跟社会学科结合一下。老师说绿水青山向金山银山转换机制是什么？我们看文章，看着看着，看到经济学。偏生态文明这些东西？

淮：看了多少生态文明的文章？

王：100 多篇，泛泛地看，我们当时看文章内容太多，后来被别的带走岔路了。

淮：阅读方法需要改进，日常你做读书笔记吗？

王：之前没有意识到问题。我们的项目有一个生态系统价值评价。

淮：自然资源价值评价不能局限于纯粹经济管理学科。研究气候变化的难点在于把自然、生态、社会、管理等多学科集成，你们的模型抓住最主要的原因？

王：经济管理主要侧重社会活动，生态侧重于自然碳汇。

淮：自然不光是生态效益，比如空气更好、心情更好、品质更好、更高质量的产品；还有一部分经济利益，附近楼盘涨价了，医药费减少了，犯罪违法少了，幸福度高了。幸福指数里面包括经济收入、心理收入、生态收入，把其他综合在里面。

王：因为老师跟我的课题，我想建一个指标体系。

淮：我都建好了，你下次把我文章看一看，自然资源价值评价切入点是怎么把它算的比别人好。评价各种类型，最后评价综合指数，分成不同类别。我们互相学习，每次研讨会每个人都把自己做的讲一讲。每个人都可以质疑对方，文章有什么缺陷。

王：我们需要再重新学一下经济学的东西，看完后还不太理解，当面讲过是最快最有效的方式。

8.6　地域模式简析

本次调查的部分地区生态治理模式总结如表 8.1。

表 8.1　榆林国家农业科技园区、沙地公园、六道沟试验站旱作农业示范围和神木矿区生态治理模式

模式	行政区划	地理特征	主要活动	主要产物或绩效
榆林国家农业科技园区	榆林城区东北约 10 千米，面积为 18.3 平方千米	地势平坦，地表水资源丰富，农业基础雄厚，交通便利，自然条件优越，具有较好的农业科技推广和辐射带动的区位优势，分为南北两区和传统农业改造区	引进农业产业化龙头企业组建 70 个职业专业合作社。引进"种养+农科"项目组建了 200 多个农业专业合作社，扶持大批走上致富之路的种养业大户。坚持淤地坝和改造中低产田，坚持植树造林和封山育林，坚持整村扶贫开发	实现 100 家企业入区建设，实现年产值一百亿元，获利 10 亿元，安排就业 1 万人，进行农业技术培训 1 万人次，辐射带动受益农民一百万人次。使 150 个村，6 万多人摆脱了贫困，实施新农村电气化工程

续表

模式	行政区划	地理特征	主要活动	主要产物或绩效
沙地森林公园	榆林城区西北7千米，面积为10平方千米	在全国植被类型区划中属"干旱草原植被带"，在陕西省植被分区中属"长城沿线风沙草原区"。榆林沙地森林公园由旅游管理接待服务区、特殊景观区、生态保育区、游憩区等4个功能区组成	建成景观大道和主、次干道路24千米；建成人工湖、中心广场；水、电、汽等基础设施均已完成建设；瞭望塔主体建设已完成；建成了西北地区最大的林业展览馆，现已对外开放。大漠绿淘沙高尔夫球场等6个项目已投入使用	坚持"保护优先、合理开发、永续利用"的原则，建立"政府主导、社会投资、公园管理、市场运作"的机制，整合资源优势，突出地域特色，建设榆林中心城市"后花园"，促进空港生态区开发建设，努力打造集休闲度假、文化娱乐、科普教育和生态观光为一体的国家级沙漠森林公园
六道沟试验站	神木以西六道沟流域。流域面积为6.9平方千米，主沟道长4.2千米		有400多平方米的实验室、办公室等，实验室6间，野外试验用地100多亩，建设有径流小区22个，气象监测站3处，坡面土壤水分定位监测点350余处，小流域把口站5处，降雨观测点30余处，山上供水设备3套	所拥有的仪器设备和研究条件基本能够满足神木监测站研究需要。目前有30余名固定科研人员和研究生在该试验站进行科学研究。本站实行对外开放，为开展国内外合作研究和培养人才服务
旱作农业示范园	解家堡乡赵家沟	品种展示园、旱地栽培高产示范田和试验区	2010年，分别安排双沟覆膜绿豆、大豆、全覆膜玉米、谷子、马铃薯标准化核心攻关田各120亩，辐射区600亩，共计1200亩，设置小杂粮展示园20亩，试验研究区20亩	为神木县试验引进和培育了近1400多种农作物新品种，创造了两项全国高产纪录，多项达到省级先进水平，让神木取得了"中国黑豆之乡"的美誉，旱作农业示范园的示范引领作用日益凸显
神东生态示范基地	神东哈拉沟煤矿的采煤塌陷区	神东生态示范基地在采空区回填后在上面进行的生态建设基地	建设了水保林、常绿林、经济林三类。为当地村民带来收益的经济林，还建设了土地复垦试验田。在神东生态示范基地，除了科技园外，还因地制宜建设了植物园、水保措施园、土地复垦措施园、地质环境恢复治理措施园。在基地生态治理的同时，全面展示和科普神东生态治理技术	

8.6.1 产业化

与杨凌农业高新技术示范区相比，榆林国家农业科技园区产业化较快，在产业发展方面取得了很多成绩，区域规划大约是相当于杨凌示范园区10倍大，大量的项目正在执行。

榆林国家农业科技园区是 2009 开始统一规划设计，实行"公司+科研+农户"的模式，园区规划功能齐全，科技含量高，对于当地的农业发展有巨大凝聚和推广作用。榆林国家农业科技园区是一种农业、商业、科技结合的新模式，在 9 个方面给予当地商户、农户不同程度的支持，即土地供应、财政政策、税收优惠、信贷担保、信息宣传、科技创新、人才扶持、基础设施和优化环境，加速当地的企业的孵化、壮大。这种模式是否能在其他区域继续推广，是否能使当地企业可持续发展还需进一步考证。

榆林国家农业科技园区引入民间资本和运营机制，采取"企业+科研+农户"的模式，实现资源配置最优化和生产效益最大化，推进农业发展现代化、特色化，并不断加强三北防护林、天然林保护等绿色造林建设，并且通过提高农业中经济林的比重，建设林带，多方面提高绿水青山提质增效。

8.6.2　沙地公园

榆林沙地公园很大，一些植被非常好，树林茂密，园区有 200 多米高的圆柱形的观光塔，远处还有几个弓形会展大楼。沙地公园是集观光旅游和科研教育一体的沙地主题公园，既可以带来生态效益，也可以给人们提供休闲娱乐，可以达到科研和科普的作用。但是，它的管理模式落后，经济效益不明显，人流量较小。在国内有林业部门、环保部门、生态部门、环境部门等都参与了公园管理，多头分管造成了互相牵制。

8.6.3　神东生态示范园设施建设

神东生态示范园面积大，设施完备，还有很多工作正在建设。神东集团作为一个煤矿企业，直接在大资本运作下很快地建立了一个绿水青山公园。这种模式存在着一定的风险，在大量的抽取地下水通过灌溉建设绿水青山，但地下水位下降导致后代人无法使用地下水，这涉及可持续的问题。目前公园有一些人员前来野炊、游玩，可以考虑开发一些服务功能产业，形成绿水青山转换为金山银山的模式。

8.6.4　赵家沟抗旱与搬迁

赵家沟旱作农业示范园培育抗旱品种，助力新农村建设。

赵家沟旱作农业示范园区灌溉较为困难，靠天吃饭，所以玉米和谷子长势不好，这里有典型的北方黄土旱地农田的特征。赵家沟的旱作农业试验田通过育种选择具有更优良抗旱与抗逆品质的品种，改善土壤质地与质量，以配合抗旱品种的栽培，解决靠天吃饭的难题。赵家沟村是一个正在搬迁地新农村建设示范村。正在建设地新农村房子的水和天然气等还没有修通，这里的旱作农业完全没有灌溉的条件；最近两年天气越来越旱，缺水非常严重，赵家沟的作物主要是水稻、玉米，现在饮水问题也非常突出。虽然赵家沟的新农村居住设施可以满足村民的大部分需求，但是教育资源集中在神木市，如何解决新农村教育公平问题值得深思。

8.6.5　六道沟育人

神木六道沟试验站通过研究不同植物类型、品种对水的需求与利用，使水分能够得到更加充分的利用，从而能够更好地建设绿水青山。这里虽然条件艰苦，但是学生们对这些科研工作很感兴趣。神木六道沟实验站培养了大批研究生。我们应该反思社会科学的学生如何深入社会实习一年半载，从而提高他们对实践的认知。

|第9章| 神东集团座谈，长胜店村参观

2020年7月20日是我们调研的第八天，这一天非常有意义。我们与神东集团在神东科技大厦16层会议室进行了座谈。下午我们赶到内蒙古准格尔旗长胜店村，学习了他们的牧草产业集体经济的探索示范。

9.1 神东集团座谈

7月20日早上9:00我们到了神东集团总部，正在签到的时候，神东集团的常总下了楼和我们相见，带我们到八楼会议室，开始了座谈（图9.1）。

图9.1 神东集团座谈

工作人员向我们介绍了神东生态示范基地的建设，探讨了建设中存在的问题。

（2020年7月20日，苏冰倩摄）

9.1.1 神东生态示范基地项目简介

他先请环保部门的叶科长给我们介绍了神东集团的哈拉沟生态示范区的建设规划和主要特点。我们感到他们做得非常全面，对于实际工程项目的理解远远没有达到那么专业的水平。神东生态示范基地项目建设主要缓解水土保持与地质环境问题。

叶科长（以下简称叶）：大家好！我把我们生态示范基地的情况给大家简单介绍一下。

从地图上看，这个是岭前办小区，对面是大柳塔镇，示范基地是离小区比较近的一个项目。项目现在 1 万亩左右，这个位置是区域的一个制高点，有一个整体的观景区。

淮：我们昨天登的一个观景台是不是最高？

叶：那是项目最高点，从这个位置可以俯瞰大柳塔镇。我们现在做了两个示范区，大柳塔科技示范园和国家级的水土保持科技示范园区。这个绿色的范围是我们的扩展区，淡绿色是我们后期在做的一个推广区。这个项目建设主要缓解水土保持与地质环境问题。这个项目在 2019 年底被水利部评为大柳塔煤矿国家水土保持科技示范园，获国家绿色矿产奖。神东集团在此带领小城市综合改革事业区建设，已成为陕西省生态文明基地和水土保持补偿示范、科研科普教育基地、义务植树基地。现在已经投入 1.6 亿元，示范区以采煤塌陷区治理为主，做了一部分核心区。设计因地取材，统筹了水土保持、地质环境、环境保护、绿色产业等。整体设计包括大面积景观。陕旅版块做了"1+3"主题广场：一个文化古城，三个文明广场如农耕文明广场、工业文明广场、生态文明广场。你们昨天上去看到有窑洞的地方是农耕农民文化广场，好多人在打篮球的地方是工业文明广场，到了谷底树叶形的停车场是生态文明广场。科普园区主要是一个植物园，包括水土保持措施、鼓励复耕措施、地质环境治理措施，主要以专业措施展示为主。一个科技园做了一个大漠沙棘的展示，主推一个经济品种。这个道路和停车入口主要用甘肃运来的煤矸石砖修建。

常：煤矸石子是从哪个板砖厂来的？

叶：（是）大柳板砖场。

常：利用煤矸石制砖，化废为宝。

叶：绿色生态经济板块包括生态园，其中常绿景观园是把我们苗圃的苗子利用起来。经济园种的大果沙棘，三鲜园区有 450 多个古树品种。这是乌兰木伦河的两岸布置。农耕文明广场主要依据生产、生活、生态三方面的约束体现农业文明。植物园现有 103 种适合当地的植物品种。系统景观主要是草地、湿地、树林景观园。这里是一个园林绿化模式，再下来是水土保持措施控制示范，是四十六大类的水保措施的一个展示，包括工程措施、植物措施、地质环境措施等，这些防治措施和当地比较契合。水保措施园一个在沟上游一个在沟下游，水土流失情况上游会比较小一些，下游大，存在地质灾害隐患。因此，上游做水保，下游做地槽；制作了不同类型措施，把哈拉沟的地下水从井下抽取出来，引到这个示范基地来；一部分做湿地实现水源涵养，一部分水质净化后灌溉利用。生态产业主要是设施农业，可以采摘黄瓜、蔬菜，采摘区可以摘的品种比较多。前两年我们栽的苹果品种如韩凤桐、皮纳尔，比较适合这的气候，我们开始大力推广。如果科研合作我们现在主要有以下几种，一种是我们自己做的；一种是我们跟你们合作；还有一个是你自己做，我们提供场地。

淮：可以，这非常好。

叶：大果沙棘展示了从种子、种苗、繁殖一直到栽培、加工、采摘的一些措施和技术。这里是主要廊道布局，有南入口和北入口；车行主道，辅道停车，全部都用的是生态材料。停车场计划是要把电瓶车或者共享单车做一个换乘工具，游客把车开到上边停下后步行或者骑车，这涉及一个管理运营。我们只做基础，后面再做餐饮；如果政府同意商业化，下一步政府自己开放。还有一些导视系统，现在在招标，包括后期开发 APP。这个制高点由大柳塔来做，我们主要做一个生态文明工程的标志。这是整体的综合服务，废弃物处理和废水全部有自动化处理模式，要保证废水统一回收处理。

小贴士 9.1　大柳塔国家山地水保公园

大柳塔国家山地水保公园位于大柳塔试验区北侧，北至过境公路，南至哈拉沟沟口，西至大石公路、乌兰木伦河，总占地面积约为 535 公顷，属哈拉沟煤矿采煤塌陷区。该区域多风沙，土质松散，水土流失严重。该项目的实施将极大地改善城区周边环境，也为周边居民提供了近郊旅游、休闲的场所。

项目建设以水保生态建设为主体，结合绿化美化、园林景观统一布局，重点突出现代水土保持科技示范的主题，以生态学中"基质-斑块-廊道"的理念打造国内一流的煤炭开发类型的国家级水土保持科技示范园，规划总投资为 1.05 亿元。

把休闲和科教融入采煤塌陷区治理和水土流失治理，是大柳塔山地水保公园的最大亮点。公园的植物主要分为生态林、景观林、经济林和植物园。植物园总规划面积约为 7.7 公顷，栽植区域水保示范树木 103 种，其中针叶树 11 种、阔叶树 36 种、灌木 25 种、攀援类 2 种、草本 29 种。建成后该区域将植被茂盛，色彩斑斓。

资料来源：https://xian.qq.com/a/20170527/015518.htm

9.1.2　矿井废水再利用

我们交流了几个核心问题如矿区治理是否消耗了地下水，地下水位是否有明显的下降等。他们在抽取地下水的同时，经过净化，再次循环到地上形成人工湖进行灌溉，这是对水资源的二次利用，可节约水源。

矿区地下水是重要的矿山生产供水水源。随着经济社会的不断发展，水资源问题日渐成为其制约因素之一。近年来，矿区国民经济飞速发展，用水量逐年增加，使得本就有限的水资源更加紧缺，在一定程度上制约了矿区的经济发展（刘建续和张启超，2007）。矿区地下水开发利用存在以下问题有：①水资源总量日益减少，水资源处于紧缺状态；矿区水资源具有时空分布不均衡性和开发利用不均衡性；②水污染严重，矿区工业废水排放量大，生活垃圾、农业区农药化肥等均导致矿区地下水污染日益加剧；③地下水位下降，地下水漏斗面积扩展；④矿区地下水长期超采，导致矿区地面塌陷；⑤矿区地下水中重金属污染超标，检测过程易受影响（李演等，2017）。

政府采取风险防控的对策为：加大对污染企业的惩处力度，对地下水水质状况进行严密监控，积极探索地下水污染治理新途径。企业的风险防控对策为：矿产开采企业要树立对地下水防治的责任心，企业要加强对生产体系的监控，企业内部建立防治地下水污染责任制。社区风险控制对策为：对地下水污染相关知识进行宣传，对所在区域内地下水污染相关情况调查，担任起地下水污染防治中的联络，协调的角色。个人风险防范对策是增强自身对地下水污染防治和个人良好环境享有权利的维护意识（冯松涛，2016）。

淮：我简单介绍一下我们团队。邵明安院士是中国科学院水土保持研究所的院士，他是我们做的美丽中国的项目的负责人。习近平总书记最近到陕西、山西、甘肃讲黄河生态治理是一个国家重大战略，这对于我们科研机构，尤其资源型企业，是个重大的战略指引。所以我们这次调研是承上启下要把黄河上中游七个省区都看一看，主要目的是追随总书记刚走过的路，总结一下各个地方比较好的做法和经验模式。经过深思熟虑，我们做了调查走这个路线，所以要学习你们那些好的做法或者经验，这对"十四五"规划或者国家发展战略有帮助，这是我们调研的背景。我们在调研过程中也主要为了寻求合作。我们水保所，在全国乃至全世界水土保持方面是非常有名的，荒漠化治理方面在联合国拿过大奖，我们在全国有好多实验站，像榆林神木六道沟实验站。因为你们这是生态示范，而且提出"创建世界一流示范企业，提供绿色支撑"的口号。将来有些合作，我们希望在我们这儿建一个集各种形态的生态治理的综合实验站。通过调研，我们也希望在国内的重大媒体上，比如《光明日报》《人民日报》上发表一些理论文章。因为实践永远走在理论前面，有些创新包括实际探索，产学研结合最具有创新动力的一般是企业。神东集团做生态示范园，是企业的资本运作在生态文明建设中创造的奇迹。我们也有些问题想请教一下，有些外行话请不要见笑。在矿区治理中好多人都关心地下水的问题。矿区一般是把地下水抽出来灌溉或者利用，但同时地下水位下降，这就产生了一个矛盾。我们把地下水抽出来治理绿水青山是表面的，地下水位在下降，这会不会导致某个城市将来的地下水利用不可持续？

叶：并不是说我们非要把地下水采上去，而是因为我们是煤炭企业，采煤的时候附带出来废水。本来地下水要排到河里，我们把它引出来，把它用了不是更好，还符合生态治理的循环利用需求。

淮：井下废水循环再利用？

叶：是这个概念。在采煤过程中上覆岩层水，甚至地表水要被破坏。当煤采完了以后，煤上面空了，岩石要塌，塌了以后跟上面形成了一些空隙，还有些含水层，剩下的是地表和河流的水。这造成采煤沉陷区里面水位下降，含水层水渗到采空区后，一个矿或几个矿联合建一个污水处理厂。处理完后的水打到井下再用或者地上灌溉再用，甚至有的时候变成生活用水。对于采煤企业，采煤产生的水不浪费，要利用起来。因为我们这干旱，降水量也比较少，蒸发量大，我们现在生活用水 60% ~ 70% 是矿泉水。我们一般提前从井里把水采出来，到净水厂去净化，净化成我们生活用水。以前我们会从河道里抽出来水净化，因为采煤河道的水下沉，只能从井下抽水。没采煤的时候抽上来了再净化，采煤时候怕水下有危险，把井下淹了。我们神东井下比较浅，跟老矿区不一样。我们在采空区里面发明一些新方法：在井下建个水库，污水自然净化以后再抽到井下清水池，在井下可以直接循环利用；也有部分污水打到地面，有部分在井下自然净化以后也能使用，这是获得国家奖项的一个项目。

9.1.3 大果沙棘产业化

我们谈到了如何实现永续发展，既解决好矿区生态治理本身的问题，还能解决好矿区周边乡村的发展等问题。大果沙棘产业化存在补偿、采摘和经营权等约束。

淮：我们以前来调研大果沙棘在榆林市的推广，发现它面临机械化程度低、成熟期采摘还是劳动密集型活动。因为它长到一定阶段人进去有点困难，采摘很麻烦，将来需要机械化，这些制约它的产业化。将来通过开发利用、制药、深加工实现产业链的延伸，这个方面你们有没有什么想法？能不能把大果沙棘在毛乌素沙漠，甚至全国所有沙漠里面进行产业化推广？这是制约榆林沙棘产业化的一个重要的瓶颈。

叶：产业化我们做了一些研究，在设计的时候考虑过机械化，无论是人工摘采还是机械化采摘，给它留一定的间距去种植。但是，这个地是村民承包的，怎么和政府一起实现产业化？因为我们企业主要还是生产为主，采购、绿化，公司尝试做产业化，但因为产业化不是一下就能做出来，而且不属于我们的范围，要继续产业化，得参照这些约束。当时大果沙棘品种是水利部推荐在这儿做，我们只做基础，至于产业化还是我们合作的时候寻求政府，由政府去带动农民致富。

常：很多大果沙棘都自然落了，十分可惜，产业化方案在提前设计的时候也考虑到人可以进去，机械也可以进去，但是现在没有实质性去做，这个可行不可行还不知道。

淮：我们的用地从农民承包还是直接政府征用？

叶：我们井下采煤，地表土地还是村民的，因此搞起来有难度的，有些村民乐意让你做你才能去做，不乐意让你做你想进去也进不去。

常：地下资源我们负责的，地面是当地的。我们采完以后有责任去生态恢复，再绿化治理。

叶：现在存在一个合同，但有些土地不是我们的，农民不让我们去。

淮：不管是征用或者租赁，你们一般和农户签几十年，给补偿一下，让他在上面不要再建筑或者再耕种，这是搬迁补偿？

叶：是搬迁补偿，只限制农民。但是企业并没有自己的地，地下资源是我们国家划给我们开发的，地面上还是归地方，所以产业化会出现矛盾，我们考虑把地流转回来再搞，但是现在运作起来有好多问题，所以产业化没有实质性的涉及。

常：比如要建一个拉线的电塔，修一条矿上的路，你都得充分协商，当地允许你修，你把钱给人家，还得有补偿。

淮：这个补偿是按照国家标准还是你们协商就行了？

叶：国家也有标准，但是执行起来比较难，一般因为在人家的地方生产，有时候好协调有时候不好协调，我们公司专门成立了协调办公室，专门跟地方政府、当地村民打交道，因为搬迁牵扯补偿费。

淮：有没有农民出点钱，村上出点钱，你们出点钱给建个新农村，我们有没有这项目？

叶：这种不是公司直接建。

常：我们投了钱在神木新村，内蒙古科尔沁那边也建。

国内对生态补偿制度的研究直至20世纪90年代才真正开始。我国目前对横向生态补偿的研究还十分缺乏，中央财政的纵向转移支付难以反映区域、流域和产业之间的生态服务交换。政府补偿交易成本和市场补偿交易成本，与制度运行成本之间呈反向关系，规模大、补偿主体分散、产权模糊的流域适合政府补偿，规模小、补偿主体集中、产权明确的流域适合市场补偿。要建立物质产品与生态服务的生态补偿机制来统筹区域发展（谭文倩，2019）。

淮：是不是大树直接被移过去？

叶：大多数都是小树，栽的时候只有四五十厘米。被剪掉的大树，是把以前的老树移栽的。

常：我们有苗圃。

叶：不把苗圃运作起来，后续也没法发展。

9.1.4 企业生态修复动力和压力

生态修复的动力是企业社会责任，压力是"谁开发、谁治理、谁恢复"政策。

淮：这个生态工程动力是啥？企业出发点在哪？

叶：一个是我们要做恢复重建机制，这是我们企业责任。

常：国家现在要求"谁开发谁治理谁恢复"。你在下面挖煤了，把生态破坏了，必须企业来治理，这是国家政策。

叶：一个是国家政策，再一个这两年的实践使我们的思想转变，企业应该把区域的发展、小城镇建设当事业去做，公共事业决策朝着这个方向去做。

常：这个政策是政策，老矿区没有钱，他给你治理啥，工人工资都开不出来，他拿啥钱给你治理？所以这个政策是有，你的效益好，国家有政策，必须拿出来治理，要求你必须缴纳这个绿化费。

叶：像这种水土保持补偿或建设基金。

常：我们住在这的空气也不行。以前周边黄沙满天，寸草不生，从国家政策和自身利益考虑，因此，神东在20世纪80年代初开始生态建设，最早治黄沙，放草格子，从治沙到生态治理一直走到今天，因为它是新型矿区，国家投资也到位，开始解决环保问题。老矿区建成了多少年了，效益不行，观念也不行，治理就不行了。

9.1.5 "三期三圈"模式

神东集团"三期三圈"的水土保持生态防治模式内涵需要挖掘，做法值得推广。

小贴士9.2 哈拉沟煤矿

哈拉沟煤矿生态示范基地于2017年开工建设，位于大柳塔试验区北侧，北至过境公路，南至哈拉沟沟口，东至大石公路、乌兰木伦河，属于神东哈拉沟煤矿的采煤塌陷区，占地面积约1万亩，扩展面积约5万亩。项目依托于大柳塔煤矿国家水土保持科技示范园与国家级绿色矿山，旨在打造国内一流的煤炭行业领域国家级水土保持科技示范园与绿色矿山典型。基地集中展示了神东矿区绿色开采、清洁生产、生态建设的理念、技术与模式，因地制宜种植了水保林、常绿林、大果沙棘经济林，建设了水保措施园、水保科技园、地质环境恢复治理措施园等。

如今站在山头高处的观景台，示范基地的科普区、遗迹区、文化娱乐区和附属区都已基本显现出来。据神东公司环保管理处的工作人员李斌介绍，这个生态示范基地是依照完善"山水林田湖草"生态体系，按照"1 水 2 田 3 林 4 草"的比例开展沉陷区生态环境治理。山水为绿色矿与矿井水保护，林田为经济林与农田建设，湖草为自然生态保护。哈拉沟生态示范基地也是神东公司正在努力探索的"政府主导，企业治理，专业经营，四方共赢"的生态治理新模式，以实现生态、经济与社会三大效益为目标，促进群众、政府、治理企业和产业公司四方共赢。

生态效益方面，通过对工程建设区水土流失的综合防治，项目区扰动土地整治率为 99.5%，水土流失总治理度达到为 99.2%，土壤流失控制比为 0.83，拦渣率为 98.2%，林草植被恢复率为 99%，林草覆盖率为 52.%。工程建设引起的水土流失得到控制，水土流失各项防治指标均达到或超过防治目标。在生态脆弱区的采煤塌陷地和井工开采破坏区，达到了良好的治理效果，保护和改善了区域生态环境。

社会效益方面，保障了哈拉沟煤矿生产的安全运行，加快了区域经济发展和周边农民脱贫致富，促进社会稳定。生态产业的发展，为当地群众提供了致富的门路，一定程度减轻了社会就业负担，形成了人与环境相和谐，环境建设与生产发展相促进的局面。

经济效益方面，原煤生产能力由原来的每年 12 兆吨提高到每年 14 兆吨。煤矿资源保护性绿色开采技术的应用，每年也取得 119.65 亿元的经济效益，综合经济效益显著。

资料来源：https://www.zqwdw.com/zhuanyewenxian/2020/0603/277697.html

淮：你们在矿区治理从模式上或者理论上有没有什么创新？能不能再谈一下值得推广的经验。

叶：我们从开发建设以来提出"三期三圈"的治理模式，意思采前进行沙窝和草袋治理；采中边开采边治理，高标准治理，采后是采取一些预算进行治理。

常：外围防护圈、周边绿化圈、中心煤矿圈是"三圈"。三期开采前、开采中、开采后。开采前主要以治沙为主，采的过程主要水土保持，采后做产业，采中是对水资源的保护。大面积机械化开采，现在工作面是开采的高度，长度与地面呈现均衡；我们采用的小工作面，保护水资源，尽量减少对生态的损害。

淮：三期三圈模式已经在媒体上发表了？

常：都已经发表了，这既是理念也是模式。

淮：矿区治理模式分类不一样，有的叫地上模式、地下模式，有的叫工程模式、农业模式、生态模式，分类标准不一样。但是各个地区在实施过程中，按照全过程总结经验或者模式。习近平总书记在福建长汀县考察时候提出水土保持工作"进则全胜，不进则退"。现在大家觉得已经治理得可以了，不知道下一步怎么办？习近平总书记这次讲话有针对性。陕西觉得自己做得很好，不知道下一步怎么办，结果黄河流域生态保护示范点建到宁夏，这是几千个亿的投资。我们调研的目的，是在现有成绩的基础上，更好提质增效使环境保护持续向好，怎么做得更好？企业更敏感，在这有什么想法，也可以跟我们讲讲。

叶：我们也在朝黄河流域生态保护与高质量发展国家战略去做，因为这个地方也属于黄河流域的一部分。下一步怎么去做得更好，具体的研究思路或者治理思路还没有成熟的内容。

9.1.6 矿区治理的途径和目标

近 20 年来，矿区生态环境治理研究突飞猛进，不论是在生态恢复的理论研究、规划、预测、控制技术与设计方面，还是在工程和生物措施方面都取得了较大的成效，法律法规、政策措施逐步完善，环境保护要求越来越严格（谭杰，2018）。

矿区生态综合治理是通过相关人员采取一定的保护和改善环境的相关措施，来实现矿区的经济发展与生态环境的平衡，从而有效地利用生态系统中的生态服务功能来促进矿区经济的发展。简而言之，是相关管理人员要找到最适合该矿区的保护生态环境的技术和方法，从而恢复生态系统的生态服务功能。我国出台了很多涉及煤矿生态恢复的条款，如《中华人民共和国土地管理法》《中华人民共和国矿产资源法》《中华人民共和国煤炭法》《中华人民共和国环境保护法》《中华人民共和国草原法》《中华人民共和国水土保持法》等使我国初步走上了开采、治理、保护的法治化轨道。

矿区生态恢复方法包括土地复垦和景观再生。矿区的土地复垦是指以矿山开采后对土地造成破坏的特点为出发点，采取各种工程措施来恢复土地生产力的过程。矿山景观再生是一种新式的矿山生态恢复方式。这种方式将矿山的原有景观与自然恢复相结合，并在矿区工业遗迹的基础上开发以其景观特点为卖点的公园设施等，将矿山文化融入矿业景观之中，使其成为别具特色的景观空间。矿山土地复垦与生态恢复的具体措施包括土地整平和恢复土壤质量。土地整平包括边采边复和水体修复。边采边复是指对矿山进行分段式开采，在一段开采结束后，以将挖出的土进行回填的循环挖掘方式对采矿过程进行优化。水体修复是一种采用多种生物、人工方式对水体进行改造，提升其氧气含量，清除有害物质的方式。恢复土壤质量可以通过物理修复、化学修复和生物修复实现。若表层土壤污染不严重，则可以将物理修复作为主要的修复方式；对于污染较为严重的土壤，要使用化学试剂清除其中的有害物质，恢复土壤活力。生物修复是一种新兴的土壤修复手段，借助的是微生物和植物的共同作用。以旅游业为主的生态修复方式将能源开采过程中形成的独特地貌景观作为卖点，通过人工修整与基础设施修建的方式使矿山作为独特的旅游资源得以利用（刘艳等，2019）。

矿区治理现有以下不足：治理体制、机制运行不畅；制度创新能力不足，政策制定存在空白；治理、验收、移交"三难"问题突出。未来应积极解放思想，创新机制；明确政府主导地位，完善工作体系；因地制宜探索产业治理模式（程敬海等，2019）。

神东开创性地提出了三期绿色开采理念，矿区绿化过程中遵循时间与空间相结合，生产与生态相协调的理念。神东矿区三期生态环境建设理念即开采前大面积治理，有效地增强区域生态功能，使生态环境具有一定的抗开采扰动的能力；开采中创新绿色开采技术，减小对生态环境的影响；开采后构建持续稳定的区域生态系统，实现生态资源的永续利用。三圈一水生态环境综合防治技术措施包括大面积治理风沙危害，建设矿区绿色外套，形成外围防护圈；建设周边生态防护林带，加大小流域治理，矿区形成周边常绿圈；实行园林化建设，在厂区、生活小区建成中心美化圈；有效利用废水资源，形成一水生态灌溉系统（杨鹏，2014）。

矿区生态治理要提质增效，转化为金山银山，实现示范区自我造血，达到永续发展目标。

在技术创新的基础上，常总对地下开采技术、探测技术等进行了专业解释。

我们还谈到了管理体制的问题。管理体制问题是我们都强调的一个核心问题，实际上在生态治理和在矿区发展方面，每位领导在任期内只规划自己的小目标，一旦超过了任期或者岗位变更后，规划就不可持续；新来一任领导又换了新思路，想着新方法解决新问题，对于原来的经验并没有得到有效宣传、推广、巩固、提升。总之，神东集团在水资源利用、示范区管理上有创新，也有不足。

常：国家能源集团是中央企业，世界500强前20多名，央企必须响应国家号召，所以国家能源集团提出安全、高效、绿色、智能的生态治理理念，包括环境保护、清洁生产、清洁加工、高效利用。国家提出生态林，我们认领了。国家能源集团在31个省（自治区、直辖市）都是污染型企业，因此比较重视治理。一个是挖掘绿色开采技术，提高回采率，提高生产技术效率，利用人工智能大数据减排提效。在采煤方法上发明了世界最高的一个采煤支架。国家能源集团深圳公司研究，对地面生态环境影响少。以前分层开采相当二次开采，对地面的扰动大，生态破坏更久，这是煤炭方面提出绿色开采。在水资源的可持续利用上，我们现在井下清水，污水要分离，把井下的水抽到地面净化后地下用不完，地面再灌溉或者再排到地下。环保上，我们用高效煤粉锅炉降低锅炉污染，除甲硫、硝、氮、碳。它的污染指标世界最低，排放的烟尘最少，是世界上最先进的。

淮：绿水青山要提质增效，还要有青山绿水转化为金山银山的机制，既能给企业带来更多经济效益，又能带动区域经济发展，推动乡村振兴，这样中国现代化农业也就发展起来了。

常：一个提质增效还有一个是什么？

淮：一个提质增效，另一个是绿水青山向金山银山的转化机制。实现习近平总书记提的金山银山，要带动区域经济发展，带动农民脱贫，我们资源型企业生态方面也可以有所改善，能带动地方的富裕，但现在的瓶颈是怎么转化才能导致区域经济可持续发展？

常：你这转化只是机制转换。

淮：我理解的是生态效益怎么转化为经济效益。

常：生产是为了经济效益。

淮：神东集团效益非常好，能维持50年到100年。维护费用、建设费用也很大。

常：环保一年十几个亿的投入，环保专项我在去年报九个多亿。

淮：如果这个园区有造血功能，能够自己持续发展，这样就真正达到了习近平总书记讲的永续发展。从理论上讲是这样的，但是现实操作都有困难，这是今后大家都面临的一个问题，习近平总书记要求把这个作为政治任务，你们有没有什么新想法呢？

常：我们循环利用煤矸石。老矿区煤矸场自燃了还得拿着用水浇，还得维护这些东西。我们这里山沟比较多，把一些荒地征下来，倒一层煤矸石放一层土，防止自燃。现在我们要把地面上矸石粉碎后，从地面再运到地下采空区里面填充，这个项目正在技术交流。

叶科长：矸石采空区回填在山东已经实施多少年了。南方矿井井深，煤矸石运回井下回填了。因为南方矿的产量小，煤矸石的量也小，所以回填一些简单，神东量太大了，国家征地也受限。

常：我们在内蒙古比较成熟，征地，即便下面没有土垫，上边儿也种草种花。但是环保部门叫这种做法处置而不叫利用，地方政府不认。

常：永续发展不是一年两年，是 30 年、50 年的问题，这有序转化比较复杂，要好好研究周围矿区发展。现在领导干个五年任期，只考虑眼前，安全不出事，产量完成，工资、奖金都发上，上面指标都完成，该绿化绿化，政绩都好。神东要永续发展，第一个是植树造林必须长期坚持下去，地面绿化面积还要扩大，绿化好了后把生态园建起来，改善气候环境。矿区在经济好的情况下要大面积植树造林把榆林区改善，要人进沙退。

淮：榆林有几个治沙英雄植树造林 11 万或者几十万亩，但是我们不一样，企业更有资源，资本运作起来更快。

常：治沙上要树立功在当代，利在千秋的理念。榆林发生过这样的事：牛玉琴几十年的植树造林，华能光伏为了发电一夜之间把树给拔了。可见，永续发展的观念很关键。目前植树造林绿化，虽然我们采取了一定措施，污染减少，但是要永续下去还得研究。为了永续发展，在煤技术上必须搞节能，回采率和煤矿功效必须提高，效率效益要不断提高；在井下技术方面，大车工作面再提高一个百分点，回采率提高 1%，一年多采 200 多万吨煤，更主要的是，煤采出来不浪费，对地表生态环境污染也少。

淮：习近平总书记讲的人类命运共同体都是为了永续发展，生态治理工作需要这样的理念引导。但是企业和行业都有一个生命周期，尤其资源型企业或者行业到一定周期自然要有一个螺旋式上升和下降。企业效益好的时候把生态搞好，困难的时候可能又继续破坏生态。有没有一个机制保证生态园能自我运营、自我造血，形成成熟的产业链，既有生产、种植、养殖，还有产业化、商业化甚至资本化运作？

常：系统来讲，为官一任，造福一方，全国打造绿化 1.0，几十年后矿没了，但是森林还在，树还在，干净的空气还在，功在当代利在千秋，你做不做？因为现在如果有钱不做，等没钱了连工资都开不出来，还造什么林，所以有钱干该干的事。习近平总书记讲得好："宁愿经济慢，不能让生态坏；经济是一时的，生态是永久的"。

9.1.7　矿区治理的难题

矿区治理从环境退化、地方性疾病、重金属检测、水污染处理等方面解决难题。

淮：生态建设是"五位一体"，是政治任务，央企领导有个政治站位。学生有什么问题？

邓：你好，我学的是生态学专业，在绿色环保可持续建设上你们遇到什么问题，有什么改进措施？

常：常规的问题都会有，比如有些树栽不好，需要全套措施试一下，比如水保设施下雨的时候会被冲毁，大家找一些方案尝试解决。

淮：我们在榆林调研发现不管什么树种都有一个周期，比如樟子松到 40 年的时候自然退化，云杉或者其他树是十年，到周期年份这一片退化了。这是沙漠治理的一个难题，也是森林的自然更新问题。如果不能自动繁殖或者更新的话，怎么解决这个问题呢？

叶：这不仅是周期问题，还是环境问题，樟子松有百年上千年的，不见得 40 年会出现退化；沙棘长时间会干枯，长势也不太好。我们园区樟子松退化还没有出现，但退化的主要是大果沙棘，通过平茬来解决。

常：这也是科研项目，有一些植物种了几年周期性的死亡。我们做过西部干旱耐生植物研究的科研项目，发现采空区有些树自然长得好，反而栽种成活率低，因为干旱缺水。

淮：土壤本身是不是碱性也高？这是一个组织管理和管护效率的问题？企业雇佣当地的农民管护，没有积极性。

常：管护是直接承包出去？

叶：管护全部招标外包，这些施工队中标以后，优先雇用当地农民，但是前提条件按照市场价，不能是乱要价。

淮：我们对这施工队是怎么考核？

叶：一般是三年，每年都要举行一个年审，到了第三年最终以成活指标为主，效果在前期的时候已经定型，所以最后一年是考核。

常：这个地方一到三伏天，过敏性鼻窦炎和咽炎特别严重，眼睛发红发痒，流鼻涕，气都喘不了，咳嗽等毛病都有，这个病挺严重的，我们这间房里五分之二的人估计都有。初步调查认为是周边种植沙蒿引起的，但是没有理论根据。有的人说是当年飞机撒种子造成的，这个怎么治，是不是把沙蒿拔了换成别的植物就行了？

淮：榆林想把它认定为地方病，国家认定地方病有一定的赔偿补贴。另一方面饮食或者习惯要改。大家都怀疑是沙蒿引起的，有些实验也支持这个结论，有的地方已经禁止种沙蒿。

常：这可以做一个课题研究。

淮：这需要医学院或者其他的部门跨学科研究。

常：遇到的困难还有个例子。有些地方你想掏钱给绿化，但地方不让你动，观念转不过来。所以矿上都不敢做，一动要赔偿。有些地方怀疑井下水经过工作面，净化处理完的水里面有某种东西，我们吃这个水对人体有害。因为地方政府发现水里面有一种某种元素对人体特别不好，可能是润滑油，但是水质化验不出来。

叶：地面生态覆盖，包括栽什么树，用什么草，应当结合土壤、水质、重金属污染的标准，种什么树最合适，不能忽视浇水。地面绿化灌溉用水，大部分是井下上来的水。

淮：我们有化工学院专门研究有毒有害的重金属，农作物超标元素。做科研实验室能化验出来。

叶：我们企业很大方，生态治理效益必须做保证。过去的煤矿一没概念，二没钱，先保障工资，不能保证环保，现在有余钱了才做。现在都是国家强制性的，只要你效益正常就必须提一部分钱搞环保。

常：我看这有好多果树，果树是人家论证过的。挺不错的。各种品种的都有。

张：在治理过程中，矿区考虑生态效益，考不考虑经济效益，为当地的农民能增加点儿收入？

常：我们煤矿干不了这活；因为如果没有经济价值，把矿区做成水沟生态效益更好。现在在讨论了，但是没有结果，我们不靠这个收入来维持企业，因为我们是工业企业，矿区以采矿效益为主，根据相关政策治理。我们给打基础，农户增收靠政府与村委、老百姓协商；我们不能租了别人的田，荒了自家地。我们安全生产、效益、利润、环保和质量、运输、销售等事多了。国家让企业有扶贫责任，但是不能当产业去做。

叶：还是应当偏向社会效益，经济效益是赔钱的。

常：你这个问题我给你回答，企业考虑的是环保的生态效益，政治效益，生态区的经济效益是次要的。

淮：大企业有钱，可以不考虑经济收益？

常：我们为啥效率高，1个人顶100个人，这是社会责任，央企担当，你在这地方住，用地方的水，必须考虑社会责任。但是我们不能把政府行为背起来，我们把基础打好，计划搞定，政府接手就行了。我们搞生态效益，不再搞深加工。

张：已经治理了的地方主要以人工修复为主，有没有自然修复？都有什么措施？

叶：有一些做风景区域，以自然保护和自然修复为主，整体环境还比较不错。

淮：因为现在疫情影响，国内和国际各行各业都受影响，这个经济周期一般10~15年。对煤矿企业也有影响。在这种背景下假设10年后，我们还要不要追加这些生态专项资金？

常：还会有，因为大的形势是这样。

淮：今年我们的所有经费都快减半了，你们这边有没有变化？

常：我给你举个例子，现在疫情期间，我们退休工程师太幸福了，老矿区一个人3000元工资都开不出来，煤卖不出去，都没人买。我们起码工资能开出来，不能上班，老矿区的问题新矿区不存在。我们这是全世界煤炭存储自然条件最好的地方，储量大、煤质好、瓦斯低、含水量少，大灾害没有，所以开采成本低一点，效率高，加上神东集团原先自己优秀，有自己的铁路和港口，从神朔铁路、朔黄铁路直接运到黄骅港去了。我们这种估计50年后都没有问题，我们建矿才35年。他刚提的自然恢复问题，固沙还得自然措施优势，人工恢复也得有。采空区采完破坏以后有个裂缝，下降对自然有破坏，破坏了之后草木不能好好生长，没人工干预它自然也长不了那么大，因为下沉水分都流失，所以还得人工种植，主要种松树、柏树、大杨树、柳树。

9.1.8 校企合作的潜力

校企双方在数据库建设、项目招标和合作等方面存在着巨大的潜力。

苏：监测植被生长、土壤水分养分这些数据都很重要，有助于树种选择和判断植被配置方式是不是合理，你们有相关的数据?

淮:有数据库做一些科研，可以一些深层次的问题挖掘出来。

叶科长:他们搞科研技术比较强，要多少年水位、气候、降雨量、蒸发量。企业数据库概念上应该有建设，但这五六年我认为还没有。我们查个啥要到地方环保局、社保局、气象局，因为企业发展 35 年，有些数据库咱没有，但地方上都建成了。过去项目弄完后有数据，但是都各自在各自档案里面或者学校拿回去，给我们档案里面留一份资料，但是这个计算机信息系统里面没有。数据有时候在档案里，各是各的，没有对比，各管一摊子，数据没汇总起来建数据库工作。

淮:我们水土保持实验站有自己的监测系统，通过手机在杨凌把宁夏或者神木的实验站的摄像头数据都能看，最近这两年人工智能发展太快了，对你们企业来说建这套系统九牛一毛。

常:我们要在井下所有的电机上安装传感器装备，远程也装一个，这个电机发生异常，坏了得修，都已经实现大数据监测。过会儿问他，若没有更多地系统监测的话，可以今年立个项目。

淮:我们有些老师做不同植被下降雨对沙漠化治理影响的国家研发项目，他们实验站下面用各种探头采集各种数据，还有林学院做的生态系统的响应，在不同的气候条件下全程监控不同林分系统的变化，自动能生成一些想要的数据，这在中科院或者西北农林科技大学做起来是没有问题的。

常:你们有意向的话，国家能源集团有招标网，你可以每天关注这个。我跟上层领导再沟通，数据库 2012 年以前环保也很重视，但是没现在这么重视。十年树木，百年树人，一下看不出来效果，企业不愿意搞，所以没有理念，资金也不到位，各方面建数据库的方向还没有明确，如果今年列个项目，到时候你们投标也行。我们所有项目都公开招标，除非个别项目有特殊性的，与一两家谈谈，一般都是公开的。国家招标反腐方面抓得比较严，领导不愿担责任，尽量公开招标。特殊情况可以一家跟你谈，也可以签合同。我们跟你学校的郑老师、彭老师现在交流，有俩项目都是他们投标的，政府招标的不好说。西北农林科技大学进得太晚了。

淮:这次我们回去把我们校企合作都加强一下。

常:因为建一个校企合作，这样好操作。西北农林科技大学是一所"985"学校，实力没问题，但没迁出来，比较保守。西北这还没有辐射全，走到陕北停下来，不再往北部走。

淮:陕西人憨厚老实，做事情绝对没问题，而且有毅力能成大事，只是不善交际。

常:陕西高校建设，研究生培养，研究院所建设方面，都走到前面;但是优势没发挥，人家江苏省发展很快。像西安科技大学、太原理工大学、中国矿业大学、焦作理工大学、山东科技大学还有辽宁科技大学都和我们有校企合作。

淮:我们回去争取把校企合作搞起来，可以主动来找一个高层的协商，互利共赢。因为我们有经费约束，理论没有新鲜的实践刺激也不行。随着时代发展，大家面临着新的问题和困惑，所以我们这次出来是发现问题，回去了整理、分类，找出一些有价值的课题，挖掘一些合作的对象，也是我们交流的主要目的。

常:企业要搞安全生产，需要真枪实弹的东西落地，安全问题、生态问题、水的问题也需要科研、专项工程和技术改良。因为科技是一个国家一个企业的门面，企业发达不仅靠人员少产量大效率高，还得靠科技。发达的技术，企业需要，领导需要，员工评职称也要加分，国家级大奖都需要，评院士都需要。

淮：我看墙上都贴着三期三圈这种模式，能不能把这和习近平总书记新提出的生态文明结合起来做个大文章。

常：现在加点东西，没人总结，只能是增加内容。

淮：现在有一些新说法，比如"乡村振兴""两山理论""黄河保护"。能不能将企业原来的模式从理论上提升一下，整成神东模式。在黄河治理和"十四五"刚开局之年，争取提炼一套理论成果，这比咱给大家做几十个课题都要厉害。

常：对，这个环保模式思路挺大，神东生态治理没有大东西，零零散散。你们有想法可以跟领导再沟通。我们每年科研项目没有题也不行，我们也得找课题，调研也是自己在琢磨。今年我们王处长琢磨了一个大项目，1000多万，把神东模式总结评价，他提出来立项。这里得走工程项目。

淮：我们先写出来指南，可以供你们参考。

常：上次杨总提出个重要的问题："企业植树造林这么多年碳排放增加了还是减少了？"后来他们也没立项，不好做还没法对比碳排放。最后他们讨论认为企业不要做，那是工程项目，即使做出来也不便公布。

淮：我们过去做了森林碳汇项目，这可以做一个矿区生态治理绩效的项目。

常：神东建设35年了，35年前不知道有没有数据？但是现在和五年前对比可以知道植树造林是否改善空气。我自己感觉好，没个指标。

淮：这个就是我们现在叫矿区生态治理绩效，监测$PM_{2.5}$。

常：这个地方也能做，企业也能做。企业联合高校，如果做出来一看，污染加重，老百姓上访了。所以想做这个项目一直也没做成。你们想做也可以做，我们这现在项目最长三年。一般叫研发计划。

淮：我们和省气象局合作，最近我们正在报的一个"气候变化对黄河流域生态系统的影响及风险管控"的项目。如果我们能合作的话，可以把矿区治理也做起来了。

常：可以，到时候给你打电话，你上来再讲。我不是管环保的，管全公司立项，他们报到我们这，我们立项，他们实施。

淮：座谈一下比光看要好得多，因为我们对现实的了解，没有你们专业和深入，所以，今天收获很大。

常：叶科长，企业有环保、生态各方面数据库建起来。

叶：数据库？现在不是在15楼检测室吗？

常：以前的数据有吗？

叶：以前都有。以前最早的在档案里边了。

常：有没有信息化系统？9年前神东生态指标能调出来吗？

叶：现在有个系统，以前没有，从2015年以后的数据都在系统里。

淮：包括这地下水温、植被等？

叶：对，但是有些不全，这几年运行的过程中选择遥感系统，后来买一下数据，数据部分缺失，但是系统都有。我们测的。现在又有一个项目是把生态相关的全部数据集成在一块儿，做一个更大的。现在正在招标一个总投入超百万元的工程检测项目。

常：如果水土保持的地质灾害不解决，危害很大。

淮：这个数据有没有意向分享给研究机构？

叶：正常的数据都可以分享。特殊的不能分享。

常：咱现在环保处有气象专业吗？

叶：没有，水土保持我们做了一个自动的气象站，会把数据实时传输。

常：把这个历史数据存在系统里面，手动的那种数据全在档案里。

淮：历史数据尺度不一样，因为现在监测比较灵敏了，空间尺度是乡镇，甚至一个镇有好几个气象站。以前数据是一个县上只有一个气象站，所以空间尺度不一样，存在一个降维问题。我们回头马上又会找你，矿区治理方面我们也有个课题，后面加强联系校企合作事情，很快落实。

学校和企业之间存在一个人才成长的中间地带，这是由社会分工自然产生的空白地带，是一个既不属学校也不属企业的相对独立的公共领域。中间地带构成了校企合作的逻辑起点（解水青和秦惠民，2015）。教育情感、社会责任、组织利益是企业参与校企合作内部动机的基本要素，三者互相影响、缺一不可。政府、院校、行业和社会等治理主体合理定位功能角色：政府治理，重点在以法治促责任、以制度保利益、以政策强服务；院校变革，核心是通过办学观念、合作机制、人才培养及师资队伍建设提升与企业合作中观念、能力与效率的匹配协同度；行业参与，积极鼓励行业协会以第三方身份对校企合作进行行业性指导；社会导向，大力倡导全社会崇尚技能，形成激励企业参与校企合作的文化环境（沈剑光等，2017）。

9.2　内蒙古准格尔旗长胜店村

9.2.1　驻村干部下乡

下午 3:30 我们到达准格尔旗，路边建筑物比较低矮，但是建筑旁边的树木却长得非常的高。在路边悬挂着出售各种树苗的牌子，苗木花卉生意兴隆，沿路的灌木长得非常好，植被稍有恢复，经过雨水侵蚀有一些树根裸露，干涸的土壤上有一些因雨水流失形成的窟窿。这和我们在神木看到的情况稍有不同。

我们到了准格尔旗长胜店村，到他们村委会以后，村主任和我们见了面，并且让另外一位年龄稍长一些的姓刘的老同志带我们参观准格尔旗长胜店村（图 9.2）。

老刘是上级驻村干部，原来在市公安局工作，这是第二次驻村，第一次在这待了一年，回去之后隔了两年又到这儿来。驻村干部主要任务是帮助当地农户脱贫，协助当地村委会从事一些工作，使得当地攻坚脱贫摘帽。在这期间驻村干部从上级下到基层工作有自己独立的运作形式，和当地的村委会或者乡政府没有密切联系，属于县市上直接下派干部。在扶贫攻坚过程中他们可以利用在上级机关单位的优势，通过财政项目资助当地农

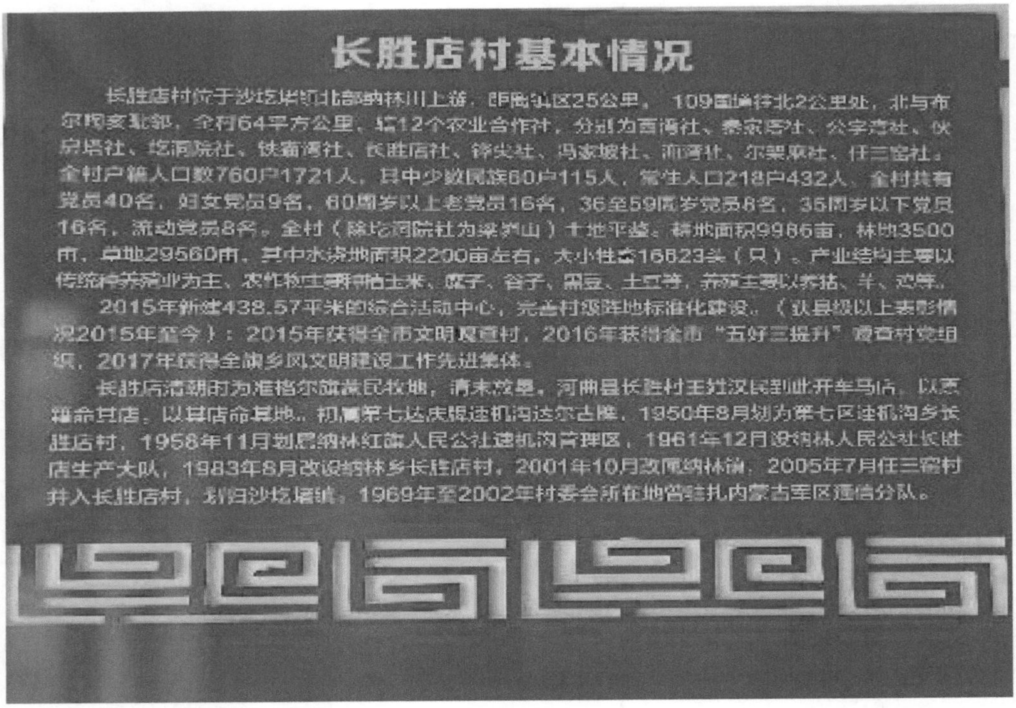

图 9.2　长胜店简介

村，本身带来了资金，但是他们和村委会很难形成合力，各干各的。这是一个非常有名的集体经济的示范村，他们采取生态治理，优先解决当地饮水灌溉问题。引黄灌溉使得当地植被有所恢复，同时加强了禁牧政策，禁止农户放牧，推行圈养。但是，偶尔我们也看到有人在一些低洼的地带放羊。他也承认，禁牧政策在基层执行过程中有一定难度，有些偷牧是无法禁止的。当我们到达一块高坡时，他指着远处说，上面有一个水库主要供灌溉，水库属于邻村，每年用水紧张的时候，上游的村子把下游面村子用水截留，这是一个很典型的上下游用水矛盾。这里大部分植被都恢复非常好，但是在有些坡上明显有裸露的沙土。

9.2.2　驻村干部与"三变"改革

一路上，我们和驻村干部聊了起来。

驻村干部负责接待等活动，促进村集体"三变"改革。

淮：驻村干部是不是全国都一样？

老刘：我们内蒙古这边都有，上级政府下派不少于三人。

淮：驻村有没有考核指标？

老刘：一个月不少于 20 天，村上有专门办公室。上班自己来，下班还要自己回长胜店。

淮：长胜店是村级单位？您到这儿一般要求几年？

老刘：对！我来的时候将近三月份。我 2018 年在这做过一年第一书记，现在没有第一书记。

淮：咱和村委会班子是怎样的关系？

老刘：没有隶属关系，原来是协助村委会，现在我们做所有接待服务，村集体讲解。

淮：我们村集体所有制改革方面有啥？"三变"有没有具体的好方法？

老刘：很多事情都是通过村民代表大会表决，父母在这儿的、有土地但是他父母不在这儿的、租房租地的可以参与"三变"。2017 年以前你有什么就算，以后不能给你去量，从 2017 年开会起算资产，把这些变成资本。这是我们上级把这个村土地合在一起，从 2019 年时间确定，已经实现连片了。

淮：现在这玉米产量怎么样了？

老刘：玉米，主要看天气。今年、去年、前年都可以亩产 1200 斤，1300 斤。

淮：今年旱的时候滴灌没有发挥作用吗？水质不好？水源是从哪来的？

老刘：井是有限的。下雨发水时才有河水，平时没水，咱上游有好几个大坝。

淮：这个河叫啥名字？那边羊肥得很，是啥品种？

老刘：陵川河。当地的羊和陕北绒山羊一样。

淮：你们这个放羊，一种可以放，另一种是圈养？

老刘：这个不允许放。养的少都是圈养，羊养得多了把庄稼吃了，把树吃了。

淮：我看这个植被恢复得比较好。

老刘：这今年雨下得有点儿晚。

淮：今年有没有起沙尘？

老刘：今年好点儿。

淮：每年啥时候发生沙尘暴？

老刘：每年刚刚过年以后。

淮：我们下车，在这儿看看。

老刘：这是柠条，长得这么好。羊在夏天一般不吃，没草的时候才吃；这个是羊踩出来的，草退化得很厉害（图 9.3）。

淮：这可以通到水库去，这水库有多大呢？

老刘：比较大，但现在已经达不到原来的水位。

淮：水库在高处，是不是灌溉可以用这个水。

老刘：下面还有政府用。

淮：用水灌溉要交费？

老刘：交电费，水费不用交。

发端于贵州省六盘水市的农村"三变"改革，即资源变资产、资金变股金、农民变股东，在示范引领农村产权制度改革中发挥了重要作用。作为一种系统化的农村改革路径，"三变"改革涉及农村经济社会的转型发展、体制机制的改革创新、利益格局的调整优化、社会管理的构建完善等诸多方面，因而制约因素较多，且在改革实践中蕴含着一些潜在风险，直接影响"三变"改革成效的发挥。"三变"改革不仅是乡村振兴的基石，也对巩固

图 9.3　退化的草地形成的路

在羊群踩踏后草被难以继续成长，因而形成退化草地。

（2020 年 7 月 20 日，王耀斌摄）

党的基层政权及促进农村快速发展发挥多维价值效度引领作用。三变改革地方性探索和实践能激活农村的闲散资产、自然资源、人才资本要素，发挥政府主导作用、尊重农民意愿、做好监督及风险防控机制和管理层的激励机制等（兰定松，2020）。"三变"改革创造性变革扶贫资金和扶贫项目运行机制，通过增加贫困户的资产性收入培育农村精准扶贫长效机制，实现输血式向造血式扶贫模式的转变，从根本上解决贫困地区脱贫问题。在推进脱贫攻坚实践中，"三变"改革催生了三变+特色产业+贫困户、三变+村集体经济+贫困户、三变+乡村旅游+贫困户、三变+企业+贫困户、三变+合作社+贫困户等多种扶贫模式，这些模式运行的成效比较明显。"三变"改革从一种模式上升为制度变革，根源在于资本下乡对原有的乡村治理结构及以家庭联产承包责任制为主的经营制度造成了冲击，并对其进行了重塑，属于自下而上和自上而下相结合的制度变迁过程。另外，政府在推广过程中，具有一定的政绩导向，由此可能引发政策风险，对私人投资和农民造成双挤出效应，且加剧了农村产业组织的虚化程度（于福波和张应良，2019）。

应在掌握农村"三变"改革各类风险形成机理、可能后果及相互影响机制的基础上，从加大政策支持、加强能力建设、完善相关政策法规、建立风险防范机制等方面加强农村"三变"改革风险防控（王永平和黄海燕，2019）。但是"三变"改革在体制机制上还不够完善，在法律规范、产权界定、内生动力和主体质量方面还有待进一步强化。为此，应强化规范，加快农村产权制度改革；凝聚乡贤，充分调动社会力量支持参与；开展培训，增强贫困户参与；创新利益联结机制，强化基层组织在"三变"改革中的堡垒作用（谢治菊，2018）。

"三变"改革治理经验扩散的过程分为缓速的自主扩散和高速的吸纳辐射扩散，并利用多元嵌入制度变迁和吸纳辐射的要素成功扩散到全国各地。然而，以政治动员和合作社建设为主的扩散方式，不仅忽略了乡村居民的个人意愿，还埋下了改革负收益的风险隐患，因此，亟须注入具有思辨性的经济哲学，以助推乡村治理经验的扩散螺旋式上升（黄腾蛟和肖贵秀，2021）。

9.2.3　合作社与村集体经济

通过创建绒山羊示范点合作社，长胜店村建立牧场和设施大棚，大力发展村集体经济。

在返回途中，老刘带领我们参观了集体农场。我们到了农场，门锁着，他打电话叫人的时候从里面走了一个妇女，大约 50 岁。她给我们从里面打开了门。进门之后，据老刘介绍，他们驻村干部是用财政上 30 多万的项目，首先建立牧场，买了一批种羊，繁衍生出更多的小羊，再把这些小羊给贫困户饲养，鼓励他们饲养更多的羊。这样一个模式非常好。我们走进羊圈才发现他们养羊很有方法（图 9.4）。他把不同的羊，如山羊和绵羊、大羊和小羊分开，饲料主要是干草。有些羊的犄角特别卷，有一些羊的全身毛茸茸的，非常厚，他们都吃着干草。他们第一次购买种羊十几只。饲养过程中发现效果不理想，所以他们分了几批购买羊，目前拥有羊 70 多头，有些自己繁衍的小羊羔已经送给了当地的贫困户。但是每年由于各种疾病，往往会死掉一两只刚生下的小羊仔，这是他们运营的第三年。我询问是不是有兽医或者技术指导，他提到了当地有一个兽医，但是有的时候没有能力治疗相关疾病。最后我们提出如何监督饲养员的问题。饲养员是他们雇佣的家在很远地方的外籍人，原因是当地人往往把羊或者饲料偷偷带回家，没法控制成本。每天的成本，

图 9.4　羊圈

长胜店村村集体为扶贫养羊的一个羊圈，养殖到一定大小后送给贫困家庭，令其继续养殖，增加收入，帮助脱贫。

（2020 年 7 月 20 日，张垚摄）

饲料价格都很高。另外他们雇佣的工资月薪是 4500 元，包吃包住，但是承包人带来家属，夫妻常年在这里居住，没有假期，因此相当于两个人每个月 4500 元，生活比较宽裕。喂羊的石槽上面架着一个 V 字形的金属架，吃食的时候带犄角的羊不会互相挂住对方。在羊圈里有一棵大树因为羊经常在树上蹭，所以导致树皮脱落。有小山羊长了小胡子，非常可爱，犄角非常大非常长，而且向外展开。绵羊全身的卷毛，又黑又脏。他们在一个大棚下面分别用围墙围起来，互相能看见，这是一种很好的设施养羊的办法。

淮：我们能不能看看一家养羊特别好的农户？

老刘：这附近都放着呢！我们绒山羊示范点是一个合作社。

淮：是村集体经济？村集体羊怎么算呢？羊是村子买的，怎么运营呢？

老刘：我们村农场发工资了，雇外地人来村里专门养这些羊。

淮：这个羊是卖肉的还是卖绒的？

老刘：最终还是卖肉，种类比较多，因为咱这个基地，自己繁育的品种，在 2018 年底，买了 50 只，现在 100 多只。

淮：翻了一倍，这个效果好？让贫困户脱贫致富，现在他们卖的一只羊值多少钱？

老刘：1100 元、1200 元？我们村去年流转土地，建了二十多个温室大棚种西瓜。今年是第一年。原路返回，去我们的农场。

淮：2018 年底到现在有多少农民变股民？

老刘：没有多少，2018 年我们清理村集体资产的时候，最初一批羊是乡政府给买的。财政扶贫。给贫困户买了羊，大家通过三五年的发展，把畜牧业搞起来，计划加起来要养 1 万只。这是要建一个牛棚，要养 100 只肉牛，一头牛一两万元。但是农民大多数不喝牛奶。过去的村里打过羊奶，可以专门卖羊奶。

淮：有没有农民或者村里的能人，创办一些合作社，搞成了大规模的养羊。

老刘：也有种植大户，种 100 多亩。

淮：与咱这个农场比咋样？

老刘：咱这才 50 亩地，这种羊不适宜圈养。

淮：不适宜圈养，只能放牧？

老刘：不适宜在这儿呢，放出去吃不饱，回来给喂点儿粮或者再给你截点儿草；这个山羊是不适合圈养的，放养营养丰富，它喜欢吃哪种吃哪种，但是本地大多数都靠喂玉米秸秆。

淮：这个羊会不会跑出去不见了？

老刘：你得让人看着走，一个是草，一个是树，又是庄稼地。

淮：那边两个人放羊，有五六十只羊，这里农户主要是靠养羊？

老刘：种地，多是黑豆、花豆、黄豆，在超市卖，做豆腐。

淮：产量高吗？

老刘：产量不高，为政府种大豆，有补贴。一亩 52 元，最高的 2016 年一亩补贴 300 多元钱。

淮：这是不是到农场了？

老刘：2018 年煤炭企业帮助建设的。

淮：这些羊从外面买的，自己生的二代。挺好看的，小的害怕人，大的不害怕，这几个羊有一点点拉稀。他们吃的是什么？

老刘：不光是玉米，现在拌一些秸秆，还有些草。这羊和那羊不同，绵羊将来剪羊毛，主要采绒，这个绒比昨天绒多，用采绒机器。

淮：您能认识哪些是公羊，哪些是母羊？

老刘：里边儿的角粗的全是公的。

淮：这种小羊多大？

老刘：冬天下的，有半年到七个月，这是基础母羊，那些是大羊。

淮：把羊羔给村民吗？

老刘：这基础母羊不能给。

淮：养羊有没有技术指导，怎么配种？羊得病了怎么办呢？

老刘：我们有兽医。

淮：这个羊饲料前面上面为啥要用铁架子，不把羊的脚挂住了吗？

老刘：怕羊头顶头。这个羊好像是煤矿的羊。一看像是引进外国的。

淮：这一次能生几只羊吗？

老刘：弄不清，这边兽医能知道。

淮：对面这个河水量真大，降雨形成的还是地下水出来了？

老刘：不是地下水。现在村民用网子网鱼，那边是人家的，这边是我们村租的。

淮：有大鱼吗？

老刘：有草鱼，有五六斤的。

淮：我们这水很深，鱼大。

老刘：这个也不深，也就两米。

上官：这是上游还是下游？

老刘：这是下游。全村大小牲畜，包括村上养羊养牛的，加起来有10 000多只全靠这水。

淮：还是比较厉害，这边生活比较富裕？

老刘：喂羊的有富裕的，也有不富裕，每个地方都一样，你种地我也种地，有的人就赚钱了。我们这个就算集体经济的一种形式。

淮：我们集体收益大还是农民自己收益大呢？

老刘：目前村集体赚不了钱。为啥赚不了钱，每个月5000块钱雇的两口子是我们负担的。男的打工，女的做饭4500元，这一个月还要长。这儿如果月收入低于4500元农民都不干。

淮：这个每天喂多少饲料？一个月下来饲料费用也挺高。

老刘：最大是人工工资。

淮：你不担心他回去的时候把羊羔抱回去？

老刘：装监控了，他在这儿，村干部经常去看一看，要负责。

淮：像这种院落，根据他们家建房的情况判断这是富裕户，还是一般家庭？

老刘：这里农村危房改造，拆完了五万块钱盖不起来。大部分都是自己贴个三两万。

淮：他们住得这么散，儿童上学咋办？

老刘：村里面老年人居多，收种都靠机械化，在外面打工的不回来了。有孩子的只能送孩子进城上学。

淮：像路边这些树都是人工栽的，没有野生的？

老刘：有的，小的是野生的。

淮：这个还需要灌溉吗？

老刘：松树刚栽上还得浇水，不然树还得旱死。

淮：这山上还有人没？

老刘：山上没有了，山上主要种草、栽树。

我们驱车到了他们的大棚设施农业，看到这里有 19 个巨型大棚，每一个大棚有一亩多，每个大棚投资保守估计是 20 万（图 9.5）。大棚建好之后占用了村里的土地，所以雇用被占用土地的农民，有一部分农民是专门承包大棚，不负责销售，而村委会或者驻村干部委员会负责包销，农民没有后顾之忧。但是这种经营模式是否值得推广，是否有可持续性，驻村干部本人也提出了质疑。他说道去年生产的樱桃、番茄等并没有进入市场，成熟之后都被相关扶贫单位收购而且价格还比较好，一般要高过市场十元左右，这种模式让我们感到非常的惊讶。我们学校也在扶贫过程中出现了类似的问题，大家通过消费扶贫，没有帮助村民建立市场体系，让他们适应市场竞争，通过施舍只能是一种输血式扶贫，并没有实现市场化的扶贫。有的大棚里是空的，刚刚整理过；有的大棚种了一些洋芋或者豆角，我们还看到大棚外面有一卷一卷的电缆和滴灌用的管线。在一个大棚里，两名农户正使用地膜播种着什么蔬菜，有地膜都已经有了破损。在我们和农户聊天的时候，农户坦然讲道，首先他们只管生产不管盈利，盈利是等着村干部来分红。但是因为今年疫情的关系，大家都没有分，也不知道后面能分红多少。这是一对大约 30 岁的年轻夫妇，他们觉得自己承包这样一个大棚，每年的生活比分散经营甚至比外出打工还要好。

图 9.5　大棚

村集体建设的大棚，租给农户进行种植，以此形成一定的产业，由村集体进行销售，提高农民的收入水平。

（2020 年 7 月 20 日，淮建军摄）

淮：这村是县级的还是省级示范村？

老刘：县级的，去年按照村上总流转土地 120 亩，借了 20 多万。

淮：流转、承包多少年？大棚建好以后又给农民租吗？

老刘：20 年。我们卖得好价钱，去年小瓜卖十几万斤，最高卖了一斤 37 块。

淮：这种的砖石结构大棚，我还真没见过，里面种的啥？

老刘：这小瓜都是绳儿上顺着铁丝上的放。过年种的。现在还没有收入，最近只卖 15 块钱。里面也用滴灌。

淮：这个滴灌用上几次以后会堵住吗？这么一大棚得多少钱？后面是土棚？

老刘：堵不住，水管上有压力了。16 万元建 1 个棚。不是土棚，外面是水泥，里面加土了，这个温差特别大，最冷温度有零下 22℃。

我们和正在大棚里干活的年轻人交谈起来。

淮：你好，在忙着呢，你育的是啥种？

甲：现在墙破了，没庄稼。

淮：去年种的啥？这大棚能产多少？

甲：种的香瓜，能产五六千斤。

淮：香瓜是不是在大棚里面能反复摘，生长和结果的时间长？

甲：最多两茬，这一年结两次。

淮：摘两次能卖多少钱呢？谁来卖呢？

甲：一块是卖，十块也是卖，我们是只管种，村里面管卖。

淮：你管几个棚？这一棚有几亩？

甲：我一种都五个棚。实种面积一亩。

淮：还有啥保障，给你们发工资？你有多大年龄？

甲：我们不发工资，人家给提成。卖得好，给分红多。我 42 岁了。

淮：做这个前有没有给做过一些培训？正常年份能分红多少钱呢？

甲：给我们一些技术培训。今年没分，今年冬天才上。

淮：你们这个滴灌的水从哪来的，水源在哪？会不会天旱了没水？

甲：水从大坝引来。正好没水了来了一场大雨。2016 年差点断流。

淮：主要还是靠天雨。这个附近有没有建的别的水窖，蓄水的？

甲：没有，水少得根本不行。

淮：种什么是村上说了算，还是你自己说了算。

甲：这里是统一规划了。说种啥咱给他种好。

淮：是不是今年种甜瓜明年种别的，倒茬？

甲：种豆角、黄瓜、柿子。

淮：这个村里成立公司，专门往外贩卖瓜果？

甲：有合作社，我们种出来，所有的种植成本都是他们的，产出来的我们村里面包销。

老刘：19 个大棚总共产了 13 万斤。刚上市卖 15 块钱一斤。

淮：冰雹光今年有还是每年都有？

老刘：今年这密度不大，但是有时候冰雹有鸡蛋那么大，大棚也该修了。

淮：万一你们把这个设施建到冰雹带上是不是每年都有？

老刘：没有冰雹带。

淮：冰雹带是固定的，如果你的位置没建好，真的每年都有。

老刘：我们 2016～2019 年下雪，我快过 40 岁了，第一回见那么大的雪。

淮：你们工作中有什么阻力呢？

老刘：最大的阻力是销售，我们早期要消费扶贫。你拿到市场 15 元你卖不了，但是当地供电局需要十天就给你买了。这个意味我们是计划经济分配产品，我们政府补贴一半儿，农户从里面拿一半。常常是政府出面以工会名义，各大企业购买，即使市场才卖五块，你现在卖 15 元钱，为了扶贫带动地方消费他们就买了。

淮：这个对我们是好事儿。

老刘：你不这么弄，产下来卖不了，或者卖不了这么好的价钱。

淮：您销路不是都解决了吗？

老刘：解决了？政府给你这么推，让你重视。你以后要靠自己去跑销路，但这我也不熟。每年 13 万斤，你拿在市场上卖，不要卖贵，卖得便宜，不一定一下能卖出这么多。所以将来最大困难还是市场销路！

淮：咱村集体得找专门的人去外面推销去，你有没有队伍？

老刘：推销不好弄，这让政府支持，乡亲也不需要我们出去。

我们很快返回到他们村委会，请他们驻村的两位干部和我们一起合影，下午 5:30 的时候，我们驱车准备离开。我一直在思考，这种中国式的驻村干部扶贫模式意味着什么呢？我们一直相信市场自由主义，所有的财富的流动都可以通过市场短期或者长期均衡实现。然而没有政府的管制引导，这种市场会出现失灵，导致更多的贫富差距城乡差距。我们在中国式的扶贫中，干部下乡，带着资金、技术、管理到这里来，能否把原来劳动力大量的外流的局面改变呢？这个是值得我们思考的问题。

驻村帮扶是我国脱贫攻坚实践中党和政府采取精英下沉方式主动介入乡村以改善村庄治理现状的重要制度安排。通过选派优秀干部嵌入乡村治理，驻村干部作为行政嵌入型治理力量构成国家重塑乡村治理秩序的重要手段，与乡村自治型的村两委形成分别代表国家正式权力和基层自治力量的双轨并行治理格局。作为对当前中国极具特色的驻村帮扶实践的经验总结，双轨并行治理格局使运行于外力轨道的驻村干部和内力轨道的村两委在村治场域内发挥着不可替代的独特作用，共同形塑乡村协同治理的组织培育、争资跑项、文化建设、调解纠纷等实践样态，其生成机理与组织结构嵌套、产业资源竞合、文化价值建构、角色主体互动等因素密切相关，对提升乡村治理效能具有重要意义（李丹阳和张等文，2021）。驻村干部制度是新中国乡村治理的一大传统，在不同时期均发挥了重要作用。实施乡村振兴战略背景下，驻村干部在联结政府与农民，整合政府、市场和社会三者力量，调动农民积极性等方面仍具有重要作用。为此，必须从思想认识、运行机制、政治激励等方面完善驻村干部制度，助推乡村振兴战略实施（罗兴佐，2019）。驻村干部作为打通全面脱贫最后一公里的政策执行主体，其公共服务动机水平直接影响着脱贫攻坚的战略成效。需进一步提升年轻干部的驻村公共服务动机水平，优化驻村干部区域空间配置，完善并落实驻村干部轮换制度，从而进一步激发驻村干部的工作热情和服务动力，为打赢脱贫攻坚战、稳定脱贫成效、推动脱贫攻坚与乡村振兴有效衔接提供人才保障（朱喆和徐顽强，2020）。

制度之困、治理之困、主体之困、项目之困等构成驻村干部嵌入乡村贫困治理的现实梗阻。四类困境的根源分别在于制度结构、治理结构、利益结构以及资源结构不同程度的失衡。在相对贫困治理阶段，应充分发挥正式与非正式制度协同优势、重塑多元贫困治理主体关系、拆解基层旧有利益共谋链、合理配置及优化驻村帮扶项目资源，以制度、治理、利益、资源的结构性调适，建构起破解驻村干部嵌入乡村贫困治理困境的耦合发展路径（李丹阳和张等文，2021）。在部分国家选派驻村干部嵌入帮扶过程中，致力于精准脱贫的人力投入却陷入了形式主义困境。形式主义贯穿于嵌入帮扶的每个环节，表现出精致执行与策略执行的现实特征。在政府委托治理语境中，形式主义既是驻村干部在压力型体制下应对考核监督的被动作为，也是政绩观错位下的主动作为。故要通过构建科学考核体系、完善监督问责制度及塑造为民务实文化来探索精准治理的路径（胡平和李兆友，2020）。

9.3　地域模式简析

本次调查的部分地区生态治理模式总结如表 9.1。

表 9.1　哈拉沟煤矿生态示范基地和内蒙古准格尔旗长胜店村的地域模式

模式	行政区划	地理特征	主要活动	主要产物或绩效
哈拉沟煤矿生态示范基地	大柳塔试验区北侧	大柳塔试验区北侧，北至过境公路，南至哈拉沟沟口，东至大石公路、乌兰木伦河，属于神东哈拉沟煤矿的采煤塌陷区，占地面积约为 1 万亩，扩展面积约为 5 万亩	依照完善"山水林田湖草"生态体系，按照"1 水 2 田 3 林 4 草"的比例开展沉陷区生态环境治理	通过对工程建设区水土流失的综合防治，项目区扰动土地整治率为 99.5%，水土流失总治理度达到 99.2%，土壤流失控制比为 0.83，拦渣率为 98.2%，林草植被恢复率为 99%，林草覆盖率为 52.%。工程建设达到了良好的治理效果，保护和改善了区域生态环境。社会效益方面，保障了哈拉沟煤矿生产的安全运行，加快了区域经济发展和周边农民脱贫致富，促进社会稳定
长胜店村	内蒙古准格尔旗	在实行"三变"后畜牧业既有村集体也有个人经营	驻村干部负责接待等活动，促进村集体"三变"改革。大多采用了节水滴灌技术，并且机械化程度较高。村集体包销，补助农户建立大棚，农户自行种植的合作模式	在驻村干部下乡和村委会两套班子共同努力下脱贫攻坚，实现集体经济的壮大和发展。从 2018 年开始村委会购买 50 只种羊，建立牧场，把新生的小羊发给贫困户，鼓励他们通过畜牧业脱贫致富，形成了村集体所有的资产。2019 年村委会又建立了 19 个设施大棚

9.3.1　哈拉沟生态园的功能区

生态园不仅具有景观结构也具有观赏、游憩、实践、体验等功能，园区内各要素结合能形成高环境效益、高经济效益和高社会效益的生态经济。生态园分为第一、二、三产业生态园。生态农业园是以农业资源为基础，结合生态观光旅游与农业生产经营，建立农村乡土风情、田园景观来吸引游客，满足其餐饮住宿、娱乐休闲，同时又能使之参与新型农业实践的一种农业产业形式。建设农业生态园区不仅可以改善人们平日的高频率生活，更能够促进城乡一体化，缩小城乡差距，促进社会主义和谐发展。生态园区在建设过程中就要突出对人的重视，以人们的思想或兴趣为出发点，建立一系列具有人文特色，人性化的项目（贺生芳，2016）。从生态环境角度出发，结合地方特色，建设有特点、有质量的农业生态园区。由于生态园区是一种新兴产业，在展开运作的很多方面还不是很完善（陈迷，2018）。

现在的生态园区生产模式不够成熟，种植项目单一，缺乏竞争力。无论哪种方式的生态园区，都具有自己独特的魅力，让消费者在体验的同时，找不到其他生态园的影子。未来应积极出台政策、引进高科技技术；功能性划分生态区，积极探索农业生态园区产销模式。

哈拉沟生态园区有三大功能区，曾获四大奖项，围绕绿水青山推进永续发展，需要加强产业化。神东集团哈拉沟生态园区大致分为3个区：核心区、生态示范区与扩展区。其中包含了水土保持地质景观、林业建设、土地复垦、园林景观、环境保护、绿色产业、休闲娱乐等内容，总体规划涉及生态恢复各方面。哈拉沟生态园区主要通过矿下抽出的水进行净化利用，需要在水源净化区选择对这些污染成分具备一定抗性或者净化吸附能力的树种或草种。

哈拉沟生态园区用大量的地下水把地表做成了绿水青山，地下水通过处理净化变废为宝，形成地表水湖，可以用于灌溉。

神东煤矿在哈拉沟矿区建立的生态示范工程在规划设计、废物利用、工艺功效上都是全国领先水平。园区有煤矿废水处理再造湖泊，有地下煤矿塌陷区回填修复，也有各种农作物示范园区。哈拉沟煤矿等新型矿区，都是在边治理边采集的模式下进行的。目前尚待解决的问题有地下作业的乳化油渗漏导致地下水污染的问题，也有矿区地上治理与当地村民的矛盾问题。

未来如何做得更好？首先，要树立永续发展的观念，不能牺牲未来一代人的利益，而不断地攫取生态资源，导致地下水位下降，水环境污染。其次，要大力使用煤层挖掘的技术，节能绿色技术，尽量减少在大量煤炭开掘过程中的一些环境污染和损耗。再次，加大水体治理。经过净化的水在灌溉的时候，还有一些不利于植物生长或者人体健康的微量元素，因此，在水资源的治理方面将投入大力气加快水生态的治理。最后，特别侧重于技术和研发的提质增效，但是在生态治理方面需要整合更多的理论。

9.3.2 长胜店村集体经济

准格尔旗长胜店示范村在驻村干部下乡和村委会两套班子共同努力下脱贫攻坚，实现集体经济的壮大和发展。从2018年开始村委会购买50只种羊，建立牧场，把新生的小羊发给贫困户，鼓励他们通过畜牧业脱贫致富，形成了村集体所有的资产。2019年村委会又建立了 19 个设施大棚，作为村集体的所有财产，雇佣农民承包管理自己投资种植大棚，村集体包销产品。准格尔旗长胜店村草地畜牧业具有典型性，在实行"三变"后畜牧业既有村集体也有个人经营较多农业作物，大多采用了节水滴灌技术，并且机械化程度较高；温室大棚基地在建设，在大棚中主要发展瓜类经济作物，能够带来较好收入。该地区的绿水青山提质增效主要通过控制放牧与调整草地生态系统的物种组成、层次结构为主。农户本身生产经营能力，市场化的意识和营销的能力严重不足，村镇包销效率低下尾款回收较慢，严重打击了当地村民生产生活的积极性。是否可以借鉴赵家峁村的合伙形式，结合内蒙古地区养殖牲畜的特点，找出一条适合当地发展的道路，值得我们深度思考。所以这种村集体经济能否成功还有待进一步的观察。

|第10章| 哈尔乌素露天煤矿和右玉精神展览馆

2020年7月21日早上我们在内蒙古准格尔旗参观了神东哈尔乌素露天煤矿厂回填土场的治理工作，下午赶往山西省朔州市右玉县参观了右玉精神展览馆，晚上在朔州市区住宿。

10.1 哈尔乌素选煤厂

早上8点多，我们从准格尔旗出发，穿过一条公路，路边的茂密的森林引起了我们的注意。天气晴朗，柏油路上两侧的树越来越稀少。我们按照导航到了哈尔乌素煤矿去看生态园区，但是没有发现路；既然有导航指示，为什么前面却是一个山沟。后来才知道导航没有错，矿区生态治理区由于下方塌陷变成了一条沟。

10.1.1 哈尔乌素煤矿概况

为了进入准格尔煤矿区，我们在路上问了一些人。一个饭店老板指出准格尔煤矿经营情况比较复杂，有些是当地个体户经营，有些是当地政府经营，而有的是国有大煤矿所有，国有大煤矿又有好几种，神东集团在这里有一个比较大的煤矿。如果有正规的接待信函，我们可以通过正规渠道到达办公室。但是我们并没有直接去办公室，而是直接到矿区门口（图10.1），要找他们的宣传处。门口管理非常严格，很多大车都不让进。我给常总打电话介绍情况，他非常热心，说他会通过其他方式给我们联系。

> **小贴士10.1 哈尔乌素露天煤矿**
>
> 准格尔旗现有煤矿135座，其中井工矿78座，露天煤矿57座。根据地形地貌差异、土层的覆盖厚度以及复垦绿化难易程度，全旗矿区划分为黄天棉图（准格尔召镇、暖水乡）、纳日松（纳日松镇、沙圪堵镇）、薛家湾（薛家湾镇、龙口镇、大路镇）三类矿区。针对煤矿的不同类别，实行"一企一方案"进行综合复垦治理。主要通过以下措施，扎实推进矿区复垦绿化。一是大力发展种植业。通过在矿区复垦区种植青贮玉米、紫花苜蓿等优良牧草，建设小杂粮试验示范基地等途经，扩大复垦区种植规模。二是大力发展养殖业。通过示范引领、协会运作，配套建设肉食品加工储藏配送基地等方式，按照公司+贫困户（或普通农户）的模式，建立肉牛托管代养利益联结机制，带动养殖业发展。目前已建成"万亩草场千头良种肉牛繁育及育肥基地"，

图 10.1 中国神华哈尔乌素露天煤矿

哈尔乌素露天煤矿位于内蒙古自治区鄂尔多斯市准格尔旗（薛家湾镇）东部，属晋陕蒙交界地区。可采原煤储量为 17.3 亿吨，煤层平均厚度为 21.01 米，设计服务年限 79 年。哈尔乌素露天矿年平均生产原煤 1600 万吨商品煤 1400 万吨，位列全国第二。

（2020 年 7 月 21 日，王耀斌摄）

养殖优质品种肉牛近 3000 多头，初步实现现代机械化养殖。三是大力发展观光农业。结合乡村旅游发展观光农业。2020 年已建成采摘日光温室 20 栋、观光水库 3 处、餐饮接待中心 1 处、野营观光蒙古包 20 座、新修砂石路 4 千米、自行车观光道 10 千米、种植观光草花 100 多亩、行道树 4 千米以及其他配套措施。四是大力发展服务业。通过组建服务队等形式，安排劳动力，配套水电设施。贫困户到复垦项目区从事季节性肉牛饲养、防火巡山、林草管护、绿化种植等工作，促进农民增收。

哈尔乌素露天煤矿，地属西部生态脆弱区，该地区岩土干燥，降雨较少，因此在开采扰动之后，采场易形成大量粉尘。该地区水资源匮乏，通过大规模的洒水不易实现降尘；此外，内蒙古冬季天气较为寒冷，日照时间较短，逆温现象存在时间较长。种种因素使得哈尔乌素露天煤矿采场粉尘污染严重，制约着其快速高效发展。采场降尘是生产过程中的关键一步，也涵盖了两个方面，其一是减尘。所谓减尘是在粉尘被制造出来前进行一些措施来减少粉尘的产出；其二是除尘，即将产出的粉尘用有效的方法使其浓度降低。通常在露天煤矿里，工作面及路面降尘的方式目前主要为洒水降尘，也有通过过滤法、吸附法等方式在产煤过程中将灰尘颗粒吸附过滤下来，减轻对当地环境的压力。

资料来源：梁敏阳. 哈尔乌素露天煤矿冬季粉尘运移规律及数值模拟. 中国矿业大学，2019

距离矿区门口二三百米处有一个很陡的山坡，坡上杂草约有半米高，有些细高的乔木就快要枯死。我们爬上去在没有路的地方踩出了一条路，发现上面是经过平整的土地，但是什么也没种。在草丛中我们还发现一些洞，大约是雨水侵蚀的原因。还有一些枣树、刺槐，从根部开始全部干枯，没有叶子。

我们居高临下，能看清矿区的全貌。矿区在一个四面环山的位置，周围有很多高压线。再往远处，对面山顶上有一排排小杨树、小松树。向另一个方向看，我们才发现煤矿藏在山沟里（图10.2）。

这时常总给我打电话，说他已经通过办公室联系到了有关人员，等会儿领导会给我打电话。下了山坡，在我们等的过程中看到一家农户，后院种了一个菜园，菜园用铁丝围着，里边萝卜、玉米长势非常好，旁边有个井还有一个桶，是经常灌溉的。

10.1.2 探访露天煤矿

经过半个小时的等待，终于等来了接待我们的人。小伙子自我介绍之后查看我们的车。一看我们的车底盘不高，进矿容易出现问题，所以他去找了一辆底盘比较高的越野车，能坐五个人，但是我们还有两个人坐不上，因此，让苟师傅开车。上车之后他给我们简单介绍了煤矿的情况。远处有一条黑乎乎的路，路面洒过水，比较潮湿。不同的土层有不同的颜色，它的构成是不一样的。我们开车行进的路上有很多大石头，无法正常行进，对面有一个巨型车大铲子特别长，它把路面的石头拨到了一边，压平路面之后我们才能过。但我们后面的车因为路面问题没法顺利通过，有三个人没有去矿区，直接返回，其余几个人跟着年轻人一起进入神东煤矿。一路上没有植被，看不到绿色，全是石头，再走一段的时候，路两边的斜坡上长出了绿茸茸的野草。小伙子说，这是他们正在进行生态治理的地方，植被非常小，是小松树之类的（图10.3）。

图 10.2　露天煤矿远景
进矿途中眺望坡面。
（2020 年 7 月 21 日，张垚摄）

图 10.3　矿区通行道路
矿区使用压路机和平路机设出临时道路。
（2020 年 7 月 21 日，张垚摄）

越野车、采煤车、挖掘机、洒水车、铲车等都是矿区的巨无霸。后来我们进入了生产现场，很多六个轮子的翻斗车像巨无霸一样。但是接待人员告诉我们，还有更大的铲煤车，他停下车来让我们站在沟边向下看。有一个坑原来是煤，已经采光了，现在是把剩余的煤渣平整，将来在这个上面绿化再建设成公园。

马鹏（接待员）一路驱车向上带我们去看生态示范区。进入生态区后路面变成水泥的，植被越来越好，山越来越绿。随着海拔上升，牛羊越来越多，他说这牧场是公司专门经营的，有黄牛、花牛，规模比较大。有十几个大棚，每个大棚内大约有一二百头牛。他介绍了经营模式：植被恢复的时候，煤矿把牧场建起来，把牛买下来，然后让专门的公司饲养，最后很多肉牛都被煤矿消费，自养自销比较多，真正实现产业化的很少。

我们走上了一个坡，这已经是恢复了至少十年的地方。我们还发现了一个人工湖，湖水很清，景色非常迷人。湖两畔还有一些杨树，刷漆防虫、防病菌管护比较好。我们一路再向上，在层层的梯田里面，小杨树像士兵一样矗立在此，等待我们的检阅。到了最高处，我们又发现几个蒙古包。他给我们解释，这个示范园区只对煤矿内部的人员或者上级开放。在蒙古包对面的山坡上，有塌陷，我们便在路边帐篷照了相，再次返回。

我们的访谈过程对话如下。

10.1.3　防护林和竞争对手

矿区防护林已有十年，伊泰是本地煤矿集团竞争对手，排土场开始回填。

淮：你怎么称呼呢？

马鹏（以下简称马）：我姓马，马鹏。远远看见山顶上的是我们排土场绿化过的地方。

淮：好，你在这有十年了吗？

马：没有，斜坡绿色的那个防护林，和没有绿化过的地方形成了对比。

淮：这个绿化林有几年了？

马：十年是有的，现在下边儿的一个露天煤矿是伊泰的矿。伊泰是内蒙古最大的民营企业，也是搞煤炭。

淮：准格尔旗露天煤矿是不是有很多是私人的？

马：国家整合以后，没有私人的，民营的少。伊泰最大，是本地的支柱企业，一年核定产量是 3500 万吨。

淮：上面闪光的是花还是树？下面路上这些是不是煤？

马：它不是反光，是毛杨。路上都是煤矸石。

淮：是不是提炼过的？这是大煤车吗？

马：提炼过以后，小煤场不要煤矸石。那是洒水车，煤车要更大一些。

淮：地表煤能挖多深？有十米吗？

马：可深了，几十米，我们站的地方是标准高度，海拔是 1130 米，我们从 1130 米的海拔往下到了 970 米以下才有煤。但是到水平面，有 100 多米吧。

淮：我还以为地下五米、十米就有了。

马：没有，是按比例说的。

王：这边没采过是吗？

马：我们现在站的地方都是排土场，已经开采回填。

淮：填得这么平，怎么利用？

马：弄好了以后直接覆土，把土翻了一遍。把矿上表层的土拉过来，都是填的。

张：这个土地盖上之后，水源怎么办？定期洒水？

马：有植物绿化养护单位，拉水车浇水。这块儿是标准的排土场，绿化恢复以后作为防风林。

王：那是在采煤吗？

马：这是黑岱沟露天煤矿的生产现场，但是现在都是排土场，煤沟还在下面。

张：露天煤矿和地下煤矿比起来，露天开采成本能低一些？

马：要低一些。那是第一层煤，已经挖出煤来了。它挖完了直接填了，想看现场回去以后带你们去观礼台看一下。

淮：钻井是从上往下打？

马：不是，钻的时候从台子要开始往下打了，确定这个煤层的厚度、倾斜的角度。

淮：将来是不是一层一层把这全部填平呢？

马：这已经是完成了，你已经看不出来了。路也不好走，前边路要是通的话，带你们去牧业基地看一下。

淮：好，我们主要关心矿区治理，农牧业发展这块儿。

小贴士 10.2　露天煤矿和采煤过程

在露天煤矿开采煤炭，先要移走煤层上覆的岩石及覆盖物，使煤敞露地表而进行开采。其中移去土岩的过程称为剥离，采出煤炭的过程称为采煤。露天采煤通常将井田划分为若干水平分层，自上而下逐层开采，在空间上形成阶梯状（图10.4）。除了煤层要连续稳定，还有一个重要条件是剥采比合适。为了采出矿石，需要剥离一定数量的岩石，剥离的岩石量与采出矿石量之比，即每采一吨矿石所需剥离的土岩量，就是剥采比。

图 10.4　露天采煤区和地表土质图

（2020 年 7 月 21 日，王耀斌摄）

在开采过程中，一套完整、先进的工艺技术尤为重要，根据各个工艺环节所采用设备的工作特点，一般分为间断、连续以及半连续的作业工艺，我国的露天煤矿基本都采用综合开采工艺。上部黄土层采用轮斗挖掘机—胶带输送机—排土机连续工艺。但由于近些年黄土层变薄，分布不连续，2013 年开始已经停用轮斗工艺。中部岩石采用单斗挖掘机—自卸卡车的间断开采工艺。下部煤层采用单斗挖掘机—自卸卡车—坑边半移动破碎站—胶带输送机的半连续开采工艺。

第一部分：矿岩准备。

矿岩准备包括穿孔、爆破。穿孔爆破，是在露天采场矿岩里头钻凿一定直径和深度的爆破孔，然后把炸药装进去，以用炸药爆破，对矿岩进行破碎和松动。

第二部分：采装。

采装是露天煤矿的核心环节，利用挖掘设备将矿岩从整体或者爆堆中采出并装入运输设备或者直接卸载到指定地点。采掘设备选择是否合理，直接影响露天系统的有效性、生产活动的可靠程度和经济效果，露天煤矿一般广泛采用单斗挖掘机。

第三部分：运输。

将采出来的煤送到破碎站、储矿场等地方；把剥离出来的岩土送到排土场；将生产过程中所需要的人员、设备和材料送到工作地点。以上构成露天煤矿运输系统。运输方式有间断式运输、连续式运输、联合式运输。

第四部分：排土。

排土，是把剥离下来的大量表土和岩石，运送到排土场等专门设置的场地进行排弃作业。

10.1.4　畜牧业经营模式

矿区修复后，企业负责种植，牧业基地建设养殖基地，委托企业经营（图 10.5，图 10.6）。

图 10.5　矿区植被修复区

在已开采殆尽的露天矿区进行煤矸石回填处理后，在上方种植修复性植被以及划分保护区进行生态修复工作。

（2020 年 7 月 21 日，淮建军摄）

图 10.6　修复区牧畜基地

在修复区的空地上建立养殖基地，为当地环境修复、脱贫增收寻找新的模式。

（2020 年 7 月 21 日，淮建军摄）

淮：这是养殖场吗？养牛会不会把这儿植被破坏了？

马：对。它不是放养的。

张：煤矸石是怎么处理的？

马：煤矸石不处理，煤矸石直接排放。现在这个地方，已经到了绿化最好的地方。

淮：企业是不是雇佣当地的农民？

马：企业只负责种，别的不管，地方政府开发利用，商业化、产业化。

王：矿区有没有重金属污染等？

马：也没有什么污染。煤爆破后拉出来，也没有什么化学物质。

10.1.5　观光区有塌陷

观光区处于半开放状态，植被恢复较好（图 10.7），但是有明显的塌陷区。

图 10.7　矿区绿化工作措施

（2020 年 7 月 21 日，张垚摄）

淮：这个蒙古包怎么都锁着？

马：规划旅游的，旅游没发展起来。

王：我刚才在网上看有旅游、养殖、经济林，经济林在哪？这是作物吗？

张：是景观，还有一些人在这种玉米。那是紫花苜蓿。

淮：我看这草长这么好，植被都非常好，是不是这降雨多？

马：要是没有受到外界干扰，降水也够，特别是今年雨水。

王：这时候树基本上就不用再浇了。

马：这边的不养护了，只有刚种下去扎根不深的需要灌溉。

淮：这个效果好，这有几年了？养殖场很大，有上万头牛吗？

马：有七八年。几千头是有，但是具体有多少也不清楚，因为合作社自己在搞。

淮：植被恢复好，这里面鸟、野生动物也多了。对面是正在开矿吗？

马：是又一个井工矿正在打煤呢。

淮：你们有没有参加植树造林？

马：每年都有这个活动，每年要种两万来棵。

淮：你在这儿工作几年，你感觉这个矿区整体生态怎么样？

马：矿区生态要看单位，国企没有盈利压力，搞这些东西也是给地方从绿化、人工、环境回馈。

淮：你们不算一线吗？

马：技术不算，一线工人是指开挖掘机、大型电车和运输车辆，大卡车的。

淮：现在还有下矿的矿工吗？

马：有，但是它是露天矿，没有人在野外作业，都是机械设计作业。

张：这路能看到最大的拉煤车吗？

马：可以，一会儿带你们可以看一下，拉煤车比楼还大。我们可以直接下生产线。

淮：我们对面的烟筒是什么？

马：是另一个公司，一个发电厂。北京的一个公司，地方合资。

王：这涉及地下水吗？

马：排水基本不涉及，因为这属于干旱地区，等会去现场看一下去，根本就没有水。

淮：当地消费水平怎么样，高不高？和北京比呢？

马：高，要比别的地方要高。没有北京高，但是比首府呼和浩特要高一些。

张：跟鄂尔多斯比呢？

马：这属于鄂尔多斯。鄂尔多斯主要是煤炭工业比较发达。

淮：你们这个行业比其他行业收入要高吧？

马：和电力行业还要差一些。

马：老师，你们接下来有什么安排？

淮：我们这边就结束了，还要去下一站，非常感谢，辛苦你了。

马鹏告诉我们，有一个专门的观景台，可以观看采煤的过程。登上观景台之后，我们终于把矿区一览无余。周边有好多的车辆在运行，有些巨型采煤车像蚂蚁一样在上面爬行，可见周围有多大（图10.8）。

图 10.8　矿用卡车

矿用卡车是在露天矿山为完成岩石土方剥离与矿石运输任务而使用的一种重型自卸车，是在露天矿山为完成岩石土方剥离与矿石运输任务而使用的一种重型自卸车，其工作特点为运程短、承载重，常用大型电铲或液压铲进行装载，往返于采掘点和卸矿点。

（2020 年 7 月 13 日，王耀斌摄）

露天矿的开采对表土的破坏十分严重；随着人为复垦措施的实施，土壤质量逐渐恢复，复垦区的土壤综合质量甚至可以超过原地貌；但土壤质量恢复需要较长时间，复垦措施的实施有助于恢复土壤质量，且复垦时长是其恢复的重要保障（曹梦等，2020）。地貌重塑是复垦土地质量的基础，土壤重构是复垦土地质量的核心，植被重建是复垦土地质量的保障（寇晓蓉等，2017）。未来研究的重点是监测诊断技术、边采边复技术、高质量耕地复垦技术、系统的生态修复技术、关闭矿山的生态修复技术和生态修复监管技术（胡振琪，2019）。

10.2 右玉精神展示馆

中午我们离开煤矿，赶往下一站，周围的植被越来越绿，路面也非常好，如果仔细看的话，也有裸露的沙土。在 12 点之后，我们进入了山西境内，在高速路口一个隧道前堵了起来。高速路边的峡谷坡度约在 60°～70°，到处是碎石，沙土在斜坡上经过绿化。

小贴士10.3 右玉概况

右玉地处晋蒙两省（区）交界，是山西省的北大门。全县土地面积 1969 平方千米，辖 4 镇 4 乡 1 个风景名胜区，11.5 万人。右玉历史文化积淀深厚。自古以来是中原农耕文明和北方游牧文明的融汇地，尤其是境内的杀虎口，一直是草原游牧民族南下进入中原的重要战略通道。特别是清朝年间，杀虎口作为著名税卡，日进斗金斗银。由于杀虎口的特殊地理位置，右玉作为边塞要冲、西口故里、晋商通道，是一条历史文化的走廊。县内存有古长城 84 千米、古堡 50 多座，被中国民间文艺家协会命名为中国古堡之乡。右玉区位交通优势明显。东距山西省大同市 80 千米，南到朔州市 110 千米，北至内蒙古呼和浩特市 150 千米，地处晋陕蒙经济圈的核心区域，境内大同到呼和浩特高速公路东进北出，109 国道横穿东西，241 国道、准池运煤铁路和正在建设的山西西纵右玉到平鲁高速公路纵贯南北，同煤铁丰铁路东出右玉连通大秦铁路。右玉生态环境条件良好。中华人民共和国成立以来，右玉历届县委、县政府团结带领全县人民，坚持不懈防风固沙，坚韧不拔改善生态，把昔日的不毛之地建设成了如今的塞上绿洲，全县林木绿化率由不足 0.3% 提高到现在的 54%，创造了令人惊叹的生态奇迹，并孕育形成了宝贵的右玉精神。习近平总书记先后五次对右玉精神作出重要批示和指示。右玉荣获全国造林绿化先进县、全国绿化模范县、国土绿化突出贡献单位、首批国家生态文明建设示范县、绿水青山就是金山银山实践创新基地等荣誉称号，成为国家级生态示范区、国家可持续发展实验区、全县域国家 4A 级旅游景区、中国低碳旅游示范地、美丽中国示范县、中国深呼吸小城、首批全国首批全域旅游示范区创建单位。右玉产业资源较为丰富。矿产资源主要有煤、高岭岩、硅线石、花岗岩等，其中煤田面积 165 平方千米，储量达 34 亿吨。工业经济以煤电、新能源、农副产品加工为主，火电装机容量 60 万千瓦，新能源装机容量达 100 万千瓦。右玉农业优势明显，是全国小杂粮基地县、山西唯一的半农半牧县，以燕麦为主的杂粮种植面积稳定在 40 万亩，右玉羊肉获得国家地理标志认证，全县羊的饲养量达 75 万只，天然草地达 78 万亩。特别是建成了以绿色食品加工为主的工业园区，基本实现本

地农副产品就地加工增值。丰富的生态资源、灿烂的历史文化、宜人的气候条件、宝贵的右玉精神，使右玉这片土地充满了神奇和魅力，为右玉发展旅游产业发展提供了得天独厚的条件。

近年来，右玉县坚持以新时代中国特色社会主义思想为指导，按照朔州市委提出的生态立市、稳煤促新的战略和建设塞上绿洲、美丽朔州的目标，立足时代要求，结合发展实际，紧紧围绕提升绿水青山品质、共享金山银山成果的主题主线，大力实施脱贫攻坚和旅游兴县两大战略，加快建设环境好产业优人民富的美丽右玉，全力打造践行两山理论示范区，全县经济社会和党的建设各项事业取得良好成效。2017 年完成地区生产总值 67.19 亿元，同比增长 9.1%；规模以上工业增加值增长 8.6%；固定资产投资为 18.1 亿元，增长 10.2%；社会消费品零售总额为 16.87 亿元，增长 7.2%；财政总收入完成 9.55 亿元，增长 51.6%；一般公共预算收入为 3.70 亿元，增长 28.3%；预计城镇居民可支配收入为 22611 元，增长 7%；农民人均纯收入为 7115 元，增长 8%。脱贫攻坚取得重大突破。2017 年底全面完成各项任务，成为全省第一批拟退出的国定贫困县，2018 年 6 月接受国务院第三方评估验收。绿色发展步伐不断加快，2017 年山西省政府批准设立右玉生态文化旅游开发区，成为全省首家、全国少有的以生态文化旅游为发展方向的开发区，成为右玉县践行两山理论新的抓手。同时，省市专门出台支持右玉绿色发展的政策举措。弘扬右玉精神谱写新篇章，著名导演张继钢执导的大型音乐舞蹈史诗《为有牺牲多壮志——右玉和她的县委书记们》，作为首届山西艺术节暨第三届山西文博会开幕演出剧目在山西大剧院上演，并作为十九大献礼作品在北京与全国观众见面；著名导演吴子牛执导的电视连续剧《燃情岁月之右玉和她的县委书记们》将在中央电视台播出。特别是建成了右玉干部学院，成为弘扬右玉精神新的平台，成为右玉走出山西、走向全国新的载体。

资料来源：http://www.youyuzf.gov.cn/zjyy/yygk/201809/t20180921_216706.html

10.2.1　右玉县治沙措施

下午 4:00 左右到了右玉县，我们要去看右玉精神展示馆（图 10.9），在右玉干部学院还遇到一些小插曲，门卫不让我们进。我们打电话问他们的宣传部，最终我们进去参观右玉精神展示馆，学习右玉精神。

讲解员开始为我们讲解，我们也问了她一些问题。右玉县人民采取"刨开流沙换河泥""穿靴戴帽扎腰带"等措施治沙。

讲：刨开流沙换河泥，以保证树苗的成活，这是植树造林中的一个方法。

淮：这个泥比较软，是不是河越挖水越多了？

讲：没有，直接挖这么一点根本打不出水来，有的地方打下多深都挖不出水来，条件非常艰苦。

图 10.9　右玉精神展览馆

（2020 年 7 月 13 日，王耀斌摄）

王：您好，这几个方法能不能给我们讲一下。

讲：这就是给它形象化的一个名字，"穿靴"是为了防止树旁边的泥沙左右移动。"戴帽"为了固定沙丘，不让风沙吹动；"扎腰带"是我们裤子松了勒个腰带，在半坡林中才能扎。"贴封条"是在风沙最大的时候，为了防止在侵蚀沟沿和风蚀残堆上不规格地密植造林。右玉在那么艰苦的条件下，依然没有放弃植树。在 20 世纪 50 年代的时候，有德国科学家来过右玉，说你们这个地方是最不适合人类居住的地方，让我们搞举县搬迁。但是一个连温饱都解决不了的地方，怎么能搞举县搬迁呢？人民自己想办法，改变自己的生存环境，所以他们决定，从黄沙洼下手。最艰难的时候，他们每天都要在荒山上植树，县委书记当时吃不饱，睡觉的枕头里面装的荞麦皮子，吃这个东西，甚至吃树皮。

10.2.2　右玉精神

右玉县委书记带领干部群众坚持治沙造林，铸就了宝贵的"右玉精神"。

右玉县地处晋西北，解放初自然生态条件恶劣，一度危及居住生存。中华人民共和国成立以来，右玉县历任县委、县政府班子团结带领全县党员干部群众，坚持不懈植树造林、改善生态，一任接着一任干，一张蓝图绘到底，硬是把昔日的不毛之地建设成为今天的塞上绿洲，全县森林覆盖率由不到 0.3% 提高到 52% 以上，经济社会全面发展，人民生活显著改善，并形成了以执政为民、尊重科学、百折不挠、艰苦奋斗为核心的右玉精神。右玉精神得到中央领导同志的充分肯定，山西省委号召全省学习右玉精神（王茂设，2012）。右玉精神诠释了走好群众路线的重大意义，要做到执政为民、干事创业、推进发展、实现人民根本利益。右玉精神为走好群众路线树立了鲜明的尺度或时代标杆，表识出走好群众路线需要什么样的思想坚守、价值追求、能力素质、品质品格、最终标准等（潘峰，2013）。右玉精神是右玉人民创造的引以为傲的精神，是中国精神的重要组成部分，是中华民族的宝贵精神财富。新时代，深入理解右玉精神，充分挖掘右玉精神的思想政治教育元素，有效推进右玉精神与高校思想政治教育的深度融合，有助于弘扬和传承中国精神，培养担当民族复兴大任的时代新人（张莉，2020）。

讲：1949年10月24日，时任县委书记赵书记在县委工作会议中第一次提出一个响亮而致富的口号，右玉要想富，得让风沙住；要想风沙住，就得多栽树；想要家家富，每人十棵树。1950年的春天，他带着全县机关干部来到苍头河畔，率先完成了每人十棵树的任务。此后几十年的发展，种树成为我们右玉县委和老百姓他们共同的事业。在当时右玉恶劣的自然条件下，种活一棵树比养活一个孩子都难。因为在右玉，植树造林调苗难、栽植难、成活难。右玉每棵树都经受了无数次风沙、干旱、严寒的考验。栽活一棵树需要"栽三年、扶三年、勤浇勤护又三年"。

黄沙洼位于右玉老县城，是一道流动沙丘，每年以几十米的速度向我们老县城逼近。因此，1956年，年仅29岁的马禄元担任右玉县委书记，决定大战黄沙洼，封住大狼嘴。第一年种下九万棵树苗，眼见黄沙洼要绿起来了，但万万没想到第二年一场八级大风刮了9天9夜，9万棵树苗不是被连根拔起，就是被黄沙掩埋，存活下来没几棵，首战黄沙洼以失败告终。这是右玉人民在绿化过程中的重大劫难，但是右玉人民没有放弃，他们知道沙漠变绿洲注定是不容易的。此时，上级又调来第一县委书记庞汉杰书记，一战失败，二战快速，三战成功，虽然曾经黄沙漫漫的黄沙洼现在已经变成了绿山冈，但是右玉人民在这沙梁上抗战了八年，这就是右玉人民创造的绿色奇迹。改革开放以后，右玉已经成为了闻名全国的塞上绿洲，新形势下右玉是如何做到坚持蓝图不改的。1983年，袁浩基担任县委书记，他上任之后，一些人要求他集中人力物力开采煤矿发展经济，但是袁浩基书记告诉大家，在右玉，绿色不进，风沙就进，植树造林是不能动摇的方向，煤矿你可以开采一点，但一棵树都不能动。县委的工作目标就是让右玉老百姓尝到种了这么多树的甜头，真正享受到科学种树、以树致富的硕果。他和县长姚焕斗制定了16字方针，"种草种树，发展畜牧，促进农副，尽快致富"的农业发展思路。20世纪80年代末，右玉发挥胡麻资源多的优势，我们还建了个压板厂，后来因胡麻歉收，人民就去砍伐树枝了，但是在我们右玉砍伐树枝是很大的错误，我们县长很难受，但是他没得办法，只要你砍伐树枝，我必须得下令关掉压板厂，并在工作会上公开检讨，他说我犯了错误，要向右玉的一草一木道歉，向右玉人民道歉。右玉紧紧抓住改革的机遇，1992年师发担任县委书记，为了实现基本达标县进行了全县动员，动员以后党员干部直接奔赴植树造林现场。1999年高厚担任县委书记，上任以后构筑以"绿化带，生态园，风景线，示范片，种苗圃"为重点的生态保护网络。随着右玉经济的发展，我们现在已经有了自己的苗圃，也引进了油松、樟子松。

右玉的温饱问题得到解决了，接下来该如何更好地发展呢？2004年赵向东担任县委书记上任以后，打造新型煤电能源、绿色生态畜牧、特色生态旅游三大基地，他说贫穷守不住绿色，"绿"和"富"不是对立的，要建设富而美的新右玉。《人民日报》记者采访赵向东时问道：为什么右玉县委号召什么，群众就跟着干什么？赵向东说：我感觉到右玉的老百姓就是从种树认识了共产党，从种树认识了共产党的县委书记，认识了共产党的干部。赵书记在任期间我们成功举办第一届生态健身旅游节，之后还举办了短道汽车拉力赛、摩托车锦标赛。特别重要的是2009年右玉被评为县域国家级4A级旅游景区，大家只要踏进我们的右玉县，我们的 1969 平方千米上全部是国家级 4A 级旅游景区，全域旅游，山西省唯一一家（图 10.10）。现在的右玉被誉为"春天的黄玛瑙，夏天的绿翡翠，秋天的金琥珀，冬天的白玉石"，右玉成为艺术家们写生创作的绝佳之地。近年来，右玉大力发展现代农业和生态畜牧业，已成为全省重要的绿色食品生产基地。坚持生态建设，启动全域绿化。党的十八大以来，右玉县委忠实履行习近平生态文明思想，带领全县干部群众在一个战场上打赢生态治理和脱贫攻坚两场战争，这样的发展是绿色接力、永续发展的一个表现。目前右玉发展按照板块化布局、规模化生产、品牌化营销、社会化服务，建设无公害、绿色、有机农产品生产基地的思路，以小杂粮，生态羊肉为重点，大力开发优势农产品，基本实现了农产品救济，加工转化，增值。近年来，由于大力发展现代农业和生态畜牧业，右玉已成为全省重要的绿色食品生产基地，特色杂粮种植面积达四百万亩，小香葱种植基地 3500 亩。加快推进生态羊全产业链发展，建成规模化养羊场 56 个，生态养殖，饲养量达到 75 万只，完成三品一标认证 5.54 万亩，获得国家农产品地理标志认证。推动贫困人口通过采摘沙棘果，沙棘加工，企业就业等多种形式实现脱贫致富。全县现有沙棘 28 万亩，年采摘沙棘果 5000 多万吨，销售额 3000 多万吨，沙棘加工企业 12 家，年产沙棘饮料，孝素霜，机油等产品 3 万吨，产值达两亿元。2020 年实现全县域宜林荒山基本绿化，坚决守好生态建设成果。随着生态环境的改善，各种鸟都来到了右玉。立足生态资源优势，多措施并举打好脱贫攻坚仗。"右玉精神"是宝贵财富，右玉精神经过人民日报、光明日报、经济日报等大量媒

图 10.10　右玉县全域全景导览图

　　2017 年 4 月 20 日，设立右玉生态文化旅游示范区。右玉成为全省首家获批的以生态文化旅游业为发展方向的省级示范区。示范区总面积为 417.38 平方千米，占全县土地面积的 21.2%，由杀虎口–右卫文化创意园、环县城生态产业园、沧头河湿地体验带"两园一带"三大功能区构成。

（2020 年 7 月 21 日，淮建军摄）

体报道，一定要大力学习和弘扬。

淮：这里粮食主要什么？这儿会把玉米没成熟的时候打碎弄成草料吗？

讲：小杂粮作物，各种面食。

淮：这个羊叫什么品种？

讲：山羊、绵羊都有。

淮：电商有什么名牌企业吗？

讲：我们的电商主要卖我们当地的土特产。

淮：这个是光伏发电吗？怎么看像伞一样，不是平板的。

讲：是凹进去的。

淮：森林公园要门票吗？

讲：人可以进去，车进不去。

淮：鸳鸯、白鹭在哪呢？我们去看看。

讲：以前这是一个水沟，随着生态环境变好这些飞禽自己会过来的，右玉发现100多种国家级一级保护动物。现在没有了，这个地方是刚把水放了，明年会打造一个完整的旅游体系，还在建设中。

邓：您知道这儿降水量的变化嘛？是不是有个万亩沙棘？

讲：提高一点。现在光秃秃的，是干树枝，不开花不结果，绿叶都没有。

10.2.3　沧头河湿地公园

由于时间紧迫，我们在十分钟内观察了沧头河湿地公园（图10.11）。右玉的母亲河沧头河，是黄河的一级支流，有一种水倒流的奇观，河流走向由南流向北。沧头河湿地公园河水流量较小。公园里野草丛生，杂树挡道。有些古树长得非常高大，植被非常好，没有被破坏过，乔灌草层次清晰，达到原始森林的保护状态，还有些地方直接被用铁丝网圈了起来。占据了一个独立的区域，没有幼龄树，该区域的树种无法达到自然更新的程度，仍需人工进行补栽，以填补一些空缺。出了公园，对面山上都是小树苗。对湿地公园森林的自然更新机制研究是绿水青山提质增效的另一个方面。

10.2.4　湿地公园的研究

陈钰（2010）认为湿地公园是具有显著或特殊生态、文化、美学和生物多样性价值的湿地景观主体，具有一定规模和范围，以保护湿地生态系统完整性、维护湿地生态过程和生态服务功能，并在此基础上以充分发挥湿地的多种功能效益。杨莉和朱桂才（2019）认为湿地公园的核心为湿地生态系统保护，主体为湿地景观，包含湿地生态系统保护与恢复、科普教育和游览功能的具有一定规模的公园。它不仅可以为人提供科学研究的场地，也可以供人进行生态旅游。张巍巍（2011）认为城市湿地公园的设计开发模式要结合湿地

图 10.11　沧头河湿地公园

　　沧头河湿地公园规划范围南至常门铺水库大坝，北至杨树局所辖的海子湾省级湿地公园边界，东至马营河上游杨树局施业区，规划总面积为 774.72 公顷，湿地面积为 459.72 公顷。湿地公园及周边区域共有野生植物 280 种；栖息的野生动物主要有 58 种，其中包括国家 I 级保护动物黑鹳，国家 II 级保护动物鸳鸯、苍鹰、雀鹰等 9 种。右玉县境内的沧头河是全县最大的河流，也是黄河的重要支流，其水体质量、环境稳定对于黄河流域的生态安全会产生重要的影响。

（2020 年 7 月 21 日，苏冰倩摄）

特色，以此才能实现城市湿地公园的健康可持续发展。林锐芳（2005）提出通过营建不同的淡水沼泽、季节性池塘、芦苇床、林地、泥滩和红树林等湿地环境，让游人身临其境地体验。

　　湿地公园的研究大多局限于个别案例的研究，并且主要关注生态现状、功能体现、规划设计等方面，对湿地公园的游憩行为关注度不够，对湿地公园建设、管理和保护过程研究也较少，缺乏关于湿地公园的不足、原因以及对策的研究。在湿地公园建设过程中，可以主要从湿地资源、湿地景观和地域特色等方面来研究，从政府、公园管理者等的角度找出湿地公园存在的不足、造成的原因以及解决的办法。

10.3　地域模式简析

　　本次调查的部分地区生态治理模式总结如表 10.1。

10.3.1　哈尔乌素煤矿煤矸石回填

　　哈尔乌素露天煤矿是一个十分完备的矿区，从地表到地下几百米处有浅层的煤矿，需要大量的大型机械进行搬运、挖掘和清理地面。地表修复区地上植被已经十分完善，企业利用其盈利资金，建立畜牧业养殖基地、蒙古包等旅游项目。区别于神东集团煤矸石再利用，哈尔乌素煤矿的煤矸石则直接是进行回填，并没有直接处理，容易引起自然污染，重金属超标等一系列污染情况。

表 10.1　哈尔乌素选煤厂、右玉精神展示馆和沧头河湿地公园的模式

模式	行政区划	地理特征	主要活动	主要产物或绩效
哈尔乌素选煤厂	准格尔旗薛家湾镇东部	哈尔乌素露天煤矿，年产量超过 30 兆吨，地属西部生态脆弱区	一是大力发展种植业。通过在矿区复垦区种植青贮玉米、紫花苜蓿等优良牧草，建设小杂粮试验示范基地等途经，扩大复垦区种植规模。二是大力发展养殖业。通过示范引领、协会运作，配套建设肉食品加工储藏配送基地等方式，按照公司+贫困户（或普通农户）的模式，建立肉牛托管代养利益联结机制，带动养殖业发展。三是大力发展观光农业。结合乡村旅游发展观光农业。四是大力发展服务业。通过组建服务队等形式，安排有劳动能力配套水电设施	目前已 "万亩草场千头良种肉牛繁育及育肥基地"，养殖优质品种肉牛近 3000 多头，初步实现现代机械化养殖。已建成采摘日光温室 20 栋、观光水库 3 处、餐饮接待中心 1 处、野营观光蒙古包 20 座、新修砂石路 4 千米、自行车观光道 10 千米、种植观光草花 100 多亩、行道树 4 千米以及其他配套措施
右玉精神展示馆	右玉县		1999 年 12 月到 2004 年 6 月，启动实施移民并村撤乡、退耕还林还草还牧、种植业结构调整三大政策，发展以生态畜牧业为主导的农村经济，构筑以绿化带、生态园、风景线、示范片、种苗圃为重点的生态保护网络，对土地资源进行重新优化配置，建设杀虎口旅游区、破虎堡等牧区、新城等小城镇，在全国乃至全省事先推行退耕还林。使全区域成为国家级 4A 景点示范区，同时该县大力发展生态旅游业，辅佐以经济林（主要为沙棘），畜牧，利用自身的生态环境制造经济效益	2010 年之后，右玉逐渐实现了生态效益的经济化或者产业化，大力发展旅游业，生态农业以及各种生态娱乐，在这些过程中，生态效益逐渐转化了经济效益，带动了区域经济发展，同时帮助农民脱贫致富。习近平总书记多次强调要学习右玉精神，它是功成不必在我，一代接着一代干，全心全意为人民服务，是迎难而上，艰苦奋斗，是久久为功，利在长远的精神
沧头河湿地公园	右玉县	规划总面积 774.72 公顷，湿地面积 459.72 公顷		湿地公园及周边区域共有野生植物 280 种；栖息的野生动物主要有 58 种，其中包括国家 I 级保护动物黑鹳，国家 II 级保护动物鸳鸯、苍鹰、雀鹰等 9 种。

10.3.2　右玉精神久久为功

由右玉县书记带头来发动当地人民群众防沙治沙，通过环境治理，当地的植被覆盖率，粮食生产总量得到稳步提高，有效地将环境治理一直持续下去，避免了绿化中断的问题。

右玉精神展示馆从政府视角说明防风治沙的成功案例。右玉从中华人民共和国成立初期，开始的治沙绿化植树行为并一直坚持到现在。在庞汉杰担任县委书记期间，商定采取"穿靴，扎腰带，戴帽子，贴封条"的治沙造林措施，成功使黄沙洼变成了绿山冈，这些方法可以考虑在其他治沙区域进行使用推广，为绿水青山提质增效做出贡献。

2010 年之后，右玉逐渐实现了生态效益的经济化或者产业化，大力发展旅游业，生态农业以及各种生态娱乐，在这些过程中，生态效益逐渐转化了经济效益，带动了区域经济发展，同时帮助农民脱贫致富。习近平总书记从 2011 年至 2020 年多次强调要学习右玉功成不必在我，一代接着一代干，全心全意为人民服务的精神，右玉精神是迎难而上，艰苦奋斗，是久久为功，利在长远的精神。

第 11 章 ｜ 佳县红枣产业

2020 年 7 月 22 日是调研的第十天，原计划是去山西五寨与临县，但是我们为了赶时间，先取消了五寨又在临县吃饭后，赶到了陕西省榆林市的佳县和米脂县，最后参观了佳县千年枣王村。

11.1 空心化城镇的出路

从朔州到东陵一路车很慢，我们从朔州找到高速路口用了四个多小时，这让人感到沮丧。下午两点多，我们进入了山西临县白文镇，被网格化山坡治理打动了。

临县白文镇是目前中国农村衰落的缩影之一。镇上街道特别安静，好像是一个小村庄，这让人感到吃惊，我实在无法把它和一个乡镇联系起来。路边只有低矮的两层楼房，偶尔停几辆面包车、摩托车，像样的饭馆也没有。我在十几年前就意识到中国城镇化的大力推进，会导致农村出现空心化，这是第一步；第二步，偏远的乡镇出现空心化并且衰落，使得大量的人口集聚到城市，而我预料不到的现实却更让我感到吃惊。在这个镇上，一条马路从东到西，路上行人寥寥无几，两边商铺大多数处于歇业状态。我们找了很久，在白文镇第二小学附近，终于看到一家饭馆，从侧门进入，里面居然还很大，我们可能是今天他们唯一的客户。我和老板娘聊了起来。老板娘承认，这几年除了过年吃饭，婚丧嫁娶没有人来吃饭，远远不如以前，尤其是最近两三年他们生意非常萧条。

淮：这为啥人少呢？不是学生多吗？

村民：这普遍人少了，过节人最多的时候也还没人来。

淮：今天是集市，没人吗？

村民：这几年都是这样。

淮：这主要种玉米，有没有种大枣的？

村民：种大枣的离我们这还远着呢。

淮：嗯，你娃都干啥去了？给你们帮忙，这个饭馆开了几十年了吧？

村民：12 年。

淮：你们的水源是从哪来的？是井水吗？

村民：自来水从上面的水库来。我们吃的是井水吧。

淮：卖菜卖水果的集市有没有？

村民：有，在下边呢。

张：走，咱去买个西瓜。

这是一家夫妻店，老板娘负责管账招呼客人，儿子炒菜，老板负责采购、后台服务等。他家这些楼房几乎是我们县城二三十年前的建筑结构。这让我回想 1990 年前后的陕西省扶风县街道。中国城镇化努力建造巨大城市，这样的发展带来的弊病在发达国家已经很明显了，为什么在我们国家无法制止呢？为什么把大量的人口集聚到城市，而荒废农村大量的基础设施呢？老板娘介绍，在他们镇上目前还在建一些楼，但是根本就没有办法卖出去，因为县城里都没有人了，何况他们的乡镇呢？大家都出外打工，这里的小学、医院、乡政府都很少有人去。我们在吃饭的时候联系了上官老师。上官老师说他没有参加省委调研，所以计划在榆林佳县和我们汇合，希望我们能够早日赶到。因此我们临时改变了计划，马不停蹄赶路上了高速。

"空心化"是指在农村地区，青壮年群体涌入城市去谋求更好的生活，在农村区域留下了大量的老人和儿童从事农业生产（王毅，2020）。农村"空心化"，作为一种社会现象，在西方发达国家，最早出现于 19 世纪初期。缺乏健全的管理机制，农村宅基地还没有构建起完善的流转体制，这些加剧了农村"空心化"形成（张丽凤等，2014）。长效监督、组织协调、农民参与是防止"空心化"的保障机制（李彩红，2020）。如何解决"空心化"问题，应该采取什么样的政策、运用什么样的手段，学术界在乡村振兴战略背景下的空心化问题研究的比较少，可以尝试研究农村空心化治理问题的可操作性对策建议（贾琼，2018）。

11.2 佳县生态治理和产业发展

进入陕西，岩层有所变化，有的地方出现了黄土，而且植被也好了一些。在佳县境内的 339 国道两边都是小山包，岩层明显，半山腰裸露着大量的石块，在这石块的缝隙里面生长了一些小松树，漫山遍野都是如此。

小贴士 11.2　佳县

佳县，古称葭州，因境内佳芦河两岸芦苇丛生而得名，1964 年改称今名，佳县是颂歌《东方红》的故乡，是毛泽东率党中央转战陕北时生活战斗过的地方，也是中国红枣名县。

佳县位于陕西省东北部，黄河西岸，毛乌素沙漠南缘。东隔黄河与山西临县相望，南邻绥德县、吴堡县，西连米脂县，西北接榆阳区，北以秃尾河与神木市为界，距榆林市 71 千米。总土地面积为 2029.82 平方千米。全县辖 12 镇 1 个街道办事处，324 个行政村，辖区户籍 10.39 万户，人口为 26.95 万人，其中城镇常住人口为 5.0929 万人，城镇化率为 32.1%。

佳县地势西北高，东南低，可分为 3 个地貌差异明显的区域：北部风沙区，西南丘陵沟壑区和黄河沿岸土石山区。主体山脉有两条：一条由西北自榆阳区入境，沿佳芦河岸向东南延伸 120 公里于县城落脉；另一条始于榆阳区、米脂县，分布于本县西北、西南境内。两条山脉中，沟、涧、坡、梁、峁纵横交错，地形复杂。境内海拔最高点位于方塌镇马能峁村寨则梁顶，海拔为 1339.5 米。境内主要自然灾害有干旱、冰雹、霜冻、洪涝、大风、阴雨等。

境内已探明的矿藏有岩盐、煤、天然气、陶瓷黏土等。岩盐境内 90% 的区域均有贮藏，已探明储量达 1000 亿吨以上，预测储量为 8000 亿吨，分别占全市储量的 13.5% 和 11.5%，盐层厚度在 80～110 米之间，埋藏深度为 2400～2600 米之间，堪称中国盐谷。

佳县耕地面积为 47.02 万亩，人均为 1.77 亩。可利用草地为 107.8 万亩，林地面积为 174 万亩。粮食作物以玉米、谷子、薯类、大豆、绿豆等为主。畜牧业以大家畜、生猪、羊子、家禽等为主。经济林以枣树为主，是全国唯一的绿色、有机双认证红枣生产基地，产量居全国各县之首。枣树历来被本县农民视为铁杆庄稼、保命树、致富树。

目前，佳县初步形成了以农产品加工、盐化工、新能源产业为主的工业体系。重点打造的榆佳工业园区被列入陕西省新型工业化产业示范基地。

佳县境内地方传统风味小吃主要有马蹄酥、酥饺、碱饼等，制作工艺讲究，口感上乘。地方特色民间艺术有道教音乐、秧歌、唢呐、剪纸、木雕、面捏、枣编等，其中白云山道教音乐列入国家非物质文化遗产保护名录，木雕、剪纸列入省非物质文化遗产保护名录。

资料来源：http://www.sxjiaxian.gov.cn/info/iList.jsp? cat_id=10102

11.2.1 佳县红色文化

下午我们到达了佳县，县城被夹在河道里面，两边高山上的巨石和裸露的悬崖让我们感到吃惊（图 11.1）。上官老师居住的是窑洞酒店。每个窑洞门口都挂一个布帘，上面印刷着不同的名称，比如东方红。在院子里停着几辆车。我们在东方红酒店门前合影，把窑洞开发成酒店，里面装修得非常好，都是现代化的，最有特色的是它的窗户上，门框上，窗帘上都赋予了红色文化含义，具有鲜明的延安文化气息。我们和酒店老板聊天的时候，才知道他还有一个红色收藏博物馆。里面收藏着各种纪念品，在这里我们领略了红色革命文化的基因在延安的代代传承，因此我们在这宣誓并且留影合念。

图 11.1 佳县

金元明清四朝称葭州，民国时期改为葭县，1964 年 9 月改称佳县。位于陕西省东北部黄河中游西岸，榆林市东南部，毛乌素沙地的东南缘。东与山西临县隔黄河相望，西同米脂县接壤，南同吴堡县山水相连，北同神木市相毗邻，西南依绥德县，西北靠榆阳区。

（2020 年 7 月 22 日，淮建军摄）

11.2.2　大枣裂果问题

　　佳县绿水青山的改造和大枣裂果的问题依然没有得到很好的解决。在佳县最大的问题有两个，一个问题是在佳县这种恶劣自然条件下如何实现绿水青山；另一个问题是如何防止佳县大枣产业衰退。近年来，陕北大枣越来越被新疆大枣所替代，根本原因是在每年成熟季节，佳县往往都会有降雨，而降雨之后暴晒造成裂果，这种问题与气候变化有关系。为了解决大枣裂果问题，我们西北农林科技大学的专家学者采用了很多办法，但是仍然没有得到很好的解决。这里降雨增多会不会是因为黄河？如果大枣种在山上会怎么样呢？上官老师明确，即使种在山上，也逃避不了这样的问题。因此，陕北大枣过去也曾卖到30元1斤；现在已没有任何商业价值，良品率极差，几乎无人采摘，现在1斤一两块钱都没有人要。当地发展畜牧业，放羊，放牛，让牛羊到山上自己去吃枣，所以出现了一种红枣羊产业。但是，这些漫山遍野大枣实现了生态治理的效果，达成了生态效益，即使没有经济效益，也能够绿化山水。如何解决这种问题呢？上官老师强调没有办法，除非我们防止降雨，这建大棚的形式，目前来看可能会有点作用，一旦进入雨季，搭起大棚可以防止降雨。建立这样的大棚，虽然成本较高，但是如果实验成功，它将是一个科学解决大枣裂果问题的技术方案。

　　淮：这佳县水土流失，山快倒了，土要塌下来了？生态治理排名比较靠后？

　　上官：佳县的生态还算比较好的。山地地貌最头疼。

　　淮：要把这里绿化多麻烦。对面全是这样，这是水土流失治理领域最大的难题吧！这个地方要是能栽活就要持续。这个绿化公司也很挣钱吧？

　　上官：石头山绿化投资太大了，绿化用的树苗要买，在这儿打鱼鳞坑要请专业公司来做，也要雇佣专业农民来做（图11.2）。

　　淮：这边没有煤矿？

　　上官：到目前为止什么矿产资源开发还比较少，所以榆林南六县的经济发展规模相对较小。

　　上官老师建议我们顺着黄河一路走，看看千年枣树或者中华枣王出现的地方。因为万亩枣树既是临县的特产，也是佳县的特色。沿着黄河一路上我们变得非常兴奋。我们看见了一个万亩枣林。有人在枣树地里建起了支架，搭起了大棚上还没覆盖塑料（图11.3）。上官老师很赞成这种做法，因为大棚设施可能解决佳县大枣产业由于裂果而衰败的问题。

　　上官：像这样的很少，这没有任何问题。到时候雨控制了，红枣的裂果难题就解决了，这里农户把这一片全部都建了。

　　淮：她为啥不把防护网做高点？这成本也挺高的。

　　上官：必须有大面积的防护网。

　　淮：直接用那个防雹网，不更好一点吗？

　　上官：防雹网防不了雨。

　　淮：咱停一下看一下这大棚？这大棚是刚做的？地上还有羊粪说明还有羊从这儿跑

图 11.2　鱼鳞坑

　　鱼鳞坑是一种水土保持造林整地方法，在较陡的梁峁坡面和支离破碎的沟坡上沿等高线自上而下的挖半月形坑，呈品字形排列，形如鱼鳞，故称鱼鳞坑。鱼鳞坑具有一定蓄水能力，在坑内栽树，可保土保水保肥。

（2020 年 7 月 22 日，王耀斌摄）

图 11.3　设施大棚

（2020 年 7 月 22 日，淮建军摄）

过，大棚里面修了一条渠，把上面水漫灌过去。

　　上官：佳县红枣每年到 9 月成熟的时候，漫山遍野都是枣，一下雨多数都裂果，裂果的问题都没有解决，山上根本没人进，现在一斤才三五毛钱，连人工成本都不够了，所以最后山上枣全部落了。这个人很厉害，他要用大棚预防裂果和降雨。

淮：大棚这样一半增加阳光。

上官：现在无所谓，因为红枣卖不出去，枣都喂羊，佳县红枣羊成为品牌了，品质好。这个大棚小面积在这儿可以，整个山是没办法解决降雨问题的。我们西北农林科技大学有个红枣产业体系，有几个专家，但是这裂果难题都解决不了。气候在里面发挥重要的决定作用。

淮：陕北红枣都在河滩上？从气候和地理位置看，裂果春寒有关系吗？水电学院有个老师参加红枣团队，要研究红枣受气候影响的问题。青海一个团队叫他去参加开会，这说不定比研究苹果的霜冻更有价值。陕北红枣存在一个转型问题。

上官：陕北红枣除了经济效益外还有生态价值，生态效益方面也体现出来了。

淮：我估计学农学的，会从树型上去研究。

上官：有人研究了几十年也解决不了老问题。

淮：能不能套袋呢？下雨季节给每个树上套个袋子，就像做大棚一样。

上官：如果用大棚把这解决了，投资太大了，这几十万亩都要大棚。

淮：有道理，但是他给咱启示，给枣戴帽子说不定是个可以推广的做法，只要能把枣留下来。我看你把这些问题都抓得很清楚。

上官：我们在这儿做过一个"十一五"国家科技支撑项目，和这有些关系。

淮：这漫山遍野的枣以后怎么办？自己一直能长下去，有没有衰败周期？

上官：它荒废了以后，下面慢慢也就长不起了。这倒没有衰败。

淮：这长着枣，从一开始就裂果吗？

上官：不是，红枣成熟时节下雨会带来裂果，不下雨就好，所以这五年中有一两年红枣产量和质量较好。

淮：这个算是重大科技攻关的课题？

上官：是的，裂果是一个气候，树种和管理相互作用的结果，不单纯是一个技术问题，多少年都解决不了，慢慢有人放弃了。

淮：有时候是气候问题，没办法解决。说不定跟黄河蒸腾有关系呢？黄河蒸腾作用成了局部降雨来源，刚好对秋冬之际气候变化有影响。这个课题可能解决？

上官：很难解决。

淮：长时间降雨，还是降一次雨会出现这种情况？

上官：红枣成熟期只要降一次雨。降过雨第二天暴晒造成果裂。刚尝了一个枣还比较脆，成熟也比较迟。早年有很多方面的观测数据。现在大荔县的冬枣，年产值达 40 亿元，全部是设施农业，我们吃的冬枣基本上都是大荔的。

淮：都是大荔的？不是好多都是新疆大枣。将来大棚有可能在这解决裂果问题。上一次看有个村子举行了生态文化节，把卖枣变成参与式的采摘节、旅游节、枣王大赛，直接搬上屏幕。把大枣加工饲料如何？

上官：加工饲料关键是收费太高了。

王：裂果说不定是打农药引起的。他们打农药防治虫病。

研究表明，裂果与品种有密切的关系，'金谷大枣'是从山西省枣主产区优良种质资源中选育出的丰产、大果形、优质、抗病、抗裂果、干鲜兼用的新品种。果实大，长圆柱形，略扁，单果质量 24.1g，大小整齐。果面较平滑，果皮较薄，深红色，果肉肉质较致密（李登科等，2011）。极易裂品种为赞皇大枣、骏枣，极抗裂品种金铃园枣、冬枣（杨双双等，2014）。新疆大果型红枣的裂果性在品种间存在显著差异，抗裂果品种比易裂果品种具有更厚的角质层和表皮层，以及更小的果肉空腔面积（杨磊等，2021）。

11.3 "天下红枣第一村"

佳县朱家坬镇泥河沟村被誉为"天下红枣第一村"（图 11.4），我们一到村口先看导览图上村庄的地形地貌。在这里很多枣树据说有超过千年了，满树的枣还没有成熟，但是这个枣树却是非常有名的（图 11.5）。走进村发现一群老年人坐在路边台阶上，很少说话，默默地看着我们。

图 11.4　千年枣树
(2020 年 7 月 22 日，邓香港摄)

11.3.1　主导产业转型研究

农业主导产业是指在农业范围内，农、林、牧、渔各个部门各个产业中，在一定时期内具有先进技术、规模生产、显著经济效益、能够大幅度增加农民收入的产业（游家政，1996）。农业主导产业区别于第二产业、第三产业等其他产业，是在农业范围内的主导产业，是主导产业的普遍性在农业范围内的特殊表现（王芬等，2004）。

主导产业的确立和培育，能够带动区内二三产业和农业的发展，能够促进区域整个国民经济的发展。在当前及今后一段时期内，社会对选择的主导产业的需求越大，该产

图 11.5　佳县古枣园

　　佳县古枣园位于"中国红枣名乡"陕西省榆林市佳县朱家坬镇泥河沟村，是世界上保存最完好、面积最大的千年枣树群，总面积为 36 亩，现存活各龄古枣树 1100 余株。泥河沟村也被誉为"天下红枣第一村"。

　　佳县有着 3000 多年的枣树栽培历史。古枣园内生长的两株干周 3 米多的古枣树，经专家测算，树龄在 1300 多年，至今根深叶茂，硕果累累，被誉为"枣树王""活化石"。佳县有着底蕴深厚的红枣文化历史。千百年来，耐旱的枣树被视为人们的"保命树""铁杆庄稼"。每年正月，人们都要敬拜"枣神"，祈求红枣丰收。逢年过节，人们都要制作枣糕、枣馍、枣焖饭等传统食品，以示庆贺；长辈们给孩子吃红枣、戴枣串，希望他们早日长大成人，日子甜甜蜜蜜；久远而又浓郁的红枣文化气息渗透在佳县人的日常生活之中。枣树具有增加空气湿度，保持水土和养分等生态功能。在黄河沿岸的坡地上，其生物多样性保护、水土保持、水源涵养和防风固沙等方面的生态功能显得尤为重要。

（2020 年 7 月 22 日，张垚摄）

业就有越高的市场成长空间（姜会明和庆海，2007）。应用比较劳动生产率，效率优势指数、规模优势指数和综合优势指数、比较优势基准主因子法、层次分析法，选择当地农业主导产业（陈海霞，2009；齐天真，2011；袁艳辉，2012；陈俊宇和刘芳清，2014）。

　　国内目前在关于农业主导产业的相关研究上还相对不充分，仅从定性的角度着眼对于农业主导产业选择的研究略显不足，而且还没有完全认识到对农业主导产业的决定性因素（杨宾宾，2015）。未来可以针对农业主导产业转型缺乏精准度研究的缺陷，以反贫困、可持续发展和产业选择理论为指导，在"精准扶贫"的国情背景下，构建了农业主导产业瞄准理论框架及其指标体系，这对于进一步丰富主导产业选择理论，对于强化产业扶贫效果具有较强的现实意义。

　　佳县产业结构多样化可以降低风险，克服产业转型时可能面临的瓶颈。

　　淮：这里是不是存在一个产业结构单一的问题？

　　上官：这没有啥产业化，一个县几十万亩红枣，这就是最大的产业。

　　淮：这几十万亩肯定是原来政策号召大家把这些耕地都用来种枣了，产量一大容易出现问题，比如说枣裂果问题。如果想再种别的，成本很高，如果分散经营的话，比如这山种枣，那山种葡萄，一旦这块出了问题还可以用其他地块的投资降低风险。

　　上官：是的，一个区域要注意避免单一性，多样化要好一点儿。

　　淮：单一产业规模化前 20 年很好，现在佳县因为枣出名，但是降雨一旦成为致命性的问题，影响种枣产业。现在要改造成麻烦了，又不能把树一下砍了，谁也不能把这个情况改变，这成了一个制约当地经济发展的致命性问题了。

上官：只要把这个枣子变好吃就对了，还要生态效益和经济效益，以前枣好搞，最近这几年很难。

淮：漫山遍野的枣卖三四毛钱，成本都收不回来。新疆好的大枣 1 斤十块钱，贵得很。横向和纵向比较一下问题就很突出。生态效益转化为经济效益难，经济效益下来，生态效益上来，可以把几种区域划分出来。能够解决问题最好。

淮：这玉米都干成啥了。这枣能抗旱？新疆大枣是不是也在沙漠里种？

上官：抗旱。新疆大枣种在大面积的沙地里。

淮：新疆大枣种在沙漠里，倒春寒有影响么？

上官：受倒春寒影响不大。

淮：开花期不一样？人挪活树挪死，现在黄河流域，一个是苹果，一个是枣，在气候变化以后，种了几十年的树都遇到倒春寒，想砍又比较麻烦，所以面临产业转型的问题。

上官：对呀，新疆红枣、新疆苹果也是这样。

淮：但是我们到地里调研，新疆苹果跟野生的一样，因为农户至少有 30 亩，不太管，然后等成熟的时候去采摘。

上官：西藏的苹果味道也好，现在都发展不错，看最后谁的条件最好，品质最好成了一种核心竞争力。

11.3.2　保护泥河沟村

古村落的保护与利用研究始于 20 世纪 80 年代初，国务院于第二批国家历史文化名城公布时，决定将评选范围扩大，将历史街区与村镇纳入评选范围，从此拉开我国历史文化村镇的保护序幕。90 年代，建筑领域的学者着眼于对民居与集落的改造与更新的研究上，并逐渐意识到要把对单体建筑的保护应上升到对历史环境的保护（邹智娴，2017）。

古村落首先需要有悠久的历史，这些历史能够反映在村庄中；其次，古村落应该有较为丰富的物质类、非物质类文化遗产；再次，古村落的建筑体系基本上保留了原先的样子；最后，古村落应该有鲜明的地方特色（丁怀堂，2007）。古村落的核心是其村落地域没有发生变化，历史文脉、村庄建筑、传统氛围以及人文气息等都保存完好。

对古村落的保护有不同的利益诉求，以建立多维保护机制（宋昭君，2018）；从乡村振兴的背景出发，基于共生理论，探讨古村落的共生性发展路径（詹国辉和张新文，2017）；提出古村落"五位一体"的分享联动方式，可以建立包括政策、利益、人力、产业等方面的保障机制。

目前，国内外关于文化遗产、古村落的研究还比较少，很多学者只是从经济价值出发说明了古村落保护的重要性，而忽略了对古村落旅游地本身所具有的时间价值的研究，也较少地关注相关资源的保护与开发。在未来的研究中可加大对古村落价值特色和古村落保护理念与发展、利用策略的探讨，不断更新发展理念、拓宽研究视角，探索多种保护发展模式的实践。

黄河边上的古老村落（镇）保护是生态治理的一种重要模式，泥河沟村保护完整，但要依赖政府补贴维持生计。

上官：再到前面，对面山西那边有一个古镇，山路比这难走。

淮：山西古镇也开发好了？

上官：山西的文物古迹保护得好，古代的物资交易从黄河上游来下游汇聚于此。

淮：晋商发展的时候，比如乔家大院？

上官：那个还在前面，我没去过。

淮：古老村落或者古镇保护像封山造林一样，封育是生态治理的一种模式，先把古迹资料全程保护，建设示范基地。

一位老人坐在十字小格的古窗子前，我跟他聊了起来。他有三个儿子，有的在佳县，有的在西安，还有一个在北京，很少回来。只有在佳县工作的孩子偶尔回来。他现在主要靠政府补贴，今年 87 岁，不愁吃不愁穿，唯一觉得可惜的就是这些枣没有人采摘，他还介绍了这个村子的来历。

淮：刚才那个枣林离黄河水都很近了。这的老人都散坐在村口墙根聊天。

上官：这些老人都很长寿，生活比较安逸。

淮：老人们说这个地区最近 20 年降雨增加。由于气候变化，造成这个枣成熟时间刚好在雨季。这位老人 80 多，是低保，一年政府给发五六千，两个人可能 1 万块钱吧。

上官：现在看病都有医保，其他家里花费不太高。这是 40 年前的碾盘和门楼（图 11.6）。拍个老照片，很有价值，都可以参加摄影大赛。

图 11.6　陕北村镇老房屋
（2020 年 7 月 22 日，王耀斌摄）

淮：这地方要补贴的话，按照经济林的补贴。

上官：这是生态林，多年没有效益。

淮：如果都按照经济林补贴，大家收入还稳定点。我估计以前是按生态林算的。现在中间需要转换标准。

　　上官：今年太旱了，种什么都种不活的，没有收成。

　　淮：现在生态补偿是按照亩补偿。

　　上官：我们来到这开展调研或观光旅游，你要生活到这就比较难了，社会化服务和保障太少了，这就涉及乡村振兴的难题。

　　淮：生活在这供水都是问题，在这山上，脚腿不太好，上山采摘是个大问题了。绿的都是枣树，这样看来这个生态效果确实比经济效益好。

　　古村镇作为一种文化综合体和文化生态系统，是由器物、行为、制度、精神四个层面构成的文化综合体，是具有自组织性的文化生态系统，对系统中任意环节的破坏都会造成保护利用的悖论现象（雷蕾，2012）。我国古村镇保护利用的任务艰巨、缺乏具体政策支持。今后要加强古村落保护的措施包括：改革文化遗产管理体系，提高古村镇遗产管理效率；鼓励文化遗产保护志愿者发挥作用；提升公众文化遗产保护意识和素质；以财政补助为主，适当借鉴国外税费激励制度，调整遗产保护和利用的财政政策方向；借鉴发展权转移政策，制定古村落保护的土地优惠政策；鼓励并建立古村镇保护的多渠道资金投入机制（郝从容和邵秀英，2013）。

11.3.3　2020 年佳县大旱

　　去往李家沟实验站的路变得狭窄，我们到一座桥跟前停下来步行上山。一条土路的两侧有裸露的根须，有些树的根扎得很深，大约有十几米深。我们在半山坡观察了一下，斜对面的山沟里建有一个平房，对面这些刺槐长得非常好。攀上一个斜坡，登高远望，台阶上的有些枣树干枯，有些顽强地生长着；土壤侵蚀很严重，有些土坡被大雨冲刷倒塌。但是与干枯的枣树相比，它下面的一些枯草更具有顽强的生命力。脚下有一条沟居然被人工平整，用来种粮的，而在公路边另一处平整的土地上有零零星星的豌豆子出苗，侧面的荒山上居然长出了很高的绿油油的草。

　　上到山顶，再向下看，凡是被整成斜坡或者种植庄稼的梯田都是光秃秃，几乎寸草不生。但是，平整梯田，一旦种上枣树，绝大多数郁郁葱葱。在烈日下，它们的枝丫发出了新绿，让漫山遍野披上了绿装，虽然脚底下杂草丛生，还有干晒的落果。

　　佳县今年太旱，出现了旱死的作物和枣树。

　　上官：这儿原来是一个牧区。枣树没有用了就被挖了。

　　淮：这一棵死了。原来栽的时候灌溉过吧。

　　上官：这些小红花自己繁衍。今年说不定都不行了，今年太旱了。

　　淮：这是豆子吧？上去看看这植被为啥没旱死，红薯都旱死了？

　　上官：这是红薯小苗子。这是开垦的地，上面的是没有开垦的，没有开垦的有草，田地是锄过草的。这里原先也是农地，后来荒了长了这草。说明这个草抗旱。这刚开始几年还好。在这一块儿种地会引起水土流失，最好是把这一块儿地给退耕了（图11.7）。

　　淮：这漫山遍野的枣儿，采摘都是个问题；这羊上不来，都吃不上。

　　上官：羊上来之后呢，肉好吃。

图 11.7　佳县农村田间干旱地貌

（2020 年 7 月 22 日，王耀斌摄）

淮：旁边这个是蓄水沟吗？

上官：这下面是排水沟，这旁边都有水。

淮：经过排水沟，它把这个水怎么聚起来呢？

上官：可以打水窖把它聚起来。

淮：小水坑都可以？

上官：小水坑不行就被黄土渗漏吸收，就又旱了。

淮：现在这个治理还没到位？你不让农民种红薯他没啥吃。我们踩得这个地更干。我估计他种了没有浇，或者下雨之后种的。这一亩长出来这几个。那么陡坡还种树，说明当地人缺地。

上官：在上面种地太难了，一不小心，滑下去了。在这坡上除了开荒没有平整的地方种。这玉米都旱死了，这些怎么都活不了。枣树下面这草是清过的，要不清的话植被就比较好。

淮：这是旱死的酸枣。

11.3.4　再续《黄河边的中国》

小贴士 11.3　黄河边的中国

《黄河边的中国》，是学者曹锦清 1996 年 5 月～11 月深入河南地区的田野调查，是一部当代中国少见的实证考察著作。《黄河边的中国》记录了正在转型中的中原乡村社会，涉及实行土地承包责任制后的农民与土地、与市场、与血缘人情网络、与地方政府关系的变化现状；涉及农村、农民、农业、收支、农民负担、计划生育等诸多方面；涉及日益庞大且凌驾于农村社会之上的地方政府与分散经营的农民为争食有限的农业剩余而引发的各种矛盾，涉及作为一种显示力量的传统文化与现代化努力之间的强大张力。作者在努力描述中原乡村社会事实的同时，着力反映社会转型过程中小农阶层的利益、情绪与态度。

《黄河边的中国》，以巨大的现实感与深刻的历史感，被喻为"中国内地农村的百科全书"。作者的调查方法既继承传统的蹲点，与农民"三同"的形式，又运用现代社会学个案访谈、深入交流的方式。作者不是通过自上而下逐级召开座谈会，而是通过"亲友关系网"直达调查现场——村落、农舍、田间。这种田野式的访谈，村民没有疑虑，也无须设防。不设防的闲谈，获得社会真实，没有任何人为的包装，内容真实可信。

《黄河边的中国》于 2000 年出版后，引发社会强烈反响，累计发行超过 5 万册，先后荣获第五届上海文学艺术成果奖和中国农村发展研究奖。初版时限于当时的时代环境，有些内容被压缩删除。为完整地展现这部具有很高价值的社会调查，2013 年的新版将过去删除的内容全部恢复，累计超过 10 万字，约占总篇幅的 20%，以一部的完本、全本的面貌出现，具有全新的意义。

资料来源：https://www.welan.com/7998061

在访谈过程中，我们模仿《黄河边上的中国》撰写科研笔记，筹划黄河专项的申请。

上官：《黄河边的中国》是个研究社会学的大学教授写的，描述了黄河边上中国农村的故事。10 年前看过，写得也很好。他走了好多地方，把中国农村的问题，按照行程、访谈、感想写出来。

淮：上次你给我打电话以后，我有这个想法，把这调查好好整理。

上官：你整理，加一些图片，一般 20 多万字就可以了。

淮：字数不是问题。如果有必要，可以把大家的一个感想，访谈的过程，把学术性比较强的思想加进来，模仿前人做一些工作，这种科研笔记很重要。

上官：这看的人还多，受众面比较大。

淮：您这要上黄河专项？

上官：我现在还上不了，因为我今年申请的基金如果要中了就没有资格申请。做科研首要是一些想法能够得到项目支持，没项目你什么都做不了。把这个项目申请下来就是 4 年。

淮：不干别的了，把项目做好就行。

上官：只要一个大项目做好就可以。如果现在有两项基金的话，就不能继续申报。

淮：我刚认识神东集团一个人，他专门负责科研立项，下面有个处，负责编写项目指南和招标。他毕业于西安矿业大学，十年前当矿长，写了一些循环经济的文章。他说好多院校都跟神东建立合作关系。我们陕西的院核都比较保守。他们非常欢迎校企合作项目申请。

上官：去年 11 月，我和一个考察团到榆林待了一周左右，我们十多个人在当地水利局陪同下去煤矿考察，包括设计规划，矿山生态恢复实验。我们再往北走几公里，进到山里面去看示范区，山上恢复得很好，下面公园的示范少一些。黄河河流生态治理，现在最重要是防治水污染。

淮：不是泥沙治理？现在主要是黄河河流沿途各种污染排放的治理。

上官：主要水污染，泥沙现在还不是主要问题，因为近年来植被恢复后，泥沙显著减少了。

淮：河道不是存在挖沙卖沙的情况？

上官：泥沙含量已经比以前降低了很多了。

淮：污染问题确实是一个很重要的问题。

11.4　通往米脂的路

下午 5:00 多我们离开佳县，途径白于山。上官老师给我展示了一些照片。

上官：这是在白于山照的，这个地方生态治理最困难。

淮：是不是石头的问题？

上官：对，这就是石山。也不完全是石头，有一些风化类土，很难把这个地方绿化。

淮：这要从林学或者育种的角度去考虑。

上官：植物现在都有，就看投资。公司把这一座山一承包，组建科研团队，一亩地挖多少坑，一个坑多少钱做好预算。

去米脂的路因为前面正在施工，几辆大铲车堵在了前面，我们不得不停车。眺望对面，远远可以看见农户院子干净，没有树；向西有一个养老院，门口有几棵树，半坡有一个小道。农户种小麦，小麦有点发黄，但是麦穗已经成熟。这尘土飞扬的道路，使我想起了二三十年前，我家门口车开过之后尘土飞扬。这种穿越时空的对比，告诉我们一件事情，植树造林，退耕还林让我们能够有清洁的空气。

晚上 7:00 我们赶到米脂县。"绥德的汉子，米脂的婆姨"里面有两层含义，第一层含义就是绥德男人长得英俊潇洒、威武，米脂的女人长得水灵、好看，另外一层意思是在米脂女人做主，在绥德往往男人当家。我跟饭店老板娘聊天的时候得知，这些女人承包或者经营商铺，每个人把自己的房子作为酒店出租。因为今天在米脂县有集会，所以酒店比较难订。

11.5　地域模式简析

本次调查的部分地区生态治理模式如表 11.1。

表 11.1　佳县和朱家坬镇泥河沟村模式

模式	行政区划	地理特征	主要活动	主要产物或绩效
佳县	陕西省东北部黄河中游西岸	县内山丘连绵，始于榆阳境内		佳县绿水青山的改造和大枣裂果的问题依然没有得到很好的解决。在佳县最大的问题有两个，一是在佳县这种恶劣自然条件下如何实现绿水青山改造。另一个问题是如何防止佳县大枣衰退

模式	行政区划	地理特征	主要活动	主要产物或绩效
朱家坬镇泥河沟村		佳县古枣园位于"中国红枣名乡"陕西省榆林市佳县朱家坬镇泥河沟村，是世界上保存最完好、面积最大的千年枣树群，总面积 36 亩，现存活各龄古枣树 1100 余株。泥河沟村也被誉为"天下红枣第一村"	人们都要敬拜"枣神"，祈求红枣丰收。逢年过节，人们都要制做枣糕、枣馍、枣焖饭等传统食品，以示庆贺；长辈们给孩子吃红枣、戴枣串，希望他们早日长大成人，日子甜甜蜜蜜；久远而又浓郁的红枣文化气息渗透在佳县人的日常生活之中	古枣园内生长的两株干周三米多的古枣树，树龄在 1300 多年以上，至今根深叶茂，硕果累累，被誉为"枣树王"、"活化石"。佳县有着底蕴深厚的红枣文化历史。枣树具有增加空气湿度，保持水土和养分等生态功能。在黄河沿岸的坡地上，其生物多样性保护、水土保持、水源涵养和防风固沙等方面的生态功能显得尤为重要

11.5.1　农村空心化与乡村振兴悖论

农村空心化倒逼中国乡镇缩减合并，这与乡村振兴似乎成为悖论。临县的白文镇街道两边房屋参差不齐，大街上人迹罕至，乡镇已经完全衰败，村里很少有青年人，镇上红白喜事很少在这里举办。随着城镇化的迅猛发展，很多偏远的乡镇已经失去了它的经济、政治、文化等功能。虽然农村人越来越少，但还有人在农村盖房子修路，可是房子卖不出去了。农村这种空心化的结构，会倒逼中国乡镇逐渐分化，有些乡镇直接衰落，退化变成了村级单位，而更多的乡镇通过合并或者扩大形成了集聚的小县城开发区。快速城镇化对于乡村振兴来说是一个悖论，一方面要搞乡村振兴，另一方面又要发展城镇化，合村并镇已经成为不可逆转的趋势。

11.5.2　佳县的产业难题

佳县县城都位于山顶之上。特殊的位置也与其古代战争有关。这样导致了当地发展农业会有瓶颈，因为所有农户都居住在山坡上，种植用地都受到了制约。佳县红色文化色彩浓厚，生态脆弱，万亩枣林遭遇枣裂难题。佳县红色窑洞酒店和红色展览馆比较流行。馆里收藏了历任国家领导人在佳县的足迹的文件，图片以及实物，尤其是当时的一些手写的文件批示，一些用品，还有流行起来的红色胸章，领导人的各种巨幅画像等。红色旅游酒店标间有现代化的装备，是这个地区一种特色。在十几年前在国内十分有名，但是由于裂果产业衰败。一个很明确的至今仍然没解决的难题是"陕北的大枣，雨后出现裂"。另一个更艰难的问题是佳县如何在岩石沙土上种植绿化，防风固沙？如果全面推广枣园大棚成为设施大枣需要我们再去调查。今后要继续反思农产品推广，对当地农业造成的风险。引进其他农作物，带动当地经济的高效发展。

　　泥沟湾村有千年枣王，体现中华枣源以及大枣产业的基本特征。佳县千年古树，说明了古村落的保护也属于绿水青山转化为金山银山的模式之一。我们要加强古村落的保护，尽量做到原生态，减少对它的伤害。

|第12章| 回 延 安

2020 年 7 月 23 日是我们调研的第十一天，我们按照计划先去米脂县高西沟，再过赵家圪、韭园沟村，前往安塞县纸坊沟，最后到延安新城。

12.1 高 西 沟

小贴士 12.1　米脂县

米脂位于陕西省北部，榆林市南部，无定河中游，东邻佳县，南接绥德，北界榆林，西连子洲、横山。全县辖 8 个镇、1 个街道办、206 个行政村、5 个社区，总土地面积为 1212 平方千米，总人口为 22.3 万人，其中农业人口为 16.8 万人。

米脂素有文化县、英雄县、美人县之称。是貂蝉故里，闯王家乡。明清两代出现 24 名进士、105 名举人的盛况。近现代涌现出李鼎铭、杜斌丞、杜聿明、刘澜涛等一大知名出人物。米脂婆姨更是以一种文化现象而享誉全国。米脂是陕北地区唯一荣获中国千年古县称号的县区，文化积淀深厚，旅游资源丰富，现有文物遗存 904 处，是陕西省文物重点县。

米脂也是著名的革命老区，1947 年，老一辈无产阶级革命家在米脂县杨家沟战斗生活了四个多月，沙家店战役的胜利使解放战争由战略防御转入全面反攻。

米脂是榆林能源盐化工基地。米脂矿产资源蕴藏丰富，尤其是岩盐资源探明储量为 1.3 万~1.8 万亿吨，占全国总储量的 17%，盐层厚度为 120~158 米，钠盐含量达到 93.2%~98.8%，属高纯优质岩盐矿。天然气资源分布广泛，探明控制储量为 1382 亿立方米储量丰富，开采前景广阔。2008 年，米脂县成立盐化工循环经济工业园区。2009 年被确定为全省重点建设的县域工业园区。园区规划面积 13.8 平方公里，已入驻项目 5 个，引进项目资金 67.5 亿元。

米脂是国家级重点生态功能区。全县共有耕地面积 68.83 万亩，林地面积 89.65 万亩，草地 23 万亩，植被覆盖率 42%。累计治理水土流失面积 643 平方公里，占总土地面积的 53%，建成淤地坝 1665 座。高西沟水保综合治理被誉为陕北黄土高原上的一颗明珠，对岔村的小流域治理模式被联合国粮农组织称为世界级治理典范，通过土地流转形成的孟岔模式是榆林乃至全省现代农业发展的典范。全县农业生产特色鲜明，优势突出，是中国绿色生态小米之乡、陕西省优质苹果基地县。

资料来源：http://www.mizhi.gov.cn/html/mlmz/mzgk/202104/25839.html

高西沟是黄土高原一颗璀璨的绿色明珠，经过 50 年植被覆盖率恢复到 67% 左右。

《高西沟调查》以陕北黄土高原的黄土丘陵沟壑区的贫困山区高西沟为背景，以历史和现实的大量感人肺腑的农民事迹和农民故事，演绎了一个村庄半个世纪的奋斗史，讲述了一群陕北农民生存与奋斗的感人故事，讴歌了高西沟人为改变自己命运进行艰苦斗争的伟大精神。早在 20 世纪 50 年代，高西沟就开始了以水土保持为主的生态综合治理工程，把荒山穷沟治理成全国水土保持的先进典型。1962 年 1 月 18 日《人民日报》头版头条刊载《山区农业的生命线》介绍了高西沟水土保持的经验，同时发表社论赞扬高西沟人民改造山河、战天斗地的先进事迹。1965 年高西沟被国务院命名为全国大寨式的典型。高西沟的三代农民在四届村党支部的带领下，高西沟人发扬自力更生、艰苦奋斗的精神，以实事求是的科学态度，顺应自然，尊重规律，走人与自然亲和共处的路，靠山吃山更要靠山养山的生态价值理念。在 70 年代探索出农、林、牧各占土地三分之一的"三三制"模式过渡到更为合理的田、草、林"一二三"模式，完全走上了生态与经济协调发展，人与自然和谐共存的良性循环路子。改革开放以来，沐浴着"再造一个山川秀美的西北地区"的春风，高西沟人再次掀起了生态环境建设的热潮，大搞退耕还林、舍饲养羊、兴田打坝。形成"高山远山森林山""近山低山花果山""植树绿化路两边"的美景。高西沟人用整整半个多世纪的时间，在水土严重流失、自然环境极其恶化的陕北黄土高原上，坚持人与自然的和谐理念，解放思想、实事求是，不断解决粮食生产和生态保护、土地贫瘠与农民增收之间的矛盾，创造了中国农村的发展奇迹。高西沟发展之路昭示了中国贫困山区在建设社会主义新农村热潮中如何走出一条有别于大寨、华西村、大邱庄这些著名村庄的独特的农业快速发展的道路，如何走出一条循环经济模式的、可持续发展的生态农业道路（马平川，2010）。

12.1.1 农民自力更生，综合治理

高西沟农民自力更生，艰苦创业实现综合治理（图 12.1）。我们赶到高西沟村委会，但是没有人，展示馆没有开，所以我们就到南面的山上去观察了水土流失的情况，然后又到北面看山地苹果园。在高西沟南侧山顶上，还有农户在苹果地里锄地。因为最近下过雨，路面滑坡比较厉害，大量的黄黏土都从斜坡上滑下来，甚至挡住了路边的水渠。这给我们上山带来一定的风险。

张：对面是梯田吧？

上官：这都是梯田，这一块全部是他们村民在 20 世纪五六十年代修建的。

淮：我们脚底下这个草是人工种植的？

上官：自然生长的。今年是一个大旱年份，植物都没有长好。

淮：人工林都是栽的？

上官：这些都是栽的，恐怕也有 10 年了。

淮：这个树种是不是有问题？这两排全死了，叶子泛黄了，路边和坡上的树颜色都不一样。

张：这个底下种得很密，品种也不一样。

淮：梯田上面种粮食，山顶上是光的吧？

上官：对面山上都是苹果。农户今年种的粮食都收不了了。这一块也是淤地坝形成的。

小贴士 12.2 高西沟国家水土保持示范区

高西沟位于米脂县城东北 20 千米，是米脂县高渠便民服务中心的一个行政村，有 3 个村民小组，全村有 155 户，总人口为 537 人。当地属典型的黄土丘陵沟壑区，全村土地面积为 4 平方千米。高西沟昔日地形破碎，"山上光秃秃，沟里洪水流，年年遭灾害，十种九不收"。从 20 世纪 50 年代起，高西沟征山治水，在四届村党支部的带领下，三代人民 60 年来坚持不懈，奋战不止，围绕"山青、水秀、村美、人富"的目标，在 40 架山、21 条沟，按照"山上缓坡修梯田，沟里打坝聚秋滩，高山远山森林山；近村阳坡建果园，退耕坡地种牧草，荒坡烂地种柠条"的布局进行综合治理，修梯田、打坝堤、退耕还林、封山禁牧、植树种草，防止水土流失，改善生态环境。坡、梁综合治理，山、水、田、林、路一步到位，自力更生，艰苦创业，用心血和汗水谱写了改天换地的壮丽篇章，闯出了一条多（植被多）、快（速度快）、好（效果好）、省（成本省）的生态建设新路子。目前，全村现有基本农田 777 亩，其中 380 亩为人造小平原和宽台梯田，建成淤地坝 6 座，谷坊 126 座，形成坝地堰窝地 397 亩；现有林地 2253 亩，其中生态林 1660 亩，经济林 793 亩；草地 1500 亩，养羊 1000 只，高西沟林草覆盖率达 69.3%，综合治理程度达 78%（图 12.1）。

图 12.1 高西沟国家水土保持示范区
（2020 年 7 月 23 日，王耀斌摄）

淮：现在有好多人在地里干活呢。这个治理主要是原来的村干部带领治理的？

上官：这里经过 50 多年的不断治理，国家扶持很少，都是农民自己干的。

淮：这个有没有像右玉精神被宣传？

上官：宣传的也好。20 世纪 60 年代没有任何机器，都是人力修筑梯田，人定胜天，现在能体会为啥这个村子产生了几个全国劳模。

淮：像这种国家示范园，每年有一些经费吧？

上官：这个没有多少，示范园国家给得很少。这对面山上苹果也很多年了，味道还很好。这个刺槐和下面的不太一样。叶子都向上，比较稀疏。

张：这是松树是吧？

王：这个叫松果？中国常见马尾松叶子可长了。但这个好像是外国引进去的，叶子短。

淮：这是柏树吧。为啥柏树有的结籽，有的没啥籽呢？

王：这不是一个品种，这个叶子就扎手。这个树是不是旁边两个杂交出来的？

张：不，这个树长大有刺，小时候没刺。

12.1.2　淤地坝的功能

淤地坝具有治洪、拦泥、蓄水，减少泥沙的功能。

淮：这回你给我好好介绍一下拦泥的堤坝。

上官：这坝一个拦泥一个拦水。主要目的是治洪、拦泥、蓄水，减少泥沙。

张：下面这就是一个小淤地坝。

上官：它这里面的泥沙，这还没积成，它都是一大坝。下午我们到韭园沟去，看那些比较标准的淤地坝。

淮：你说这个坡？

上官：不是这个坡，这两个沟中间加了坝以后形成这一块。

张：中间这个淤泥是自然淤积的吗？

上官：自然淤积的。这个沟中间都是淤地坝。

淮：就是前面这一块路挡住了沟道的坝？

张：淤地坝是不是也能防止水土流失？

上官：是防止水土流失。路边的塌陷是最近半年累计降雨造成的。就下了一场暴雨就造成了塌方。今天下暴雨若下到这儿，估计会造成滑坡。2017 年 7 月 26 日大暴雨，泥沙达到一两米高，把绥德县城全部淹了。

淮：这是发生最大泥石流，百年一遇？

上官：也不是百年一遇。这路就是因为这半年里下雨塌得太多了，土质疏松，滑坡形成的。最近预报说要下一场大雨。下一场大雨，车子还上不来呢。侵蚀实验就是这种。他们苹果也发展了好多年了，树还挺大的。要不上对面的山去看一下？这个地就是干得很。

12.1.3　山地苹果

山地苹果受旱灾影响个头小，但是味道很甜，如果农户管护跟上则收益大。在对面的山上，今年气候比较旱，果园有落果的现象，有的是套袋的。摘几个苹果尝，果质比较硬，味道已经甜了。山地苹果果皮红，但是果子比较小，还没有成熟，等到成熟之后，他们将来可能替代洛川苹果成为最好的苹果品种之一。

上官：管理经营跟上就不用太急，这是山地苹果果园。

淮：2017 年我们来到农户家里调查。户主早上上山，带着饼子吃，在山上干完活晚上才回来。半山腰的采摘也是个问题。

上官：这些苹果都是老树。

淮：这些苹果没套袋，等会儿摘两个尝尝，这一路上见的鸟不少。

上官：我没到这边山上来过，这路都修得可以，都是砖路。

淮：这里挖的坑是蓄水用的。套袋的是富士，没套袋的是秦冠。这家的地收拾得还比较好，这土踩着成细末。苹果园管理得好，比较干净。这儿洋葱没有拔；这两棵树有问题了，落果太多，为啥这个上面挂着那么多塑料袋呢？

上官：把枝儿压下来吧，不往天上长，压枝儿。

淮：摘个新鲜的，摘一个袋装的，这没打药吧？带点红吃起来甜，说明他家苹果不错，特别好吃。我那年来，在农民地窖里买了两箱苹果回去，一斤给两块钱我都嫌贵，结果回去我们那得 5 块钱。

12.1.4 高西沟水土保持展览馆

高西沟水土保持展览馆讲述了高西沟人民自力更生治沙的丰功伟绩。

我们下山返回村委会，有人给我们开门进了高西沟治沙成果展示馆，了解一代又一代村干部带领农户治沙的历史。高西沟村的土地一直到 20 世纪 80 年代没有分散承包，还是村集体经济。这使得村委会有足够的组织能力和强制性来推动水土保持工作，他们提出了三三制，就是治沙，种树和种粮各 1/3 的原则，后来成了"三二一"制，种粮食的面积减少得最多。走进他们的荣誉室，自然资源部、国家林业和草业局等授予的奖励和奖牌很多。但是高西沟目前也存在一些瓶颈。当前的村委会不像五六十年代的村委会号召力那么强，劳动力很少了；机械化在沟道坡难以实现。过去的模式要复制，还要求群众基础好，要选择一些农业机械适合山地作业。

淮：您好，你是给我们开展览馆的，我们是西北农林科技大学的，感谢。您贵姓？你能给我们讲解吗？

> **小贴士 12.3 高西沟水土保持展览馆缩影**
>
> 高西沟是一个秀美的村庄，水土保持生态建设的先行者，在 50 年的艰苦奋斗过程中，高西沟人将一个植被稀疏、流失严重的贫困山区治理成山青水绿，美丽的塞上江南。高西沟是一个光荣的村庄，是水保生态建设的践行者，20 年的辉煌，20 年的坚持，新世纪的崛起实现了人与自然的和谐发展。高西沟是一个英雄的村庄，是水保生态建设的示范者，被誉为陕北高原上的明星，在黄河流域丘陵沟壑区的治理中取得了举世瞩目的成就。
>
> 高西沟水土保持展览馆位于项目中心位置，建有水保生态展览馆、党建馆、荣誉室等，它对高西沟的发展历程和成就进行详细介绍。通过参观，我们可以了解和学习当地农民自力更生艰苦奋斗的精神（图 12.2）。

图 12.2　高西沟水土保持展览馆缩影

（2020 年 7 月 23 日，王耀斌摄）

村干部：只靠自己看，讲解员没在。

淮：这是国务院原副总理钱正英、作家肖华等都来过。这是 1962 年 1 月 18 日人民日报报道的成功经验。在党支部的领导下，70 年代人造小平原，20 世纪 80 年代家庭联产承包责任制时候，生产队没有分地开始种苹果。有这种小手扶拖拉机，土地利用方式决定了经济效益，这还把科研效益单独列出来了，这不是我们水保所的人吗？谢永生，王万忠。

上官：是的，展览中有不少学校的专家身影，他们都在高西沟做过工作。陕西女作家冷梦很有名了，在高西沟住了几个月写出了长篇小说《高西沟之歌》，还有长篇报告文学《高西沟调查》，如果好好总结还能挖掘点啥东西？

通过参观高西沟党建展览馆，我们明白了老一代英雄人物的事迹。第一任村支书还健在，现任是高志兵。在党员的领导下，很多村干部都任职十年，领导群众去干事业，村级企业经济现在正在筹建。我向开门的人了解他们的生活现状。他家只有两亩多地，子女都在外面打工，现在村里办企业。村里的米脂小杂粮加工厂是一个企业家投资的，是目前正在建设的一个集体经济。

12.1.5　高西沟村集体经济

高西沟目前人均耕地1亩，靠天吃饭，村集体经济依靠投资人兴建。

淮：你们有几亩地？今年比较旱，能灌溉吗？

高：我家有两亩地。这里不行，现在都在山沟里，管理不好管，集体地可以灌溉，你分给个人了，没人灌溉了。胡锦涛主席2012年6月看望我们治沙英雄，这是国家旅游局、农业农村部、中华教育基金会等给发的全国文明村等各种牌匾。

淮：你们现在放羊吗？你家有几亩苹果？

高：没有，因为禁牧，以前放羊的都没有了。家里有1亩苹果，能卖八九万元，是直接收入。

淮：山上苹果有一些人浇？

高：不浇。

淮：苹果成熟是在几月份？最好的时候苹果1斤能卖多少钱？

高：苹果国庆节以后成熟。去年卖到三四块1斤，这儿苹果好吃，比其他地方的价格都要高。

淮：如果卖不掉，放到地窖里？有村集体经济吗？

高：以前家家都有地窖，现在没有，现在存到冷库。广场前的小杂粮加工企业是2018年办的村集体经济。

上官：现在这个企业有没有给村民分红，有没有奖金呢？

高：公司今年刚开始，他和赵家峁一样，厂子是外面机构投资。

上官：这种发展道路和赵家峁不一样，这个村子全是村民投资自己发展，赵家峁国家投资太多。

高：没有大笔投资在这里，做不起来。

淮：你们有没有一个财政补贴给企业或者个人？退耕还林或者其他补贴吗？

高：这有生态补偿项，按每亩计算多少钱？

淮：像你们今年能拿到多少钱？

高：生态补偿费直接给农户，去年补个三千元左右。

淮：现在都种的啥？

高：种洋芋（土豆），今年旱得不行没收成。

12.2　绥德县赵家坬的万亩苹果示范区

我们很快要赶到绥德县的万亩苹果示范区，一路上翻山越岭，我们爬到了山顶，发现有人把山头整改成了梯田、大铲车、压路车和洒水车在不远处作业。

小贴士 12.4 绥德县情简介

绥德县位于陕北腹地，榆林市东南部，地理坐标为东经 110°04′~110°41′，北纬 37°16′~37°45′，县境东西长为 56 千米，南北宽为 51.6 千米，地势东北高，西南低，海拔为 607.8~1287 米。地貌特征为典型的峁梁状黄土丘陵沟壑区，全县土地以峁梁沟坡地为主，占全县土地总面积的 63.6%，在峁梁沟坡地中以坡地为主，占 85.7%，在坡地中以 25 度以上的陡坡地为主，占 51.24%。全县土地总面积为 1853 平方千米，其中耕地面积为 115.63 万亩，基本农田保护面积为 89 万亩。绥德属温带大陆性半干旱气候，年平均降雨量为 452.5 毫米，年平均气温为 10.4℃，无霜期为 202 天。全县辖 15 镇 1 中心 11 个社区 339 个行政村，总人口为 35 万人，常住人口为 25.5 万人，城市建成区面积为 15 平方千米，城镇化率为 44.45%。

绥德是陕北革命老区，是榆林地区红色资源最丰富、最集中、最有代表性的地方，是中央红军在陕北的落脚点，是陕甘宁边区的改革试验示范区，更是转战陕北和开启解放战争的中转地、出发点。作为陕甘宁边区的北大门、大后方，绥德分区在抗日战争时期和解放战争时期都有十分重要的地位。创建于 1923 年的省立第四师范学校（绥德师范）是李大钊革命火种的播种地，陕北最早的中共党团组织在此成立，学校也成为西北革命的活动中心。抗日战争和解放战争时期，抗日军政大学总校、警备区和 359 旅司令部先后驻绥。老一辈无产阶级革命家曾在绥德战斗生活过，革命前辈先后在绥任职工作过。

绥德是举世公认的陕北民间艺术荟萃之地和陕北文化的中心腹地，享有文化和旅游部命名的全国民歌、秧歌、唢呐、石雕和剪纸之乡五项殊荣的全国文化先进县和中国民间艺术之乡，各级各类非遗名录达八大类 47 项，非遗保护项目的数量和质量在陕北地区占绝对优势地位。绥德县被省文化厅命名为 2018~2020 年度陕西省民间文化艺术之乡，荣获中国最具投资潜力旅游名县，2018 丝绸之路中国旅游业态代表等称号。全县现有文化广场、疏属山景区、创新现代农业园区、绿源生态园、郭家沟影视基地、郝家桥、上河源 7 个 AAA 级旅游景区，正在创建疏属山 AAAA 级景区，打造全国文化强县、西北旅游名县、全域旅游示范县。

绥德是陕北地区传统的农业大县，农业生产历史悠久，农耕文化发达，是世界公认的苹果最佳优生带。目前，全县共培育省市县三级农业产业园区 103 个，山地苹果种植面积为 23.2 万亩，红薯种植面积为 3.5 万亩，中药材种植面积为 5 万亩，粮食播种面积为 79.18 万亩，蔬菜种植面积为 3.3 万亩，羊饲养量为 36 万只，生猪饲养量为 17 万只，2020 年全县农业总产值达 37.4 亿元。赵家坬园区被确定为全省黄土高原生态文明示范区，列入全国干部教育教学点，全县正打造黄土高原生态文明示范县。

资料来源：http://www.sxsd.gov.cn/html/mlsd/sdgk/index.html

12. 2. 1　万亩苹果示范区的运营

我们驱车很快就进入了赵家峁万亩苹果示范区。它的特点是企业家承包荒山，使用淤地坝（图 12.3），坡改田种植苹果，但是遭遇霜冻。

图 12. 3　淤地坝

淤地坝指在水土流失地区各级沟道中，以拦泥淤地为目的而修建的坝建筑物，其拦泥淤成的地叫坝地。淤地坝的主要作用是滞洪、拦泥、淤地、蓄水、发展生产、减轻泥沙。

（2020 年 7 月 23 日，淮建军摄）

淮：这和一般的农户模式不太一样，平整土地更多，规模更大，这有霜冻吗？

司机：这里平地有霜冻，我问一下，山顶上个别没有冻。

淮：跟这个小气候、环气压、海拔和风向都有关系。2016 年我们调查的时候有个农户说他家路两边都没有冻，再往里面的都冻了，有可能是路边风流动得快。

司机：还有一个是他们这里小米绝收。现在农民不卖小米，一年收六七千斤，能吃完不卖了。价格现在到了八九块钱 1 斤。这是他们的口粮吧，一般大米白面都在外面买。

张：这苹果树两三年挂果子，有落果。这地面有地膜。

淮：这是第一年，这个用来固定树形。他们用的是牛粪和羊粪，有机肥干在上面了。

张：我蹲下来实地考察一下。土也虚得很。

淮：这是推平的。是不是把地整成斜坡更好一点，作物更容易存活？

上官：斜坡比较麻烦。斜坡上降雨之后的水分都流走了。

淮：斜坡种了一些杂草长势比较好，平整的土地干得都不行了。

上官：你要看长草的话，在平地上草长得会更好。

淮：企业家把这片的山都承包了，自己雇人和车把山头推平。边平边种苹果树。那是个洒水车、浇灌车？不会吧，这片地太大了，光路边绿化的都浇不过来。

淮：但是这些树上都有小果子，两三年了。

上官：这里什么水土保持措施都上过了。

淮：这个漫山遍野都是苹果，投资也非常大。快的三年，慢的五六年，将来我估计销售也是问题。

上官：大企业有实力。

淮：如果这都长成了，漫山遍野都是绿的，这个企业家也很有魄力，相当于把一个中国银行放在这里了。

上官：所以它们机械化，把上万亩都做成了梯田。那是淤地坝，连续三个。如果沟道很长的话，10个坝也会有。

淮：那样会不会都形成湖，蓄水吗？

上官：每一道拦截泥沙防止水土流失。

淮：这里要是成功了，不得了。

上官：若成功了，会带来巨大的经济效益。将来这里苹果品质可能会超过洛川苹果，这是气候造成的。

淮：冻灾对这有影响。企业家把附近几个村子全部承包60年，是不是通过县上？

上官：不是，他自己直接和村里签订合同承包过来的。村委会帮忙把这些合同都签订好了。他和县上联系不多。

淮：拿几十个亿在这儿来做实验，成功了再把整个黄河流域都包下来。

张：企业家是不是本地的？

上官：对！他是当地人。这个模式和我们前面的不一样。我们可以站到最高处看一看。

淮：地里咋这么虚？一动鞋子陷进了土里。会不会他们把草埋到里面了？

小王：这是扦插，是把其他的树嫁接到这个树上，果树下面还套种豆苗。

淮：才长出这几颗，今年太旱。

张：今年不是说雨水多吗？

小王：分地方？

淮：这是什么草？这个毛毛草很厉害，很坚强。搞不好是以后治理黄河流域的种子。这漫山遍野长出来。

上官：这把能退的坡面都弄成梯田种苹果。

淮：跟延安推山造城类似，这是推山造林。

上官：我去年11月来过，周围还是枯草，企业家亲自接待，讲解了一遍。他有50岁左右。他以前不懂苹果，为搞苹果请教很多人，目前他对苹果懂得也多了。附近这些村子人都过来打工。他带动当地人脱贫致富。

企业家精神是企业提升核心竞争力的关键，是促进经济发展的强大武器，是推动社会进步的巨大驱动力。我国许多地区的经济实践表明，返乡农民工企业家的生成和发展既有一般企业家成长的规律性，也有农民工企业家群体成长的特殊性。虽然返乡农民工企业家精神在很大程度上是内生的，但要将其扩展到整个人类组织中以产生更大范围的社会进步，就必须创造良好的企业家精神培育环境。返乡农民工企业家精神培育是一个系统工程，既需要通过社会核心价值观的内化提升返乡农民工企业家精神的内在动力，也需要抓准创业环境、制度环境、文化环境、社会环境和市场环境等宏微观环境的关键环节（李贵成，2019）。创业者的受教育程度、返乡创业者的身体健康状况与创业企业利润有关，除第一产业外，返乡创业者返乡前就业或创业的行业与返乡后创业的行业和创业企业类型密切相关；返乡创业者返乡前担任职务与其创业行业有关，与创业企业利润负相关，说明创业者可能存在自负行为；创业培训与创业企业类型呈正相关关系，自我价值实现型创业者接受创业培训的比例高于发展型创业者，生存型创业者最低（王轶等，2020）。

12.2.2　企业家开发山地农业

山地农业是指人类在山区中可耕作和可开发利用为农业生产用地的山地进行的所有农业活动的总称，包含了种植业、林业、园艺、畜牧业等（李东颖，2019）。

自然资源特点及其状况决定了山地区域的可持续发展，山地农业具有边缘性、稀缺性、脆弱性、分散性、多样性等五个最基本的环境特征，山地农业产业化的重点应该是特色农业和休闲农业。

淮：企业家的长远收益和产业扶贫、农民发展密切联系。企业家植树造林有生态收益，有名誉收益，政治效益或社会效应，社会效应有示范作用，个人出名了就可以找资金，享受一些优惠政策，形成良性循环；再慢慢带项目，所以现在有人看好现代农业了。

张：现代农业融资还比较少。

淮：说不定三年之后，漫山都绿，收益很高。企业家看得比较长远，评估过投资回收期，生态效益和社会效益。

上官：他在上一年的用工费就几百万元。

淮：那个推土机和压路机每天都在，这也是大手笔。

上官：这是陕果集团挂了产业扶贫示范基地的牌子。

淮：是不是有些扶贫单位给他注资？

上官：现在领导到这儿参观，然后好多都要挂牌子。这下面都是公司的苹果树。

淮：旱地苹果，浇不上水。蓄水池能蓄上水吗？

上官：能，但是要用还需要人工。企业的成本很高。

淮：企业化运作把当地村民当员工。咋看不到地里有人在？

上官：现在 12 点，都没有人。

淮：这山里面病虫害也比较多？

上官：山里病虫害少。这最高，上观景台。

淮：世界苹果看中国，中国苹果看陕西，陕西苹果向北移，绥德苹果有生气，好！这个苹果区西移北扩，是一直向陕西移动。

据上官老师说，这位投资者是非常聪明的大企业家，很懂苹果，种植的苹果品种，非常抗旱。我们沿途看过来，大多数长势非常好，因为 2020 年太干旱，偶尔树上有落果。虽然踩土如烟，但是全山披上了果树的绿装，与旁边没有改造的山有很大的差别。苹果树下有一些稀疏的红薯、玉米苗，其他作物基本绝收。登上最高的观景台，环顾四周，才发现他不光种苹果，还种植了不同类型植物。可见企业家下了大力气栽活苹果树，不靠政府，积极创业，非常看好苹果的市场前景。因为绥德是苹果最好的气候优生区，这里苹果的品质非常好，可能替代洛川苹果成为最好的苹果。

张：苹果只有这个区域能种，南方不能种苹果吗？

淮：南方水太大，空气和土质也不适宜。这是旱地苹果。

张：中国苹果产量世界第一，连续几十年占世界一半儿，陕西苹果又占中国的1/4，占全世界10%，烟台苹果也挺有名的。

淮：烟台苹果产量在萎缩，新疆也种苹果，总体上苹果供过于求了。你看他们的支出：务工人员工资330万元，员工收入2.5万元。这是牡丹花？园区旧貌全是土，现在好多了。

张：这么多玫瑰、蔷薇、月季。

淮：这是柏树、柠条。

张：这是不是一铲子下去，把种子下进坑里了？

上官：这是在坡面上建的鱼鳞坑。

淮：这些人在这里打井吃水吗？

上官：他们打井了。在苹果园里套种油菜非常好，春天这里景色非常漂亮。油菜开花主要为了观赏。这和高西沟的情况又不一样。将来还可以上很多项目，开发一些娱乐项目。

淮：洼上果香，园中花美，再过几年这里就成了旅游景点。这个规划设计是企业家自己做的，后半生靠果园。但是如果他们果品成熟，满山遍野，如何采用机械化手段采摘的问题也会出现，也存在潜在的霜冻风险。目前无法确定它是否受伤冻影响，因为果园大多都在山坳里。他下一步会增加生态旅游的投资。当漫山遍野苹果飘香时可以开发更多的旅游资源，比如说玩过山车、采摘等，采用商业化的手段使得绿水青山转变金山银山。这里已经成为绥德最重要的一个脱贫攻坚的基地。

12.2.3 淤地坝的管护

20世纪50年代中期水土保持工作围绕"治沟"还是"治坡"进行讨论，最后形成"沟坡兼治"的指导方针，而淤地坝作为治沟的主要工程措施，自然在理论上得到水土保持专家的认可（邓群刚，2015）。沟壑治理宜节节筑坝堰以缓水势，待坝堰淤平之后，便可以进行耕种，李赋都明确提到淤地坝的双重功效即保持水土和淤地造田（李赋都，1988）。淤地坝是黄土高原水土流失治理的重要工程措施之一（艾开开，2019）。淤地坝是流域治理的一种有效形式，既可以增加耕地面积、提高农业生产能力，又可以防止水土流失，要因地制宜推行（史红艳，2019）。黄土高原淤地坝建设存在投入少、进度慢、缺乏坝系规划、设施不配套、存在病险隐患等问题（刘正杰，2003）。

从绥德向安塞出发，我们一路观察了好几个淤地坝，它一般包括坝体，排淤渠和泄洪渠道。高质量的淤地坝得到长期管护才能防止泥石流等灾害。在半山腰我们发现一个小型淤地坝，坝上有坑，是水土流失造成的大洞，旁边有一个排水渠修得非常好，使用水泥石块修砌而成的。一路向下，我们到了绥德县附近韭园沟有一个宽约为20米，长约为100米的大型淤地坝，坝上种植很多植被以保护坝头，坝面上可以用沙土水泥铺设路面，靠近山体的地方有排水渠（图 12.4）。

图 12.5　韭园沟淤地坝

　　韭园沟淤地坝的排水器非常大，并且设置了"V"形雨水测量仪，测量仪器的标尺根据水流高度，可以直接读出流量。在上面挂了一个锤子。如果发生大洪水，他们可以把锤线放到泥沙中直接测泥沙量。

（2020 年 7 月 23 日，王耀斌摄）

　　淮：如何判断淤地坝？

　　上官：高度、长度都可以，旁边是泄洪道。一个淤地坝由三大件组成，坝体、溢洪道、泄洪道三大件全的都是大型淤地坝，骨干坝。这是中型坝。

　　淮：这个平时咋维护呢？

　　上官：这没有啥管护，修好以后村民来管护。这水下来以后，从这排走了，淤地坝里不能蓄水。

　　淮：如果把这挡住，成水库了，不叫淤地坝了。

　　上官：但是现在很多淤地坝里都想存一点水，用水做景观。这坝修得质量很高。

　　张：洪水冲下来坝地玉米全完了吧？

　　上官：韭园沟有 100 多个淤地坝，这是其中一个。刚修完里面坑坑洼洼的，这都是泥沙淤平的，植被好的话淤平需要时间长，水土流失严重的淤平很快。因为两边都要有沟壑的。这淤地坝和路结合起来，保护下面村子很重要。这一路都是淤地坝，韭园沟知名度很大，从 20 世纪 50 年代修建起来，100 多个淤地坝从来没毁过。

　　淮：是管护好吗？

　　上官：是修得质量好，同时坝体设计规划也好；绥德水保站专门负责这个事情。

　　淮：淤地坝只有在大暴雨的时候发挥作用？

　　上官：平时的雨都可以。

　　淮：淤地坝要设计新标准吗？原来是建筑标准吗？

　　上官：淤地坝有它建设的标准。这是骨干坝，相对较宽。

　　淮：刚建起来的时候，是这样吗？

　　上官：它是大坝，这是韭园沟最标准的一个坝。

　　淮：这个坝体上有人把树砍了种庄稼会不会有影响？

　　上官：这没啥。从绥德县过来以后这是第一座淤地坝，也是最主要的淤地坝，因为下面是县城了。主沟旁边有支沟，支沟里面还有坝，主沟里面坝都比较大，刚才看的是支沟里面的坝。韭园沟 70 多平方公里的水流出口在这，现在没有一点泥沙。

淮：护理人员是兼职的吧？

上官：这个绝对是专职的，绥德站离这很近。

淮：当时人们为什么不往高处建房子？

上官：沟底用水方便。这是工程措施，打这么一座坝现在需要三四百万元。

淮：是不是钢筋水泥都用里面？

上官：坝和水库结构不一样，主要是土要压实。

邓：是不是过几年还要加高？

上官：现在没有泥沙，如果有的话还要再加一些。

淮：这管护人员是不是很轻松？

上官：他不光做这一件事。

12.3　韭园沟综合治理

韭园沟在梁峁修田，谷坡造林，谷底修坝，形成综合治理。

小贴士 12.5　韭园沟

　　韭园沟流域位于陕西省绥德县城北 5 千米处，是无定河中游左岸的一条支沟，流域面积为 70.7 平方千米，主沟长为 18 千米，200 米以上的支沟 337 条，沟道平均比降为 1.2%，沟壑密度为 5.34 千米/平方千米，流域海拔高度在 820～1180 米。流域内梁峁起伏，沟壑纵横，土地贫瘠，地形破碎，属黄土丘陵沟壑区第一副区。该流域属半干旱大陆性气候，多年平均气温为 8℃，日照时数为 2615 小时，无霜期为 150～190 天。据统计多年平均降雨量为 475.1 毫米，降雨年际变化大，年内分配极不均匀，汛期的七、八、九三个月降雨量占年降雨量的 64.4%，且多以暴雨形式出现，一次暴雨产沙量往往为年产沙量的 60% 以上。

　　为了探索黄丘一副区水土流失综合治理模式，有效减少入黄泥沙，发展当地经济，黄河水利委员会于 1953 年在绥德水土保持科学试验站建站的同时，选择韭园沟为试验、示范小流域。50 多年来，黄河水利委员会绥德水土保持科学试验站与陕西省地方政府，一直把韭园沟作为重点流域进行综合治理，1964 年韭园沟被列为陕北水土保持农林牧副业综合实施十大样板之一，1982 年被列为全国八大片水土流失重点治理区无定河流域重点治理小流域。该流域在各级党政领导的重视支持下，经过许多中外专家、学者和广大科技人员以及当地干部群众的共同努力，通过不断的水土保持治理实践总结和示范推广，使该流域的自然面貌发生了巨大变化，土地利用结构趋于合理，生态环境以及农业生产条件得到明显改善，经济效益和群众生活水平显著提高，水土流失得到全控制。同时，结合流域治理进行了大量的水土保持试验研究，探索并总结出许多水土保持流域治理和试验研究工作经验，积累了大量的资料，取得了丰硕成果，在黄河中游地区，特别是黄河流域丘陵沟壑区得到广泛的推广和应用，有力地促进了当地生产的发展，推动了该区域水土保持的进程，得到了综合治理的主要经验。

韭园沟从 20 世纪 50 年代开始进行综合治理，从发展山区生产和根治黄河的要求出发，以流域为单元，统一规划，因地制宜，集中治理，主要措施有①田间工程：水簸箕、地埂、水平梯田、堀坡梯田等；②沟壑工程：在群众建设小型淤地坝的基础上，布置了干沟骨干控制坝，采用防洪、拦泥、生产三者相结合，布设了蓄种相间、轮蓄轮种、计划排洪、防洪保收的坝系，并大力推广了水力冲填筑坝技术；③农业保土技术：深耕、密植、沟垄耕作、牧草轮作等。

在治理方法上，采用自上而下的坡面防冲与自下而上的沟壑控制相结合，自峁顶到沟底因害设防，布设"三道防线"，即在梁峁坡地上修水平梯田，配合其他措施，防治坡面水土流失，形成第一道防线；在沟谷坡上以营造灌木林、用材林、人工牧草，以稳定沟坡，防止冲刷，形成第二道防线；在沟谷底修筑淤地坝、蓄水塘坝等工程，发展水地、坝地，变荒沟为良田，制止沟壑发展，拦截坡面下泄泥沙，形成第三道防线。韭园沟道坝系已经形成较完整的体系，小多成群骨干。通过"三道防线"综合措施配置，层层设防，节节拦蓄，将梁峁坡、沟谷坡和沟谷底联成一个综合防护体系，有效地制止了水土流失，促进农业生产和多种经营的发展。截至 1999 年底，全流域共有各类淤地坝工程 202 座，其中骨干坝 15 座，大、中型坝 25 座，小型坝 162 座，总库容为 2602.1 万立方米，可淤地面积 314.09 公顷，已淤 262.51 公顷，已利用 212.76 公顷，利用率为 81%。这些坝地已经成为韭园沟的高产稳产田。共修水平梯田 1707.23 公顷，各类林地 1685.88 公顷，其中以柠条为主的灌木最多，面积为 1111.60 公顷，果园、经济林面积 433.03 公顷，以苹果、枣树为主，兼有梨、杏等，乔木林 115.09 公顷，混交林 26.16 公顷；草地面积仅为 80.50 公顷，累计治理面积 3736.12 公顷，治理度为 50.05%。

12.4　安塞纸坊沟自然修复

小贴士 12.6　安塞县

安塞古为白翟地，秦汉以来设置高奴县，隋唐五代为金明县，宋设置安塞堡，于南宋淳佑壬子年（1252 年）立县，距今已有 750 余年。安塞地处西北内陆黄土高原腹地，鄂尔多斯盆地边缘，位于陕西省北部，延安市正北，西毗志丹县，北靠榆林市靖边县，东接子长县，南与甘泉县、宝塔区相连，地理坐标为东经 108°5′44″ ~ 109°26′18″，北纬 36°30′45″ ~ 37°19′3″，属典型的黄土高原丘陵沟壑区。县境南北直线距离为 92 千米，东西直线距离为 36 千米，总土地面积为 2950 平方千米，占延安市总面积的 8.04%，其中耕地为 106.4 万亩，95%属于山地。2016 年安塞撤县设区。全区辖 8 镇、3 个街道办事处、117 个行政村，总人口为 17.71 万，土地总面积为 2950 平方千米。

安塞地形地貌复杂多样，境内沟壑纵横、川道狭长、梁峁遍布，由南向北呈梁、峁、塌、湾、坪、川等地貌，山高、坡陡、沟深。全县有 4 条大川，沟壑密度为 4.7 万条/平方千米。最高海拔为 1731.1 米（镰刀湾乡高峁山），最低海拔为 1012 米（沿河湾镇罗家沟），平均海拔为 1371.9 米，县城海拔为 1061 米。

安塞是黄土高坡上的民间绘画之乡、民间剪纸之乡、腰鼓之乡、民歌之乡、曲艺之乡。安塞自古就是边塞之地，有上郡咽喉之称。秦汉两朝，安塞县境内的烽火台多达四五十处。宋代，安塞是宋与西夏激烈争夺的战场，堡塞遍布，战火频仍。在长期的历史变迁中，安塞一直是中原农耕文化与西部游牧文化的交流地带，不同民族文化的相互融合，逐渐形成了既有汉民族特点又有西域其他民族特点的文化特色。而明代以后长期的封闭、半封闭状态使得在其他地区失传的古老民族文化传统得以在安塞比较完整地保存下来，成为我国西北地区黄土高原文化保存最好、民间艺术最集中、最具代表性的区域之一，并且陆续培育出四朵民间艺术的奇葩———腰鼓、剪纸、民间绘画和民歌。

资料来源：http://www.ansai.gov.cn/fqas.htm

到了安塞，我们花了近两个多小时才开到了纸坊沟，了解这里的生态修复的情况（图 12.5）。结合安塞纸坊沟农村萧条、空心化的现状，这里的生态治理采用自然修复的方式。

图 12.5 纸坊沟流域

纸坊沟是延河支流杏子河下游的一级支沟，属于黄土丘陵沟壑区第二副区，在地形及侵蚀的影响下，流域内地形破碎，梁脊起伏明显，其地形特点在陕北黄土丘陵沟壑区极具代表性。纸坊沟流域属于暖温带半干旱气候区，年平均气温为 8.8℃，降水年际变化率较大，枯水年只有 300 毫米左右，丰水年可达 700 毫米以上，年均降雨量为 500 毫米，年内分布不均，七月、八月、九月三个月降雨量占全年降雨量的 61.1%，多暴雨，冻害、雹灾频发（卢宗凡，1997；李芬，2008）。纸坊沟流域在 1938 年曾为次生林区，随着人口的急剧增加，1958 年开始，乱砍滥伐等不合理的农业经济活动使植被受到严重破坏，目前天然森林已基本绝迹。1973 年，纸坊沟流域对水土流失开展有序治理，以造林种草为主。近几年纸坊沟流域通过种植山地苹果、山杏等经济树种，很大程度促进了农业发展。随着林地以及果园面积增加，流域内的生态系统已经进入良性循环阶段（张婷，2007）。截至 2017 年，纸坊沟流域林草覆盖率已达到 58.8%，农地有 75.12 公顷，林地 248.6 公顷，其中果园面积为 59.2 公顷，牧地 99 公顷。

资料来源：乔梅. 陕北退耕区水土保持技术评估［D］. 杨凌：西北农林科技大学，2019

（2020 年 7 月 23 日，淮建军摄）

纸坊沟流域（36°51′30″N，109°19′30″E）地处黄河流域中心，隶属于陕西省延安市安塞区，流域面积为 8.27 平方千米，沟壑密度为 8.1 千米/平方千米。流域内有纸坊沟、寺嵋岘和瓦树塌 3 个自然村。最近两三天内安塞下过小到中雨。陡峭的路面有曾被雨水冲垮的痕迹，车轮子随时可能陷到坑里。

淮：这跟他们在宁夏、甘肃看的一样。主要监测的是降雨量。这个植被比以前好多了。王继军老师让学生租了个农户家在这村子住着，把硕士论文做完。

上官：那是在县南沟。到这个坝上停一下。山里的石头把这砸坏了。

淮：纸坊沟是一个流域，县南沟又是一个流域。一个沟算一个流域吗？

上官：一个沟就是一个流域。通常大流域有若干个小流域。看你考虑的尺度大小。

淮：流域跟个系统也就差不多，是类似的概念。我到这个村子来调研苹果，这个坡很陡，我把学生给这儿放两个，然后往上走 2 千米，再放两个，农户住得散。

上官：这个路裂缝了，下雨冲的。肯定是最近下了一场雨。

淮：极有可能是最近下雨，水土流失，说明雨很大呀。

上官：这里暴雨经常毁坏道路。

一路开车上去，从一座桥的地方我们顺土坡步行上去，这里的刺槐植被恢复得非常好，一家新建房子的农户门前放着一个手扶拖拉机。

山顶上的植被恢复情况已经超过华家岭。极目望去，很多斜坡上都有无人管理的苹果树。苹果在杂草丛中生长，果子又小又红，有的叶卷了起来，还有的苹果树干坏死。俯视纸坊沟，沟里野生的植被非常丰富。再向上走，一片墓地旁有两颗非常粗大的柳树，大概有上百年了。这说明我们城镇化发展已经扩大了农村空心化问题，果园被废弃，留在沟里农户可能两极分化，有些成为专业的种植户。

沿途返回安塞县的时候，我们又看到了很多被废弃的窑洞。窑洞装饰得非常好，但是院子里面杂草丛生，院门紧锁，这造成了很大的浪费。在我国生态修复的过程中，一方面是政策驱动，比如植树造林政策在村委会的执行，大大的加快了植树造林的效率，另一方面，随着大多数农村的青年，由于上学、打工等因素进城，这加快了城镇化建设，市场大量农村劳动力，使得农村空心化，呈现出封山育林，自然修复的状态。

12.4.1　果园荒废，自然恢复

山里苹果园有荒废，墓地荒凉无人上坟，农村出现空心化并实现了自然恢复。

淮：这棵苹果树苹果红得很，咋能不甜了，红成啥了？

邓：我也摘一个，这个没人管呢，变成荒地了。

淮：要摘大的，又大又红的。

张：哎，这个什么东西啃过啊。

上官：鸟啄的。

邓：这个是蓄水的水窖。

淮：山上树更好，苹果更大，树形更好。

上官：这里苹果越红越甜。这个树有病了，没人管了。

淮：这是被什么吃过了，全是这种蛾子。地下面有个缝。为啥地这么虚呢？

邓：这一踩下去陷进去那么多。其他都踩不动。一踩能下陷，说明这有田鼠打洞。

张：杂草为啥没有病虫害？

淮：杂草有味儿，虫子都不吃。他的野生性比较强，摘几个核桃，核桃快熟了。

张：你要不尝尝，直接用核桃剪，剪开里边儿核桃仁软的就吃了。

淮：野生苹果没人采摘，植被那么好，树木这么绿。这就是封山育林，跟华家岭有一比吧。

上官：这一片原先都是一块玉米。昨天降雨了，所以有水。

淮：这家苹果只有三棵树，还套袋了，他为啥不种到他家院子呢？

上官：之前这是个苹果园。把其他都挖了，剩了三棵。

淮：下面那个是不是我们实验站的？这整个沟叫纸坊沟，我们刚才看的几家，人不多，这么多地被留守的几户托管。

邓：看，这有棵千年古树。

上官：这树要不了100年。

淮：这种树在澳大利亚遍地都是。

淮：把树抱着看有多大？

张：两个人能抱过来。这个树还长得可以，没有空心化。

淮：下点雨这个路面就侵蚀很严重。这人口一少，他们种了，能收多少算多少。我们家乡会不会也成了这样？

上官：家乡早就是这样的，早就没人管了。水土好，产量高，好管理的地还有人种；地要远一点，不好种的就没人种了。慢慢自然就退耕了。

淮：退耕还林前期是政策驱动，到后期慢慢就被城镇化推动。城镇化把大量年轻劳动力都吸引到城里去了，出现抛荒。人类干扰自然减少，环境自然恢复了。黄河治理跟城镇化有关系。因为城镇化把劳动力吸引过去了，抛荒的地方肯定自然恢复，人多的地方往往城镇化开发过度。

12.4.2 野外实验

学生实验常驻野外，由农户帮忙监测降雨和水土侵蚀的实验数据。

归途中，我们又观测了一个植被控制坡面侵蚀的试验小区，这里是陈云明老师的学生们在一家农户后院的实验地。由于我们不知道路，所以直接穿过农户的家去看不同径流在干扰条件下降雨量的变化等实验。这个实验给我们印象深刻的是，实验站的学生如何与当地的农民打交道、交朋友很重要。有一位农民过来说明自己和我们以前水保所的领导以及现在的校长都有联系。在建设实验站的时候，他是当时的村主任，对学生非常好。为了防止干扰，在下大雨的时候，学生让他去看雨水收集数据，但是他从来不求回报。

我们走进一个农户家里的"监测站"。

淮：到他们后园子的菜地来。说不定有学生寄宿在这儿。

上官：这个钥匙和锁在这挂着。还有西瓜园。

淮：现在能看到降雨量啊。

张：没流下来吧，刚开始下雨。

淮：这应该是荒草。

张：苜蓿吗？看不太清。

上官：上面是柠条，下面这是荒草，那面是另一种草。

淮：为啥要用两个桶呢？

上官：担心降雨量大，小区产流多，一个桶水满观测不准。

淮：能降雨满吗？

张：上次这个没下满，有二级降雨，还有三级。上面还有好多监测仪器。

淮：那个纸片包住的是什么监测仪器？

上官：就是控制仪吗，它监测土壤水分，这个水流都可以自动检测。

后来一个老人走进来。

淮：里面装的摄像头吗？学生是在你们家住？

老人：在外面住。从去年开始就不太来了。

上官：你有时候给照看一下。

老人：肯定了，我上来是肯定了。

上官：这实验径流小区建得比较标准。

老人：我和陈云明是一家的。杨景山，姜一宁，吴普特过去都很熟。我去年给这个实验田锄地，我们关系处好了啥都好。当时了，学生说给我补贴我都不要。陈云明知道。所以你们来我非常高兴。

在路上我们发现有些学生正在半山腰做实验。现在的理工类的学生非常辛苦，要做好实验，培养了吃苦耐劳的精神，比经济管理学院学生更懂得如何适应社会生活，如何用自己的双手去创造幸福。我们要加强自己研究生的实践能力的培养，让他们在社会融入中取得进步。

12.5　延 安 新 区

我们很快确定了下一站是延安新区。为什么要到延安新区呢？延安曾经削山造城，把很多山头都削平形成一个平原，建立了一个新区，叫延安新区。我们赶到了延安新区，大体了解了延安新区的发展，观赏延安新区的夜景。延安新区通过削山增加了大约一万亩平地。通过土地财政把地卖给房地产商，房地产商再去开发房地产达成了建设城市的目的。但是，建设过程中，很多资源都被控制在房地产商手里，他们带动了房价上升。到延安来更重要的一个原因是，我们要了解不同类型的城镇或者城市的生态治理问题。当年用削山造城发展延安，虽然解决了延安老区受到地理位置限制的困难，但也会带来生态多样性的流失。

最后我们讨论了矿区治理的问题。矿区治理很多的课题需要拓展，这是我们下一步的工作。我们要了解矿区治理的研究前景，单位目前的课题进展，尽快了解能源集团项目招标的基本模板，项目指南的要求；争取获得一些项目，目前还需要做很多工作。

12.5.1 俯视延安新区

从一个观景台可以俯视整个延安新区（图 12.6）。

图 12.6 延安新城

（2020 年 7 月 23 日，淮建军摄）

小贴士 12.9 延安新区

延安市根据正在实施的"中疏外扩、上山建城"发展战略，将通过"削山、填沟、造地、建城"，将用 10 年时间，最终将整理出 78.5 平方千米的新区建设面积，在城市周边的沟壑地带建造一个两倍于旧城区的新城。延安的"削山造城"工程是现在世界上在湿陷性黄土地区规模最大的岩土工程，在世界建城史上也属首例。和很多城市化进程依赖于债务融资一样，延安新城建设的大规划也许潜藏了不确定的风险。延安新区规划分为三大片区，控制面积为 78.5 平方千米，承载人口 40 万以上，分为北区，东区和西区。

资料来源：https://baike.so.com/doc/6234140-6447492.html

上官：看，这一片都是延安新区。

张：我从来没来过延安。不知道延安新区建这么好。

淮：我到延安来过，从来没看过这夜景。我们每次都要到山村子去。

上官：城市也要看一看，要不然的话你对延安和陕北的理解不够。

淮：这大树全都被拦腰折断，从农村移过来的。

张：这地方财政能支撑这么大的工程，国家也拨点，地方财政这么厉害？

淮：他土地流转出来的，而且到这开发房地产，把地产炒作起来。一下子平了几千亩，然后把这些地卖掉，钱都来了。

张：这是会展中心，那是体育场，市政府在哪？

上官：还有另一个观景台。那个观景台是把新区老区都同时都能看到。

房地产是指土地、建筑物及其他地上附着物，主要包括存在的实体以及附着的权益。（吴梦琳，2019）。房地产业具有很强的产业聚集能力（Roulance，1996）。众多建筑的周期共同作用形成房地产市场周期，并且周期越长影响越深远（张田，2017）。由于房地产涉及的利益关系复杂，不同地区房地产发展状况不同，影响因素也存在差异。近 10 年我国房地产一直处于泡沫中，这对国民经济的健康发展产生不利影响（韩克勇和阮素梅，2017）；促进房地产业的健康发展，关键在于推进房地产业升级和转型（胡金星，2016）。

小贴士 12.10　延安市

延安位于陕西省北部，地处黄河中游，介于北纬 35°21′~37°31′，东经 107°41′~110°31′之间，黄土高原的中南地区，西安以北 371 千米。北连榆林，南接关中咸阳、铜川、渭南三市，东隔黄河与山西临汾、吕梁相望，西邻甘肃庆阳。全市总面积 3.7 万平方千米。属内陆干旱半干旱气候，四季分明、日照充足、昼夜温差大、年均无霜期为 170 天，年均气温为 7.7℃~10.6℃，年均日照数为 2300~2700 小时，年均降水量为 500 毫米左右。

延安属黄土高原丘陵沟壑区。延安地貌以黄土高原、丘陵为主。地势西北高东南低，平均海拔为 1200 米左右。北部的白宇山海拔为 1600~1800 米，最高点在吴起县五谷城乡的白于山顶，海拔为 1809.8 米；最低点在宜川县集义乡猴儿川，海拔为 388.8 米，相对高差为 1421 米。北部以黄土梁峁、沟壑为主，占全区总面积 72%；南部以黄土塬沟壑为主，占总面积 19%；全区石质山地占总面积 9%。西部子午岭，南北走向，构成洛河与泾河的分水岭，是高出黄土高原的基岩山地之一，海拔为 1500~1600 米，主峰为 1687 米；东部黄龙山，大致呈南北方向延伸，海拔 1500 米，主峰（大岭）海拔为 1788.7 米；中部劳山，呈西北—东南走向，平均海拔为 1400 米，主峰（大墩梁）海拔为 1464 米。黄龙山和劳山统称为梁山山脉，形成延安地区地形的骨架。

延安属高原大陆性季风气候，北部属半干旱地区，南部属半湿润地区。冬季寒冷干燥，维持期长；春季气温快升多变，易有霜冻，多大风、风沙、浮尘天气，常有春旱；夏季温热，雨量集中，间有伏旱，多雷阵雨天气，偶有冰雹；秋季气温速降，多雾，早霜出现，有阴雨天气。温度日较差大，全区年平均日较差为 10.9~14.9℃，志丹、甘泉最大，洛川最小。一年中，4~6 月日较差较大，平均为 12~17℃；7~9 月日较差较小，平均为 10~13℃。伊万诺夫湿润度在 0.41~0.79 之间，7~9 月大部分地区大于 1.0；10 月份在 0.6~1.0 之间；11 月至次年 6 月小于 0.6。

延安矿产资源丰富，发展能源化工业具备坚实基础。已探明矿产资源 16 种，其中煤炭储量为 115 亿吨，石油为 13.8 亿吨，天然气为 2000~3000 亿立方米，紫砂陶土为 5000 多万吨。延安是中国石油工业的发祥地，大陆第一口油井位于我市延长县，石油开发已有百年历史。延长石油被授予中国驰名商标。

延安具有发展现代生态农业的良好条件，延安土地辽阔，自然资源丰富，天然次生林为163万亩，木材蓄积量为308万立方米；以甘草、五加皮、槲寄生、牛蒡子、柴胡为主的中药材近200种；有豹、狼、石鸡、杜鹃等兽类、鸟类100余种；土地肥沃，光照充足，是世界最佳苹果优生区。洛川苹果被授予中国驰名商标。林地总面积为4338.6万亩，林草覆盖率57.9%。人均土地面积达27亩，土层深厚，光照充足，昼夜温差大，所产苹果、红枣、酥梨、羊肉、小杂粮等农产品品质优良，远销海内外。

延安人文旅游资源独具特色，发展旅游业具有广阔前景。以中华民族圣地黄帝陵、中国革命圣地延安、黄河壶口瀑布、黄土风情文化为主体的旅游资源驰名中外，陕北民歌、陕北大秧歌、安塞腰鼓、农民画、剪纸等民间艺术久负盛名，是西部地区独具魅力的旅游胜地。市内有历史遗迹5808处，革命旧址445处，珍藏文物近7万件，是全国爱国主义、革命传统和延安精神三大教育基地，国务院首批命名的中国历史文化名城，中国优秀旅游城市。

资料来源：http://www.yanan.gov.cn/zjya/index.htm

12.5.2 矿区治理涉及多学科

神东煤矿课题指南要围绕矿区治理，涉及自然、工程、社科等学科。

淮：前几天座谈的时候神东表达了一些想法，包括面临的一些问题、现实的需求，我们把这个先整理出来。整好以后给他发过去项目指南。现在要加一些东西，体量和内容要求都是匹配的。

上官：我们在设计上应该有四个内容，除了清洁技术外，在人文、社会方面还要再加些其他研究内容。到时候联系个企业，需要的话要让学校出面，争取重大支持。

淮：在指南给他过了一周以后，再座谈让人家把指南确定，挂到网上公开竞标。

上官：公司招标的时候，像这种课题，不属于我们省部级纵向课题，而是横向课题，目前学校对这方面的项目都比较重视。

淮：矿区生态治理偏向技术，或者水土保持，我们这做得少？

上官：你到水利部网站查一下相关的项目招标内容。

淮：最近几年的好一点的矿业大学都在做这。一是要争取研发计划，但这个体量大，技术含量高，我们没有优势，必须跨学科联合；要先了解国内的矿业制度，矿区生态治理的研究进展。

上官：最起码了解一些项目技术发展前景，我们这些也都有研究。前四年，水保所在榆林和鄂尔多斯做过一个科学院的"矿区复垦复耕"项目，经费600多万元。

淮：现在有项目自筹还有配套，我现在不清楚这个。比如神东有个项目一百万，我们怎么能把它变成校企联合的、产学研结合的项目？

上官：这一百万可以算到国家项目的一个配套经费。

12.6　地域模式简析

本次调查的部分地区生态治理模式总结见表12.1。

表 12.1　延安的几种特殊模式

模式	行政区划	地理特征	主要活动	主要产物或绩效
高西沟国家水土保持示范区	米脂县高渠	黄土丘陵沟壑区，有40架山、21条沟，全村土地面积4平方千米	高西沟按照"山上缓坡修梯田，沟里打坝聚秋滩，高山远山森林山；近村阳坡建果园，退耕坡地种牧草，荒坡烂地种柠条"的布局进行综合治理，修梯田、打坝埂、退耕还林、封山禁牧、植树种草，防止水土流失，改善生态环境。坡、梁综合治理，山、水、田、林、路一步到位，自力更生，艰苦创业，闯出了一条多（相被多）、快（速度快）、好（效果好）、省（成本省）的生态建设新路子	全村现有基本农田777亩，其中380亩为人造小平原和宽台梯田，建成淤地坝6座，谷坊126座，水面66亩，形成坝地堰窝地397亩；现有林地2253亩占49.7%，其中生态林1660亩，经济林793亩；草地1500亩，养羊1000只，高西沟林草盖率达69.3%，综合治理程度达78%
赵家圪万亩苹果示范区	绥德县县城9千米	实有土地面积7000余亩，交通便利，远离城市，区位优势明显	由村委会成立的同舟农民专业合作社和共济现代农业发展有限公司进行规划建设，按照"确权确股不确地"经营模式，每人留足一亩多土地入股共1200亩，剩余6000多亩土地入股，由返乡创业带头人丁汝泽注册成立了二十四圪种养殖专业合作社	整理赵家圪村6000多亩土地，整合周边两镇三村土地3000余亩，投资1.2亿元打造万亩优质山地有机苹果示范园区，建成种、养、加一体化、循环高效，集休闲观光旅游、一二三产业深度融合、美丽乡村田园的现代特色农业示范园区
韭园沟流域	绥德县城北	流域内梁峁起伏，属黄土丘陵沟壑区第一副区。该流域属半干旱大陆性气候，多年平均气温8℃，汛期的七、八、九三个月降雨量占年降雨量的64.4%，且多以暴雨形式出现，一次暴雨产沙量往往为年产沙量的60%以上	从20世纪50年代开始进行综合治理，以流域为单元，统一规划，因地制宜，集中治理。在治理方法上，采用自上而下的坡面防冲与自下而上的沟壑控制相结合，自峁顶到沟底因害设防，布设"三道防线"。韭园沟道坝系已经形成较完整的体系，小多成群骨干。通过"三道防线"综合措施配置，层层设防，节节拦蓄，将梁峁坡、沟谷坡和沟谷底联成一个综合防护体系	截止到1999年底，全流域共有各类淤地坝工程202座，总库容2602.1万立方米，可淤地面积314.09公顷，已淤262.51公顷。这些坝地已经成为韭园沟的高产稳产田。共修水平梯田1707.23公顷，各类林地1685.88公顷，草地面积仅为80.50公顷，累计治理面积3736.12公顷，治理度为50.05%

续表

模式	行政区划	地理特征	主要活动	主要产物或绩效
纸坊沟	安塞杏子河下游的一级支沟	黄土丘陵沟壑区第二副区，其地形特点在陕北黄土丘陵沟壑区极具代表性。流域属于暖温带半干旱气候区，年平均气温8.8℃，年均降雨量500毫米，7、8、9三个月降雨量占全年降雨量的61.1%，多暴雨，冻害、雹灾频发	1973年，该流域对水土流失开展有序治理，以造林种草为主。近几年纸坊沟流域通过种植山地苹果、山杏等经济树种，很大程度促进了农业发展。随着林地以及果园面积增加，流域内的生态系统基本已经进入良性循环阶段	截至2017年，纸坊沟流域林草覆盖率已达到58.8%，农地有75.12公顷，林地248.6公顷，其中果园面积59.2公顷，牧地99公顷
延安新区	延安市	延安新区控制面积78.5平方千米，分为北区，东区和西区	延安市根据"中疏外扩、上山建城"发展战略，将通过"削山、填沟、造地、建城"。新区以红色文化为核心，发展文化旅游产业，打造展示圣地延安历史记忆的新"窗口"	在城市周边的沟壑地带建造一个两倍于旧城区的新城。延安的"削山造地"工程是现在世界上在湿陷性黄土地区规模最大的岩土工程，在世界建城史上也属首例

高西沟精神是在党的带领下农村自力更生实现振兴的精神。高西沟水保生态治理的示范园区，从一个偏僻的人烟稀少的小乡村发展到如今国家级的示范园区，离不开科学的水土治理方式。高西沟农民在四代村书记的带领下，通过人力进行淤地坝、人工平原、生态林的建设、苹果种植，规划合理，三三制发展，科学有效。高西沟的森林覆盖率、水源涵养、作物生长、人民生活都属于较高水平。当地的淤地坝，梯田模式都是水土保持的很好模式。

刘家圪万亩苹果示范区通过产权制度改革，开辟荒地7000余亩，增加贫困农户的年收入，将种植养殖结合，使当地全体村民集体脱贫致富。刘家圪苹果产业的发展，因地制宜，通过改造小山丘为平原，种植山地苹果，投资巨大，场面壮观。

韭园沟的淤地坝的运营模式可以在整个陕北推广。韭园沟的淤地坝，类型和作用，以及后期的维护非常典型。韭园沟的淤地坝是陕北淤地坝的模范，通过种养加产学研的模式，建立示范化园区。

刘家圪、纸坊沟和延安新区模式不同，各有千秋。

在山沟里建设淤地坝防洪、节水和种植。纸坊沟里有不同的植被类型，有刺槐林、柠条林、草地、农田等实验等。延安新城，规划设计得很科学、现代化水平高。

|第 13 章|　　南沟、洛川和斗口

2020 年 7 月 24 日早上从延安出发，我们首先到达安塞区南沟农业生态示范园，沿途参观洛川苹果产业的发展，接下来又到斗口试验场等地参观学习。

13.1　南沟农业生态示范园

南沟农业示范园区，离延安市大约 10 千米。天气阴冷而且刚下过雨，我们很快登到了山顶。山上郁郁葱葱，裸露的黄绵土上种了很多杜鹃花，牡丹花。山坡上种了很多榕树，桑树和其他树苗。我们向西走，有一个庞大的金字塔形建筑，还有风车等游乐设施。再往前走，我们又看有一个牌子写的是欢迎采摘，防雹网下面的樱桃树大约有二三十亩。

上了一个观景台，冷风嗖嗖的，我们不由得打哆嗦，这里海拔比较高，地面温差和延安市区的温差比较大。远处是层峦叠嶂，每个山头都有一些玻璃温室的大棚，近处有一些叫不上名字的树木，树种很多。大棚下很多树都长了上来。向南一条沟完全得到了开发，下面既有卡丁车的跑道，又有很多靠山别墅，还有一些独立公寓或酒店。沟底部每隔一段会有一个大淤地坝。从上面往下看，沟道景色宜人。对面的山头有防雹网。附近鸡冠花五颜六色，看到这些鲜花真是让人心情格外好。我们边走边看，近处的防雹网非常结实，下面是苹果树，可以防止冰雹的袭击。

后来我们看到了延安市安塞区南沟水土保持示范园的平面分布图，水土保持的宣言和水土保持的奋斗目标，水土流失的影响因子，水土流失状况，水土流失的危害，水土流失损失及效益。这个实验示范基地有相关的气象预报系统。

现代农业示范园是建立在农业生态园的基础上，以生产无公害、绿色、有机农产品为依托，兼顾现代农业技术、科学种植示范、农副产品开发、生态观光体验功能，促进农业产业一体化发展，对科学技术以及国家优惠鼓励政策进行充分合理运用的，集生产、科研、加工、观光为一体的综合产业链的农业示范园。较原有的农业生态园、农业观光园而言，现代农业示范园更偏重于农业科技与农业产业化的生产与研究，专业针对性更强。现代农业示范园更深入强调了生态循环的理念，它包括生态环境的循环利用、经济产业的循环运作、社会效益的循环开拓。现代农业示范园的主体运作依靠多方面的投资与支持：企业投资与国家、地方农业经济政策扶植为主要经济来源；项目成果自收自制，可形成投资与收入的自循环；各功能区域互相渗透，充分利用地块，各项目都有综合性意义；各项目环节衔接紧密，产业经济一条龙流程运作；带动周边农业生产经济，解决周边城镇人口的就业问题；规划投入有序进行，分阶段分步骤逐步实现可持续发展（刘珊和刘峥，2011）。从政府管理视角来看，农业生态化发展的对策是，完善资源保障体系，优化技术保障体

系；积极引导群众参与，完善社会服务机制；优化行政管理机制，完善奖惩机制，加强法律规制力度等（张进财，2021）。

13.1.1 南沟生态示范园模式

水土保持示范园区是在一定的流域或区域范围内，以高标准治理、高科技示范、新技术应用、新品种开发为重要标志的产、学、研为一体的水土保持综合治理示范区和研究区（朱一梅，2019）。在水土流失严重地区建设水土保持科技示范园，具有典型区域特征，兼有水土保持的社会宣传、示范推广作用以及科普示范功能，面积应不小于50公顷，并且能够布设水土流失综合防治的各项措施，能代表区域内基本特征，包括水土流失的主要生态环境、类型、地质以及危害等，便于开展科学研究、技术推广的科研试验以及示范推广的园区（伏圣丰，2014）。

小贴士13.1 南沟生态示范园

南沟村位于安塞区高桥镇，距离延安市区15千米。有7个村民小组，337户1002人，贫困户46户130人。2015年，在"万企帮万村"精准扶贫工作的号召下，延安惠民农业科技发展有限公司与南沟村结成对子，后经多次调研规划，决定在村上建设生态农业示范园（图13.1），着力发展乡村旅游。按照"支部联动、村企共建、定期会商、合作共赢"的工作模式，建成集现代农业、生态观光、乡村旅游为一体的生态农业示范园区，也是全市乡村旅游示范村、全国旅游扶贫示范村。2017年12月份，正式挂牌3A级旅游景区，共计接待游客近150万人次。

图13.1 南沟生态示范园

资料来源：延安市人民政府网站

（2020年7月24日，张垚摄）

如今的南沟村整体面貌发生了翻天覆地的变化，乡亲们脱贫致富的信心也是与日俱增。南沟生态旅游景区作为延安农业旅游新的特色产品，在原有农业观光、农业体验和传统农家乐的基础上，依托景区的资源特性，大力开发建设户外体验、山地娱乐和植物绘画景观等新型创意旅游项目，形成了集传统农业旅游、现代户外娱乐和山地观光体验于一体的特色景区。

淮：这是南沟生态农业示范园，离延安市才 10 千米。昨天晚上我们登延安新区观景台离市区更近，现在已经在市区外面了。这里自然环境，生态效益很好。现在企业家都搞山水林田湖的旅游开发，我总觉得这个和经济发展水平有关系。如果经济萧条了，哪有人有钱来这逛呢？

上官：始终都会有人，是人多人少的问题。

淮：人多人少关系企业盈利。这三四年投资也不多。

上官：这要投上几个亿，这些山都是他的基地。企业家找人干的，路是自己修的，将来会在山里开发旅游，开生态酒店、养生馆、度假村，还开发了一个小镇，我上次来的时候还没有这个小镇。这里和秦岭还不太一样，没有太多的房地产，上面是农业开发，做生态旅游，秦岭都是房地产项目。

淮：那个好像是玻璃温室，对面山上也是塑料棚吧？

上官：是果园盖的防雹网。我都四五年没有来过了，现在变化还大一些。

淮：防雹网说明这边冰雹比较多，山顶上的玻璃房子是大棚温室。温室用的电怎么控制？

上官：电现在没有问题。

小贴士 13.2 南沟村

南沟村先后投资 1200 多万元，完成花草种植 1500 亩，绿化村庄 2500 亩，栽植常青树 115 万株、行道树 4000 多株，栽植连翘、丁香、红王子锦带、红叶碧桃等景观树种 2.5 万多株，进一步加强了村庄周围和主干道的绿化。

生态环境不断改善，南沟村更注重将生态优势转化为经济优势，将生态与旅游协同发展，进一步拓宽了百姓增收致富路。2017 年 8 月和 2018 年 7 月，南沟生态旅游景区接连办了两届乡村生态旅游节，多种形式、多样体验的活动，吸引了八方游客前来参观游览，而南沟村良好的生态环境、优质的旅游服务更是倍受游客赞誉。目前，南沟村有果园 3160 亩，初挂果园 1980 亩，种植葡萄、樱桃、梨、红枣等 160 多亩。该村还建起了农家乐和休闲娱乐设施。

与此同时，南沟村的基础设施条件也得到全面改善，村里先后新修道路 32 千米，建成 2 个移民搬迁新社区，绿化造林 6000 亩，新修农田 4000 亩，建成淤地坝 7 座。

靠着生态旅游，南沟村的人均纯收入已从 2014 年的 4600 余元增加到 2018 年的 15300 元，打好了生态牌，南沟村从以前的"拐沟村"变成了景区，真正实现了"绿水青山"与"金山银山"的价值转化（图 13.2）。

图 13.2 南沟村
(2020 年 7 月 24 日 15 点，淮建军摄)

13.1.2 南沟综合治理体系

构建淤地坝系田园综合体是对田园综合体发展与淤地坝系利用形式的探索与创新，有利于加强黄河流域生态保护，推动高质量发展，加快推进乡村振兴战略（朱芷等，2021）。田园综合体是以乡村地理和环境为空间基础，以现代特色农业为核心产业，以农民或农民合作社为主要载体，通过三产深度融合，实现三生同步改善的一种新型农村综合体。因此，建设田园综合体必须坚持立足三农，最终实现农村全面发展（郑健壮，2020）。田园综合体作为探索城乡一体化及乡村新型发展的新模式。田园综合体政策实施有助于提升农户生计恢复力水平，但农户在社会参与及学习层面仍有较大不足，在地区建设中应加大对农户无形资产的投入，关注农户自组织能力的提升（郭蕾蕾和尹珂，2020）。田园综合体是新时期实现乡村振兴的新兴发展模式，同时也是乡村旅游功能表达的重要手段。田园综合体的旅游功能表达路径，重在抓好空间规划体系，选择合适经营模式，完善旅游服务设施，建设宜居宜游、旅游功能完善的田园综合体（夏君和邰鹏飞，2021）。

南沟综合治理体系旨在提升生态系统功能，投资收益来源尚不明显，精细化标准化管理有待加强。

上官：我四年前来的时候这些都还没有建好房子、小区还没有建好，但是我不知道他们的治理怎么样，这四个坝一直延续，这个就叫田园综合体。

淮：田园综合体主要以生态、旅游为主吧？

上官：并不是以旅游为主，旨在生态系统的功能提升，旅游只是其中一个部分。

淮：这个治理里面最大的问题，是缺人文，生态治理以自然为主，所以把土地利用方式改了，但是大家像过客一样。也存在着高消费，奢侈消费？

上官：我还不太清楚，具体的还要去咨询。

淮：我估计这包间只有有钱人到这里来住个一两周的，一般的人也就住个一晚上。山顶上也有这些观景房。每个城市都在努力打造生态公园，把旅游带动起来，这是生态文明建设的大方向。

上官：这都是社会资本在运作，国家投入相对较少。

淮：这园子挺大。会不会将来公司直接搬到这来了？

上官：不太可能。

淮：在旅游旺季的时候，人口也比较多，但是它不靠门票，让人到果园来消费，如果采摘的话能挣多少钱呢？

上官：这样做长线，旅游只是其中的一块，水果一年也挣不少钱。

王：观光、游玩、饮食一体。如果搞生态再收门票的话，很少人来消费。

淮：安塞区南沟水土保持示范园，通过政府项目捆绑和企业自筹资金，2017 年的时候投资 3A 级景区，还有自助烧烤。跟我们看的哈拉沟煤矿生态治理示范区有点像。那个涝池的水是盐碱水吗？

上官：涝池是自然形成的，他们村子也有涝池。

邓：是淤地坝不放水形成的？

淮：科普一下，水土保持就是防止水土流失，保持与改良合理利用水资源。一路过来我们看多了，这种生态园区是不是遍地开花，园区生态开发的综合治理体是不是有一种过剩？应该和当地的消费水平、承载能力都有关吗？

上官：有些跟生态没有关系，民间投资，有利益才投，没有利益不投。

淮：比如在延安市有个南沟生态园，在榆林有个哈拉沟生态园区，推动消费群体本地化。

上官：人家这是生态，还有生产功能，不完全是来旅游。

淮：我从盈利的角度讲，企业最终要盈利，生态治理也为了提升它的经济效益。这种果园子、生态园、观景园等如果越来越多，是不是存在供过于求了？

上官：这苹果园才几千亩，而苹果的需求很大，如果品质好的话，可以像高西沟一样，这里的苹果比周围价钱高一些。这些沟没有人为扰动。这几年基本都开发成熟了。

张：陕北可以学日本北海道那种薰衣草庄园。

淮：杨凌边是不是也有一个薰衣草庄园？

上官：在周至楼观台。

张：我看外国把薰衣草花弄干，加工挣钱。

淮：是药用？

张：不，也可以加在冰淇淋里。澳大利亚塔斯马尼亚州这样用薰衣草。

淮：景区投资后可是一本万利，栽树的时候花钱，后面几十年花钱就少多了。

张：这个投资回报时间太久，变现能力太差。

上官：假期带家人到这旅游的人很多。

淮：现在都有车，基本上半个小时到了，可以在这里爬山，他们收门票么？

上官：这没有门票。这开放的。

淮：它怎么挣钱呢？经济林和水保林有啥区别？

上官：比如苹果是经济林，下面这些都算是水保林。这已经搞了好几年了。

淮：无论生态效益或者经济效益，都要在这里消费才能实现。为什么我要提这个问题呢？周至有一个周城，刚开始人比较多，但是距离近的人不消费，去逛一逛走了，慢慢地没有效益。

上官：这里满山栽的苹果，果园的收获已经很多年了。

淮：主要收入是靠卖果子？

上官：这就是收入，他还建了一个小镇，这是采摘园。

淮：采摘园，观景平台，在这养野生的鸵鸟吗？30多年前，西安有一个鸵鸟养殖场，鸵鸟的腿都比我们人都高，最大的腿都两米长。这都是果园子？

上官：这都是果园子，果园都要防雹网。这里都把地推平。

淮：这个做法和我们昨天去看的建苹果园的企业家做法一样。

上官：但是这个条件好，这降雨要高于400毫升。

淮：是的，那个企业家将来也能恢复成这样子？

上官：这都是自然的。

淮：这个是花还是草？

邓：是黄花菜。

淮：这漫山遍野黄花菜将来是不是也可以采摘？

上官：这是观赏的。

淮：延安还是有点冷，是不是起鸡皮疙瘩？站高了看漫山遍野都是，这个环境比我们昨天去那个山头好多了，为啥这么好？

上官：延安以南的植被都好。

淮：做这个的企业家很有眼光，下面还建了很多酒店。

我们看完以后从另一条路下山，上山路过大南沟，下山的路通向小南沟。在路上，我们停下来仔细观看防雹网，防雹网看着像渔网一样，而且它是塑料尼龙绳做的，非常的结实，能防住冰雹了。据说这种防雹网是政府财政项目配套，减轻农民负担，鼓励农民加强果园管理，提高其经济效益和生态效益。我们还观察了苹果树，这些苹果树大多数是复式树形，有5~10年的树龄，有些树枝的修剪没有空出采摘的空间。在树上，苹果稍显青涩，叶子有些发黄，有病虫害。

我们通过对比发现一些问题：凡是企业承包的示范园区，病虫害多，采取的是粗放式管理，很难实现精细化管理，损失比较大；而一旦是农户自家经营，他们地里的草较少，而且树形较好，病虫害较少，因为他们打药的次数较多。我们不清楚这里的经营方式是不企业流转土地后经营，还是农户自己承包自负盈亏经营苹果。

我们下山之后很快进入小南沟。小南沟比较贫困落后，苹果园子规模非常小，路边的院子非常的不整齐，大多数是窑洞、平房，门口堆落着很多砖块。有些地方厕所还不规整，垃圾到处是，在这个村边有条水渠，年久失修，有些水泥板已经脱落。和我们沿路看到的旅游景点的村庄完全不一样。新农村建设或者示范区建设，往往只能代表我们所看到的正面的、积极的一面，但是我们无法把这种正面的、积极的、好的做法和结果推广到更一般的农村，尤其是没有产业支柱的农村。

出了大门，巍峨的弓形楼门中间有"延安南沟生态农业示范园"几个大字。

13.2　洛川苹果博物馆

离开了安塞，我们来到洛川。下了高速，上官老师建议我们一定要看一看洛川苹果博物馆（图 13.3），这是我第一次听到的。我感到惊讶，因为我多次关于洛川苹果的调研主要从农户层面进行，很少从产业或者宏观层面，关注关于苹果全产业链和苹果文化的调研。通过本次调研我深刻体会到，做农业经济研究，一定要了解当地的风土人情、风俗、传统观念或者当地的特色产业。文化一定是地区发展的软实力，而我们仅局限在农村农户身上，难以发现这些新兴驱动力。

图 13.3　洛川苹果博物馆
（2020 年 7 月 24 日，苏冰倩摄）

小贴士 13.3　洛川概况

洛川县位于陕西省延安市南部，总面积为 1804 平方千米，耕地面积为 64 万亩，总人口为 22 万人，其中农业人口为 16.1 万人。洛川人文历史源远流长，黄土风情积淀醇厚，自古以来便有凤凰栖息之地的美誉。举世罕见的地质奇观，国家级自然保护区和国家黄土地质公园，被誉为"历史年轮"。历史上著名的洛川会议，是中国现代

历史的重要转折点。洛川剪纸、麻绣、整鼓等民间艺术多姿多彩。勤劳朴实的洛川人民，依托世界苹果最佳优生区资源优势，大力开发苹果主导产业，洛川先后被确定为国家优质无公害苹果标准化生产示范县、无公害农产品出口示范基地县、全国优势农产品（苹果）产业化示范县和全国唯一的出口优质苹果质量安全示范区。

延安"洛川苹果"栽培总面积为 380.2 万亩，年产量为 289 万吨。栽培面积和产量分别占全球的 5.2% 和 3.7%；占全国的 10.1% 和 6.4%；占全省的 34.9% 和 25%，是世界上苹果集中栽培面积最大的区域。

来源：洛川苹果博物馆

博物馆主要开发了有关苹果的文化、苹果的节日、苹果的故事，使得苹果不单是一种食品，更是一种文化载体。博物馆非常详细地介绍苹果的种类，大致分为道生苹果、乐园苹果和黄肉苹果，品种有 7000 多个，常栽品种一二百个。从世界栽种范围来看，常见的三大品种主要包括元帅系列，金冠系列和富士系列。苹果的根系增长、萌芽、开花、果实生长、落叶等知识，反映了苹果一生的变化。还有很多有关苹果生长条件的内容，比如苹果是干燥的温带果树，要求冬无严寒，夏无酷暑。如果在零下 30° 以下，苹果会发生严重的冻害，零下 35° 会冻死。苹果生长的温度范围是年平均气温 7.5 ~ 14℃，冬季 10℃ 以下的气温 1400 小时以上，生长期需要降雨量是 180 毫米，果树能够利用到的约 1/3。苹果的栽培技术包括土肥水管理技术，整形修剪技术，花果管理技术，病虫害防治技术等。

13.2.1 苹果起源与发展[①]

进入苹果博览园之后，我们先看到的是关于苹果起源的介绍。传说亚当和夏娃所吃的圣果就是苹果。苹果是世界上栽培历史最悠久、分布最广、栽培面积最大的果树。经过长时间变迁，伴随着人类文明发展的灿烂历程，苹果成为人类最亲密的朋友、最喜爱的果品、最美好的象征之一。

苹果原产于欧洲、中亚和中国西部地区。今天，在新疆的伊犁谷地、霍城盆地和毗邻的哈萨克斯坦的伊尔库尔盆地、巴尔哈什盆地，还分布着大量野苹果群落。现代苹果的栽培起源于伊朗北部、俄罗斯高加索南部一带，其后又由高加索传入古希腊，而后又传入古罗马，再经意大利人传入西欧。随着新大陆的发现，苹果由欧洲传入了美洲，亚洲栽培最早是由日本在明治维新时代从欧美引入，此后大洋洲、非洲也相继引入栽培。全世界共有 90 多个国家和地区种植苹果，主要集中在亚洲、欧洲、北美洲、南美洲，年产量超过或接近 100 万吨的主产国依次为中国、美国、伊朗、土耳其、俄罗斯、意大利、印度、法国、智利、阿根廷、巴西、波兰等。

从世界栽培现状来看，苹果主要有三大品种群。

元帅系——1872 年在美国艾奥瓦州于"钟花"（bellflower）苹果的根蘖苗中发现的株

---

① 苹果博览园全面展示了苹果的来源、发展、生长、产业化等内容，图文并茂。以下部分文字根据展板内容筛选。

变。1894 年命名，1895 年开始推广，无性系现有 120 多个品种。

金冠系——19 世纪末在美国弗吉尼亚州发现，为偶然实生苗，是玉霰的自然杂交种，金冠的短枝型芽变较多，主要有金矮生、黄矮生、矮金冠等。

富士系——由日本农林水产省果树试验场盛冈支场杂交育成。亲本为国光 X 元帅。1939 年杂交，1951 年选出，1962 年命名，1966 年引入中国。其芽变着色系统称为红富士，目前已选出 100 多个品系。

13.2.2　苹果的生命

苹果在一年中，随着季节气候的变化，有节奏地进行萌芽、花枝叶生长、花芽分化、果实成熟和落叶等一系列生命活动，从春季萌芽开花到秋季落叶为生长期，从秋季落叶到来年春季萌芽前为休眠期。

根系固定树体，具有吸收、运输、贮存、合成、分泌养分和水分的功能。苹果根系一般没有自然休眠期，在一年之内只要条件适宜，可全年生长，并与地上部分的生长高峰交替出现。根系的大小、生长的好坏和入土的深浅，对地上各器官的生长发育、产量高低和寿命长短都有直接关系。苹果根系一年之中，一般有三次生长高峰。

一般情况，当日平均温度在 5℃以上，地温达 7~8℃，经过 10~15 天后，苹果树开始萌发新芽，逐渐发育开花。花期一般为 10~15 天，短果枝先开放，中果枝次之，长果枝最晚，腋花芽比顶花芽晚。花粉粒较大，有黏性，外壁有各种形状的突起花纹，主要靠昆虫传播花粉。花粉传到花药柱头即完成授粉。花粉管生长到达珠心的过程即完成受精。

经过授粉受精后，子房膨大发育成果实，大约需要 60~200 天。果实生长大小除受果实细胞分生数量和细胞体积增大作用影响外，还与果树内源激素、营养状况，以及温度和水分等外界条件有关。前期主要为细胞分裂期，以生长果实纵径为主，后期为细胞膨大期，以生长果实横径为主。苹果果实 0~90% 为水分，决定果实色泽的色素主要有叶绿素、胡萝卜素、花青素以及黄酮素等。

叶芽萌发后，随着温度的回升，迅速抽生新梢，每天生长可达 1~1.5 厘米。随着气温的升高和芽体营养水平不同，部分新梢进入停止生长，分别形成短果枝、中果枝和营养枝。新梢的加长生长，使树冠不断扩大，叶面积增多。一般幼树期及初结果的树，新梢年生长 80~120 厘米。盛果期长势显著减弱，一般为 30~60 厘米。盛果末期长势更加减弱，一般为 30 厘米左右。

花芽形成的数量和质量，决定来年产量和果品质量。苹果的芽开始形成时，并没有叶芽和花芽的区别，由于营养物质积累和激素的作用，一部分芽的生长点发生质变，形成花原始体，并逐渐形成性器官而成为花芽。一般同一株树短果枝完成分化最早、中长果枝次之、腋花芽最晚。夏季干旱，花芽分化早，持续时间短。夏季水分充足，新梢停止生长晚，花芽分化迟，但持续时间较长。

当昼夜温度平均低于 15℃，日照缩短到 12 小时，即开始落叶，一般成年树较幼树落叶早。同一树枝条，基部叶片较上部的落叶早。从秋季落叶后到第二年春季芽萌动之前，称为休眠期。从外表上看不出什么明显的变化，但树体内仍然进行着一系列的生理活动。

13. 2. 3　苹果的管理

苹果的管理要整形修剪，有效实施花果管理、诱虫及病虫害防治。

苹果的培育过程很复杂。整形修剪是通过人工措施，改变地上部枝、芽的数量、位置和姿态等，以使果树形成合理的树冠结构，调节平衡生长和结果关系，培养牢固的树体骨架，建造合理的个体和群体结构，改善通风透光条件，促进果树达到早产、高产、稳产、优质，延长经济寿命和便于管理的目的。整形果树进入冬季后，营养物质大多转运到根部和大枝中贮藏，一般生产上在冬季疏除大的骨干枝，剪除多余的结果枝和营养枝，把果树调节为理想形状。主要树形有自由纺锤形、圆柱形、开心形等。夏剪拉枝在冬剪基础上采用拉枝、刻芽、环剥、环切、扭梢、摘心、疏枝等措施，减少养分消耗，促进花芽形成，保证果品质量。

1）花果管理。通过调节花朵和果实的数量，达到树体合理负载，经过人工措施，改善果品外观品质，提高经济效益。花果管理的主要措施包括：一是保花保果。在盛花期（花朵开放的当天上午 8：00～10：00）采用人工授粉、花期放蜂、喷施硼砂、白糖等营养液，提高坐果率。二是以花定果。在盛花期按照每 15～20 厘米留一朵花序的办法，疏除所有多余的花序。在留下的花序中，疏除所有边花，留一朵中心花。三是果实套袋。落花后一月，果实达到 1～1.5 厘米时，避开每天高温期，进行果实套袋。果实着袋期为 90～100 天，采前 20～25 天除袋，除袋时先摘除外袋，隔 5～7 个晴天再除内袋。四是摘叶转果。采果前摘除影响果实着色的叶片，当果面上色程度达到 40% 以上，进行转果，将果实阴面转向阳面并用透明胶带固定，促进果实全面着色。五是分期采收。根据果实成熟度和着色度，分期分批将色泽艳丽、果个较大的苹果先采收销售。

2）诱虫及病虫害防治。苹果常见的病害有苹果树腐烂病、干腐病、早期落叶病、白粉病、锈病等，常见的害虫主要有金纹细蛾、卷叶蛾、红蜘蛛、金龟子等。病虫害主要防治措施有：一是农业防治。通过施用有机肥、果园生草、深翻改土、合理修剪、疏花疏果等措施，摘除病虫叶果，刮除粗老翘皮，清扫枯枝落叶，铲除病虫越冬场所，减少越冬病虫源，达到对病虫害有效的控制。二是物理机械防治。利用黑光灯、糖醋液、性诱剂、频振式杀虫灯等诱杀害虫。三是生物防治。保护利用和人工释放赤眼蜂、瓢虫、草蛉、捕食螨等天敌，使用白僵菌、绿僵菌、苏云金杆菌等消灭害虫。四是化学防治。根据防治对象的生物特性和危害特点，使用生物源农药、矿物源农药和低毒有机合成农药防治病虫害。

13. 2. 4　苹果全产业链

洛川人文历史源远流长，洛川苹果先被确定为国家优质无公害苹果标准化生产示范县等。洛川有优越的自然条件，世界各国专家认为洛川具备世界苹果最佳生态区的优越自然条件，可以和日本的青森、长野，法国的南特、里昂，美国的亚基马、罗切斯相媲美。洛川苹果产业管理机构非常重要。洛川县有苹果产业开发指挥部，下设洛川苹果现代产业园区管理委员会和洛川县苹果产业管理局。管理委员会有综合办公室、经济发展处、投资促进部、规划建设部、国家洛川苹果批发市场开发有限责任公司、洛川国家级苹果产业科技创新中心、洛川苹果运输工作站。在管理局下面有苹果生产技术服务中心、苹果营销服务中心、苹果产业研发中心，服务中心包括技术培训，营销服务中心包括经营企业、生产苹果、产业协会、营销大户、外销窗口等。还有苹果产业基地，有机果业的市场，有机果业示范县的发展规划图，观光果业以及各种支撑体系。洛川苹果已经形成了完整的全产业链。

农业全产业链的发展模式是提高涉农产业市场水平和劳动生产效率的一大"捷径"。我国 2004 年以来，历年中央一号文件中多次提到要加快现代农业发展、培育新型农业经营主体、构建新型农业经营体系，鼓励龙头企业进行纵向一体化发展。2017 年，农业部、财政部开始推进农业全产业链的开发创新工作。张婷（2018）认为农业全产业链的发展模式简单来说，是指从农资供应到生产初级农产品到加工运输到成品销售再到顾客手上的整个过程，整个链条的发展与运行由核心企业所掌控。

胡争光（2006）指出苹果全产业链比较长，相对的附加值也比较高，加上经营的灵活性，易对经济产生较高的贡献率。在苹果种植过程中，需要化肥的研制生产销售、科研人员提供栽培的技术等；在苹果的疏花、套袋等工作中需要劳务市场的劳动力；苹果包装中需要包装设计、纸箱、发泡网等；之后又需要加工、储藏、运输、销售。张欣和刘天军（2013）从价值链角度，分析出农户在苹果产业价值链中的收益占比较小，利益分配不均衡。周霞等（2015）指出紧密型的苹果产业链条比松散型的经济效益更为显著。杨良山和胡豹（2015）从苹果产业纵向协作的角度分析出山东苹果产业链较完整，各环节主要通过纵向一体化、生产合同、市场交易等密切协作，加强企业和农户的合作可以减少交易中的不确定性。王慧等（2016）从"互联网+"角度分析出，苹果产业链应结合互联网技术，改变生产、销售、储运等环节，重构苹果产业链。

淮：苹果博物馆介绍了西方文化中关于苹果的传说，比如亚当夏娃偷吃的禁果就是苹果。苹果的传播是这样的：这个箭头的意思是亚洲 59% 都在中国，欧洲的 21% 是在意大利；中国苹果的传播是从伊犁传到青海再传到甘肃、陕西，烟台也向甘肃传，陕西的苹果是甘肃、烟台传来的。这是个苹果主产县，我们原来为了做陕西省的 30 多个苹果县，查了好长时间。多吃苹果有助于保护记忆力、补锌、美容、保护牙齿、排毒养颜。我一直搞不明白矮化、砧木技术是什么？现在是不是正在推广这个？

张：相当于嫁接吧。学植物学或者林学的都懂这些，嫁接苗木。

上官：这里有 540 毫米的降雨。

淮：苹果在零下 35℃，冻死了，在零下 30℃ 受冻害，适宜温度是 7.5℃ 到 14℃，我们以前调查一段时间内的最高、最低气温、降雨量、光照。冬季整形也就是冬季剪枝吧？洛川苹果是最好的苹果。他们营销做得好，电子商务搞得好。

上官：这有一市场，等会你可以看一下。

淮：苹果产业链包括产业基地、经营中心、苹果仓储物流区，苹果农资交易区，中国洛川工程技术研发中心，电子商务区，还有各种农资的批发市场，乡村农业服务中心。

苟师傅：果农都很有钱，每家年收入都几十万。

淮：他们洛川苹果卖得好，一年收入都有四五十万，这个苹果产业链、深加工的企业需要离果园近。国家级洛川苹果批发市场是中心，那边是物流中心、存储中心，这边是电子商务。这有个电子商务馆。

上官：在其他地方很少有这么多跟苹果相关的完整的产业链。

13.2.5　我国苹果的分布

我国苹果生产分布在黄河流域还有渤海湾地区。陕西省果业整体实力在全国处于领先水平。

中国苹果主要分布在黄河流域还有渤海湾地区，从分布来看，陕西苹果占27.91%，四川苹果占2%，甘肃苹果占12%，山东苹果占18%。在陕西，延安市苹果生产基地分布在延安北部地区，而其他苹果产地主要集中在关中，以山地苹果为主。陕西位于黄河流域，是中国优势农产品苹果产业带的核心区位，属于我国最佳苹果优生区。

到2020年，陕西省果业整体实力领先全国，果品质量，果农收入和果业组织化，信息化、规模化等指标达到现代化水平。陕西省苹果园总面积达到了2000万亩，总产量达到了2335万吨，果农人均收入达到3万元，果业总产值达到1300亿元，配套关联产业值达到七百亿元，机械化作业水平达到50%，冷气窑能全球储藏率达到30%以上，果业科技进步贡献率达到65%，培育了1150万职业果农。

经过40年的发展，我国已经形成了黄土高原和渤海湾两大优势苹果产区布局；陕西成为我国苹果生产第一大省，陕西和山东苹果生产集中度系数分别达25.71%和24.27%；辽宁、山东和陕西苹果的生产规模显著大于全国平均水平。我国苹果产区呈现西移北扩的趋势，逐渐形成西北和西南特色苹果产区，经济、气候和政策均会影响我国苹果的生产布局（周江涛等，2021）。西南和西北苹果产区发展迅速，形成了西南冷凉高地苹果产区和新疆特色苹果产区。生产成本、成本利润率、气候变化和政策均会影响苹果产业的发展。2000年以来我国苹果生产区域布局较为稳定，生产高度集中于苹果生产优势区域。苹果生产效率大幅提升，不断满足城乡居民对苹果的消费需求，城乡差距不断缩小，苹果产品贸易顺差进一步扩大。但苹果生产成本利润率显著下降，消费者对苹果品质及营养也提出了更高的要求，苹果生产面临成本、质量等方面的挑战。与此同时，苹果生产中技术服务、农业保险等社会化服务也有了初步发展，未来苹果生产将进一步向高效、优质、社会化发展（常倩和李瑾，2021）。在7大苹果产区，苹果产业集聚增加了集聚地各种生产要素的供给，促进了集聚地种植业生产结构的升级和苹果生产技术的传播推广，推动了集聚地苹果产业增长（孟子恒等）。

伴随着苹果产业的迅速发展，制约产业可持续发展的瓶颈问题日益凸显，主要表现在品种结构单一、苗木带毒率高、栽培模式落后、土肥水管理不科学、花果管理成本高、病虫害防控过分依赖化学农药6个方面。为实现苹果产业的绿色高质量发展，系统创新和集成优化品种结构、无病毒苗木、无袋化栽培、负载量精准管理、水肥精量调控、病虫害精准防控、高光效修剪、高质量改土、高效益改园、高标准建园等10项关键技术，以期为建设健康美丽中国、乡村全面振兴提供助力（赵德英等，2021）。我国苹果园过量施肥和不平衡施肥问题严重；高量施肥背景下长期苹果种植导致土壤深层剖面硝态氮和有效磷累积，无效化风险高，且灌溉加剧了氮、磷的淋溶风险；水肥一体化和苹果养分专家系统等推荐施肥，以及有机无机肥配施、果园生草、施用生物炭等是实现我国苹果园减肥增效和地力提升的关键技术，在今后苹果园管理方面，应加强不同生态区适宜的综合技术研究（刘占军等，2021）。

2004~2019 年陕西省苹果产业发展整体态势良好，呈现由数量型向质量型转变的苗头，但也存在品种结构简单、规模化程度低、市场稳定性差等问题，建议优化产业布局、推进标准化生产、延长产业链等（方兴义和蔡黎明，2021）。近些年，在相关助农政策的扶持下，陕西省洛川县及周边地区的苹果种植产业，取得了可喜的成绩，已成为当地经济发展的支柱产业。随着苹果产量的持续增长，如何拓展销售渠道，增加农民收入成为亟需解决的问题。洛川县的电子商务发展较晚，存在网络基础设施薄弱、供给不可预知和农民固守传统观念等问题。为解决洛川县苹果产业现有问题，响应农产品供给侧改革所倡导的调结构、降成本、去库存、补短板改革主题，优化苹果产业的电子商务模式以提供新的发展路径和方向（沈军彩和夏佩泽，2021）。

13.3　黄帝陵的重要地位

我们离开洛川，向下一个目标进发。我们大约两点半经过黄帝陵路段，在黄帝陵路段的观景台上远眺（图 13.4），黄帝陵面南背北，非常雄伟。在 2016 年，中华大祭祖在陕

图 13.4　黄帝陵

"轩辕黄帝陵"是国务院首批公布的第 1 号古墓葬，号称"天下第一陵"。陵区三面环山，流水绕流，形如八卦，气势非凡。黄帝陵所在的桥山总面积为 5800 亩，共有古柏 8 万余株，其中千年以上古柏 3 万多株，属全国最大古柏群，形成了黄河流域上一座四季常青、风景独特的绿岛奇观。"黄帝手植柏"为世界柏树之冠，汉武帝"挂甲柏"为世界柏树之奇。碑廊中陈列的石碑，多为历代帝王"御制祝文"，均为稀世珍品，同时还有部分历史名人手迹以及香港、澳门回归纪念碑等。随着黄帝陵庙前区和祭祀大殿两期工程竣工，一个融陵、山、水、城于一体，体现"雄伟、庄严、古朴、肃穆"气势的黄帝陵展现在中华儿女面前，必将成为团结海内外中华儿女、展现祖国统一和民族振兴的强大纽带。

（2020 年 7 月 24 日，张垚摄）

西黄陵县举行之后，各地关于黄帝陵、黄帝的墓葬争议逐渐消失，这也说明了黄帝陵在黄河流域开发建设中的重要作用，它意味着我们在建设中要保护历史，保护文化，保护现有的资源和历史的传承。黄帝陵在文化保护，历史传承，民族起源、文化凝聚方面具有重要地位。这涉及中华民族起源的一致性，是文化凝聚力的一个重要体现，也是建立国家文化公园的一种基础。

13.4 西北农林科技大学斗口实验站

下午四五点的时候，我们到了斗口实验站，这是西北农林科技大学最大的一个实验站。我们先和当地实验站的工作人员聊了起来，后来参观于右任办公室。

实验田里各种作物的长势非常好，有不同的树苗，还有向日葵等，远处一片一片都是绿色。后来我们找到实验站的工作人员，经过简单介绍之后大家彼此熟络起来。工作人员是属于我们西北农林科技大学的场站工作人员，本人是斗口村子人，常年在这里工作。我们说明来意后，他很快带我们去参观了于右任办公室。打开铁门，这是一个两层院落；刚进院子不久，大约有 10 级台阶，约 1 米高。拾级而上，我们进入一个空房间，进去以后我们发现屋子的结构非常特殊。里面有很多小房间，中厅左右分别有七八个房间，通过不同的门贯通。20 世纪 30 年代，抗日战争爆发不久，当时这里需要有不同的人员相互传递信息，也为了安全。管理人员介绍说这套房子当时建造所用的砖都是从外界买回来的，时至今日将近 90 多年了，所有的门框和外砖都保存得非常好，至今没有任何破损、裂痕，尤为不易的是窗户一直没有进过水。当年于右任作为行政院院长，带着一班人马到陕西来做实验，是有背景的。在 30 年代，陕西发生了大饥荒，到处有饿死人的情况，如何解决粮食安全问题，成了当时令国民政府头疼的一个问题，因此他们设立一些科学研究机构，来培育新品种，提高产量，解决当时的饥荒问题。

> **小贴士 13.4 西北农林科技大学斗口试验站**
>
> 西北农林科技大学斗口试验站，位于陕西关中腹地粮食主产区之一的泾阳县云阳镇斗口小区。土地总面积为 1403.7 亩，其中，可耕地为 1059 亩，建设用地为 344.7 亩。有办公用房、挂藏室、实验室、晒场、浴室、餐厅、多媒体教室、活动室、医务室等房屋 8000 余平方米，是一个地域条件优越，配套设施齐备的试验站。
>
> 斗口试验站所在地海拔为 423 米，年平均气温为 13.4℃，降水为 517.7 毫米，无霜期为 215 天，属暖温带半干旱大陆性季风气候。该地区地势平坦、土壤肥沃、适宜农耕，是陕西省粮食作物、经济作物和蔬菜主产区之一。
>
> 斗口试验站可追溯到 1930 年于右任亲手创办的"斗口村农事试验场"。中华人民共和国成立后改名为"咸阳专区繁殖农场"，1952 年改名为"陕西省农业试验场"，1954 年又改名为"陕西省农业综合试验站"，1958 年更名为陕西省棉花研究所，隶属陕西省农业科学院。1999 年 9 月，西北农林科技大学成立后，更名为农学院棉花研究

所；2007 年 6 月，更名为西北农林科技大学三原试验站；2015 年 6 月，正式定名为西北农林科技大学斗口试验站。

自 1930 年建站以来，农业科研、推广及社会服务事业从未间断，新技术、新成果在陕西发挥了巨大的辐射带动作用。试验站曾是陕西省唯一专业从事棉花研究的机构，共取得国家、部省级及其他科技成果 62 项。棉花抗枯黄萎病新品种的选育居全国领先地位，为陕西乃至全国的棉花新品种选育和棉花生产做出了重要贡献。

西北农林科技大学成立以来，斗口试验站很快实现了从研究机构向教学科研试验站的转型。目前承载科研、推广项目 80 多项，涉及作物学、水利工程、环境科学与工程、农业工程、食品科学与工程、计算机科学与技术、农林经济管理等学科。近年来，每年来站工作科研人员 50 余名，实习本科生 600 余名，有 40 余名博硕士研究生长年在站上从事研究工作。美国、日本、白俄罗斯等国学者陆续来访。这里已成为学校教学科研的重要平台和对外交流的窗口。

斗口试验站将按照西北农林科技大学校外场站建设规划，紧紧围绕学校创建世界一流农业大学的战略目标，以服务教学、科研和推广为宗旨，力争建成面向多学科的以小麦、玉米等粮食作物为主体，集科研、教学、推广、成果展示四位一体的高水平综合型试验站和对学生进行爱国主义教育的基地。

资料来源：西北农林科技大学网站

我们从中厅大门出来的时候，外墙上有一个玻璃镜框，镶着于右任先生当年购买土地，申请建立农场实验站前的一些原因，并规定了将来这些土地和实验场所的所有权。他提出，"如果子孙喜欢农业，可以给他们一些地，让他们挣钱，也可以给一间房子，但其余的都需要为农业科技实验服务。"

在二进院里，几棵大树都难以合抱，据说是当年于右任先生在这里居住的时间里亲自栽种的。我们在后院里看到立着一个圆柱形的石碑。这个石碑曾经被损毁，为了恢复和保护，他们把石柱按照原来的模型直径缩小了 20 厘米，把原来于右任先生的一些题字都刻了上去，虽然有些笔画纹路不太清晰，但大致意思是要为国家继续进行实验，他愿意掏个人的钱建这个实验站，但是子孙不能继承占有这么多土地。

淮：这个地很大？

上官：有一千多亩地。

淮：学校怎么不在这建新区？

上官：位置比较偏，周围都是地。

淮：这试验地粮食作物收获都是自己卖掉？

上官：想自己卖也可以或者交给农场。自己做实验从来不收，请工人还得花很多钱。农场机械统一收了。现在这还是重点文物保护单位？

试验站人员：是。

淮：这就是于右任故居吗？

试验站人员：不是，这是于右任办公楼。他生在三原县。八间套房。1934 年建的。看这个碑。这里写的买的地他死了交给谁。把这碑缩小了。他自己买了 1500 亩地，现在实有一千四百多亩。

淮：于右任自己买的？很有钱。

试验站人员：那时候便宜，当时逃荒，没啥吃的，他才买地搞试验种粮食。

上官：咱去地下室看一下。这是和 3 号楼前面一块栽的柏树。

淮：这个试验站是怎么运营的？

试验站人员：学校直接拨款，土地利用是承包，交给国资处。

淮：除了试验地，有租给农民的吗？

试验站人员：有一部分，现在逐步在回收。试验田是有课题的在这种，包不出去的站上种。长期用地下水，时间长了要成盐碱地了，想把西郊水库的水引到这来浇地。

小贴士 13.5　于右任兴办农业试验场事迹

陕西人把一年中一料未收称为饥年，两料未收称为荒年，连续三料未收称为年馑。1929 年的一场百年一遇特大的自然灾害，使陕西省 92 县尽成灾区。赤野千里，尸骨遍地。

时任国民政府监察院长的于右任先生自南京带回 20 万元现金回陕探望，救济灾民，于右任先生看到家乡人民遭受大灾的惨痛情景，感到深深的痛心，他在《闻乡人语》中描绘了当时的情形："兵革又凶荒，三年鬓已苍。野有横白骨，天复降玄霜。"面对灾情，他彻夜难眠，感叹道："迟我遗黎有几何？天饕人虐两难过。河声岳色都非昔，老人关门涕泪多！"于是他便萌发了走科学治农之道，以改良农业，增加产业，他相信只有科学治农才能解民倒悬之苦。由于灾害严重，这一代的人纷纷卖地外逃，当时的土地多为河南、湖北等外省户购买，于右任毅然以自己祖遗和本户族人的 300 亩土地为基础，并用公平价钱购进湖北等地客户转售的土地千余亩，于 1931 年创办了斗口村农事试验场。

于右任先生的农业实践源于其强烈的爱国主义意识和爱农、兴农、重农的情怀。于右任先生出身农民家庭，从小参加力所能及的农业劳动，这种早知稼穑的艰辛经历，培养了他对农村和农业深厚的感情，所以在他致力于革命的生涯中一直关注着农业。当时，东北沦亡，全面抗战的号声即将吹响，于右任先生在祖产基础上营建斗口试验场，大公无私、扎根乡土、埋头实业、报效国家的拳拳之心了然可见。

为了表明他办场为公为民的宗旨，于右任 1934 年请上海建筑工人在农场修建了一幢 487 平米带地下室的小楼，他亲笔书写办场宗旨，请长安王尚玺刻石，镶于第二办公室前壁。一直保留至今。其文曰："余为改良农业，增加生产起见，因设斗口村农事试验场。所有田地，除祖遗外，皆用公平价钱购进，我去世后，本场无论有利无利，即行奉归公家，国有省有，临时定之，庶能发展为地方永远利益，以后于氏子孙愿归耕者，每家给以水地六亩，旱地十四亩，不自耕者勿与。右任，中华民国二十三年三月。"这通石碑至今仍立在斗口村农事试验场院内（图 13.5）。1981 年于右任先生的孙子于子乔从美国回来省亲，看了于右任先生立在农场的碑文，风趣地说："谨遵祖训，我不能回来自耕，没有我的份。"此后，凡是来参观的人，读此碑文，全都赞叹不已。

图 13.5 于右任题词
（2020 年 7 月 24 日，淮建军摄）

办场之初，于右任请人向农民免费传授农耕新技术，繁殖农业新良种，举办农技训练班，低价供应良种，还栽了好些果树。这块陕西最早的农林业生产试验基地，对泾阳、三原、高陵及关中地区乃至全国的改良农业发展，产生了重大影响，是陕西乃至西北农业近代化的较早探索。

据于右任三子于中令先生在西安曾回忆，于右任晚年在台湾，每每吃水果，会想起斗口农场。于右任先生还专为斗口农场写了一首诗："万木参天起白杨，玉屏翡翠护农场，余生誓墓知无日，白首依依去故乡。"这首诗还曾多次出现在他的书法作品中。

当我们离开时感慨万千，因为于右任先生不仅建了这个实验站，而且当年和杨虎城将军一起到杨陵来勘测土地，确定建立西北农学院，即西北农林科技大学的前身。在民国时期国事艰难内忧外患的情况下，能够重视农业发展和农业研究，重视粮食安全问题，这种高瞻远瞩的精神，时刻影响着我们中华民族。

13.5　归途反思

13.5.1　果园新技术

我们沿途返回的时候，看着路边的苹果园聊了起来。上官老师讲到的树下种草增碳保墒法——一种新型的苹果栽培技术——在树下种植一种草，抑制其他作物的生长，加速土壤有机化，有利于苹果产业的发展。

淮：为啥要栽这个秸秆？这个树形小多了吧？

上官：这样可以用机械化管理，从行间可以开车过去。树形高没有那么多缝。

淮：老树形是不是采摘比较麻烦？这个葡萄要搭架子？

上官：现在苹果也需要更新品种。

淮：是不是'瑞雪''瑞阳'？

上官：具体品种我记不下来。因为这个新的栽培技术还在推广中，就是矮化自根砧集约高效栽培技术。

淮：这里面套种的向日葵。

上官：刚开始还没结果，这庄稼种类较多，是我国小杂粮主要产区。

淮：两三年结果了，这地方不缺水？

上官：也缺，总体来说水分还是不够，500毫米不够，因为好多都是无效水。

淮：这边苹果没有米脂的好吃，水分多了，米脂那边甜度刚好，而且实一点，硬度都好，所以将来那边可能变成苹果最优适生区，逐渐向北扩展。全县都种苹果，会不会将来出现像佳县产业化过度类似的问题？

上官：不会，苹果和枣不一样，每天一个人吃好几个苹果也可以，枣可以不吃。

淮：从市场需求的角度看，像产业、企业有生命周期，像枣园种上30年土地板结、盐碱化、树老化、缺劳动力。

上官：这没什么，种上几十年苹果树老化了，更新树种就可以了。到时候劳动力越缺，苹果价格越高，苹果价格高了以后自然有人来种，始终是平衡的。

淮：这就是市场供求平衡、价格调节机制，我看问题没有这么全面。这不是一般的供求经济理论，农产品供求总是通过一段时间调节之后才能达到平衡。

上官：果园生草长得很好。

淮：是专门种的吗？

上官：种的。

淮：我忘了过去调研过这个，种草的目的是啥？

上官：一是抑制杂草，二是抑制土壤水分蒸发，三是生草翻到地里也增加有机质。

淮：这是专门培育出来的？

上官：育种的。果园生草还可以培养有机质。

淮：这是杂草吧？

上官：两行树中间的是果园生草。

淮：这是杂草乱生的，前面一片比较好。这是不是相当于一种生态的治理办法？

13.5.2　陈炉古镇

说着说着，我们又提到了既将路过的陈炉古镇。

陈炉古镇的陶瓷业发展是典型的历史文化产业化的发展模式。

淮：这个陈炉古镇生产陶瓷？

上官：生产耀州瓷。

淮：是不是北宋时期？现在好多搞陶瓷研究的是不是都要到这来？

上官：现在一直生产着。一般都要到这来。

淮：有没有现代工艺呢？

上官：有。这就属于叫古遗址或古文化传承保护，这就是一种乡村振兴的类型。

淮：你懂很多，看得很多。我自己知识面比较窄，已经有瓶颈了，今后一方面要像您这样多走，另一方面还得多读书，要不然有瓶颈一下子觉得感兴趣都是表面现象，没有深刻的体会。您是哪一年到这个镇上？

上官：去了两次。到了以后村子随便走，家家都做瓷器。

淮：是不是都成手工作坊了？你见他制作过程了？

上官：也有大的。有几个大的企业，你都可以参观。

淮：这种生产工艺是透明的，是古代制作工艺现代化、产业化。这在乡村振兴中也是一个重要类型，文化古镇保护这一类型。

小贴士 13.6　陈炉古镇

陈炉在陕西省铜川市印台区东南 15 华里的山巅，全镇总面积为 99.7 平方千米，地形为土石低山梁塬丘陵地貌。平均海拔为 1200 米。镇辖 18 个行政村，两个社区。2008 年底，全镇总人口有 1.98 万人，其中镇区居民 6000 余人。

据史书记载，陈炉镇因"陶炉陈列"而得名，因陶瓷而留名。陈炉古镇是宋元以后耀州窑唯一尚在制瓷的旧址，其烧造陶瓷的炉火 1000 多年来灼灼不息，形成"炉山不夜"的独特美景，是古同官八景之一，作为陕西乃至西北最大的制瓷窑场，它被誉为"东方古陶瓷生产活化石"。

如今的陈炉古镇人依然住窑洞，靠手工制陶作坊养家糊口，对着罐罐墙、走着瓷片路……白天，在太阳照射下，整座山镇由于陶瓷色彩的相互映射，笼罩在一片五彩斑斓的光芒中；而到夜间，烧制陶瓷的炉火又格外夺目艳丽，将整个古镇映衬得神秘妖娆。

享誉世界的"大老碗"瓷器，是陈炉独有的传统青花瓷，当地人叫作蓝花。上面绘制的写意花鸟鱼虫简练概括，无论是寥寥数笔的兰花、苜蓿花，还是缠枝牡丹，或一尾小鱼，绘制在碗和盆碟上立即就鲜活起来，质朴的民间意趣中呈现着浑然大气的品格。在陶碗上轻轻一叩，就发出清脆宛如磬玉般的动听声音。除了青瓷外，陈炉在

---

20 世纪 70 年代末还生产一种孔雀蓝瓷瓶，它以宝石般的蓝色辅以描金绘画装饰，别有一种娇艳富贵的气息。面对着这些精美绝伦而古朴大气的陶瓷工艺品，不得不让人惊叹陈炉瓷镇的非同凡响。

13.5.3 研究展望

通过此次调查走访，我定下了下一步研究的方向，今后要研究多头管理体制改革、矿区治理和黄河流域高质量发展。

淮：咱这次调研基本结束了，您看咱这次调研能不能形成一个好文章？

上官：这要形成学术文章比较麻烦一些，要是一般的报告影响不大，要发表在比较广的一类期刊比较难。单纯学术报告比较难，介乎于通讯报道之间。

淮：延安削山造城有人作了简单的报道发在 Science 还是 Nature 上，不算学术论文吗？可是影响力很大。我们走的地方特别多，看得小的多，能不能形成一个系统的大概念，或者这中间有特别新的，别人还没有报道的案例？

上官：这个重点不一样。退耕还林工程怎么来的？是石山这个很有名的学者，在黄河流域来调研考察一圈，走了几个地方后，写了不到一千字的信，给报上去了，当时的国家领导人看了，提出了一个秀美山川政策，是这个建议信引起的，这引起了全国退耕还林。1999 年，先在黄河流域吴起试点。当时石先生已经快 90 岁了。

淮：他的贡献很大。咱这看了黄河流域，也可以提出个啥。

上官：都可以，要写的话不要超过三千字。石山提出来这个退耕还林，由于他的影响力，所以报告直接递到领导人那里。

淮：关键是最近习近平总书记刚来黄河流域考察过。

上官：现在要写一个比较符合实际的咨询报告要看时机，9 月 18 日是习近平总书记考查黄河讲话刚过一年，争取在八月份报上去。

淮：我要么是写一篇学术论文，要么提出一种政策咨询报告。但好多东西没整理好，信息量太大。

上官：上一次咱写的以榆林材料为蓝本，更丰富一些，加上企业或政府的行为。

淮：关键是多头管理、条块分割体制在国内各个行业都存在。

上官：比如，地方政府短期行为，上下之间协调，以及互相之间怎么来统筹？榆林这个材料整体的结构可以，前面两部分内容或者后面的建议再完善一些。目前有些具体的技术还达不到，体制机制那些问题就谈不上了。

淮：能和黄河流域治理结合一点。

上官：你不是到矿区复垦看了以后，可以考虑企业行为。至于矿区治理课题指南，我用了快 10 天时间写了一份《关于晋陕蒙能源开发区生态治理与产业发展》的材料，写了1500 字，提了四条建议，涉及矿区复垦，这些问题都有。

淮：咱学校本身和神东集团有合作？

上官：学校和榆林政府之间有合作协议。你要这个文字稿我可以发给你。

淮：你这水平还是高。这校企合作是高层和学校的事情。

上官：现在还没有到这个层次。先与下面科研院、院长都沟通好了，校长才出面。

淮：对。他们课题指南是国家科技专项。

上官：你在里面选几个合适的问题。

淮：我在国家能源招标网上看了一下，大多数是技术或工程招标，我还没有找到研发计划集成示范指南。先给他发过去指南。后面怎么操作神东这个项目？

上官：关键要知道企业要求，写完之后看人家的反应；如果人家反应很积极，再跟科研院跟进或者自己再接着弄。

淮：一般公开招标会有竞争。看内容，可能是几千万项目。不管怎么样，选择其中一个或者简化一下，我们先争取。先把这个企业项目拿下来，万一科技部有大项目，也可以在这个基础上再争取科技部的。

上官：科研院都很感兴趣。所以大家好多时间都弄到这个事情上。

淮：您写的站到国家层面，站位比较高，给神东写指南还要把我们的优势突出来。最好和他们的需求结合起来。我在想把"美丽中国"这个项目和"黄河流域治理"项目更好地衔接。虽然我们有些内容可以重叠，但是最好和前面提的一些理论打通，不然感觉碎片化。

上官：我们做的都是黄河流域的项目，学校的出发点不是偏宏观，要进一步地探索其中具体的一些问题。

淮：后面不管是其他专项还是社会科学基金重点项目，都要参考这些。

上官：一个项目做黄河流域是不行的。

淮：但是，治理模式创新都会涉及水土保持、水源污染，现在都有治理，都有一个怎么治理得更好的问题，又回到提质增效上去了。

上官：10 年前《黄河边上的中国》影响还很大，是写我们北方的，属于社会学的，是上海华东师范大学的一个老先生。遇到问题从他学科的角度分析。他走到村子里面遇到什么困难，到谁家住了，走了一路写了一路。

淮：像作家的作品一样？

上官：不是，有较强的学术味。

淮：我到时候查一下，咱这个真的要写一部书的话，也得有个参考的。

上官：他是从社会观察角度，像逛庙会，农村里面结婚什么都有。

淮：偏向社会学，写好一本书要花好大力气，这次把沿途整理的内容增加学术性。

上官：半学术性，也可以，这样的书受众面广了，很多人还对这个比较感兴趣，我们做了很多调研。

淮：把每天总结作线索把这些串起来，这种研究笔记还比较少，有没有需求呢？大家会不会觉得很平淡？

上官：这还是可以的。正好我们学科互补，生态、农业、土地、树木这些信息都可以加进去一点。

淮：我们写的咨询报告，现在回过头来想有些观点太过极端，有些东西没有好好调查，选的切入点也不太好。

上官：还可以，但有点太小了。大家对建议咨询报告越来越重视，质量越来越高。

淮：还得多调研、多讨论，反复修改能好一点。提交上去能不能采纳是国家需要考虑的问题。

我们很快驱车赶回了杨凌，为期 12 天的调研活动顺利结束。

13.6　地域模式简析

本次调查的部分地区生态治理模式总结如表 13.1。

表 13.1　南沟生态示范园、洛川苹果博物馆、轩辕黄帝陵、斗口试验站的模式

模式	行政区划	地理特征	主要活动	主要产物或绩效
南沟生态示范园	安塞区高桥镇，距离延安市区 15 千米	包含大南沟村和小南沟村的主要山地有 7 个村民小组，337 户 1002 人，贫困户 46 户 130 人	2015 年，南沟村与延安惠民农业科技发展有限公司结成对子，在村上建设生态农业示范园，着力发展乡村旅游。按照"支部联动、村企共建、定期会商、合作共赢"的工作模式，目前已建成集现代农业、生态观光、乡村旅游为一体的生态农业示范园区，也是全市乡村旅游示范村、全国旅游扶贫示范村	靠着生态旅游，南沟村的人均纯收入已从 2014 年的 4600 余元增加到 2018 年的 15300 元
洛川县	陕西省延安市南部	总面积为 1804 平方千米耕地面积为 64 万亩，总人口为 16.1 万人	延安"洛川苹果"栽培总面积为 380.2 万亩，年产量为 289 万吨。栽培面积和产量分别占全球的 5.2% 和 3.7%；占全国的 10.1% 和 6.4%；占全省的 34.9% 和 25%，是世界上苹果集中或培面积最大的区域	依托世界苹果最佳优生区资源优势，大力开发苹果主导产业，洛川先后被确定为国家优质无公害苹果标准化生产示范县、无公害农产品出口示范基地县、全国优势农产品（苹果）产业化示范县和全国唯一的出口优质苹果质量安全示范区
西北农林科技大学斗口试验站	泾阳县云阳镇斗口小区	海拔 423 米，年平均气温 13.4℃，降水 517.7 毫米，无霜期 215 天，属暖温带半干旱大陆性季风气候。该地区地势平坦、土壤肥沃、适宜农耕，是陕西省粮食作物、经济作物和蔬菜主产区之一	自 1930 年建站以来，农业科研、推广及社会服务事业从未间断，新技术、新成果在陕西辐射带动作用巨大。土地总面积 1403.7 亩，其中，可耕地 1059 亩，建设用地 344.7 亩	目前承载科研、推广项目 80 多项，每年来站工作科研人员 50 余名，实习本科生 600 余名，有 40 余名博硕士研究生长年在站上从事研究工作。共获国家、部省级及其他科技成果 62 项。棉花抗枯黄萎病新品种的选育居全国领先地位，为陕西乃至全国的棉花新品种选育和棉花生产做出了重要贡献

13.6.1　南沟生态示范区模式

延安南沟生态示范区四面山头都有平整好的果园，上面罩着防雹网，远远看去层层叠叠，非常漂亮。在山沟里还建设了旅游景点，有赛车的轨道，有住宿的酒店，有观赏的大

棚；在山顶上，有金字塔形的青少年拓展训练营，项目投资很大。果园里的农民所有使用的工具，包括小拖拉机和防雹网等都是由政府发放给每户农民。这里漫山遍野都拉上了防雹网，说明山区在 6~7 月份会发生冰雹。延安年降雨量达到了 500 毫米以上，水分已经不是限制植物生长的主要因素。南沟示范区既有种植业的发展，也有游玩项目的发展，这种发展模式很值得借鉴和思考。

南沟农业示范园区距离延安市只有 10 千米，大家驱车大约半个小时，如果仅仅靠大樱桃采摘收入比较低。这种模式存在着一个周期，旅游产业前期投资回收一般需要 10 年，处理不好，存在着资金链断裂，无法得到补偿，有倒闭的风险；但是，企业在投资过程中存在着一劳永逸的投资行为，比如说种活一棵树，后期的管护成本很低，甚至出现自我繁衍从而不存在追加投资，所以植树造林一旦成活，园区可以加快休闲农业和参与性的娱乐，保证企业资金得到尽快回收。目前，由于新冠疫情影响，旅游业受到很大冲击，国内外的休闲农业发展受到阻碍。

13.6.2 洛川苹果全产业链模式

由于苹果是陕西的特色产品，陕西的苹果也占全国总产量的一大部分。洛川县是全国范围内苹果产业融合发展最好的一个地区，有大量的水果生产企业、水果检测单位以及最大的苹果集散市场。苹果博物馆介绍了苹果的发源地和发展过程，苹果的产量地域分布、苹果品种、种植等一系列技术方面的问题。洛川县在高速公路出口建成了一个完整的苹果商业城，把物流储备区、电子商务区、商贸文化区、苹果大厦和酒店等都结合在一起，形成一个深度开发的具有品牌效应的完整的产业链。洛川苹果发展的产业链非常的完善，从种植技术和工具的提供，到电商的发展、冷库的建设、科研的结合，都很科学合理。这里通过产业集群，形成各种技术研发，产学研结合、文化传播，市场合作等的一个网络。随着苹果最适栽培区北移，洛川苹果的发展也会面临挑战。在未来如何把已有的苹果产业做大做好做强，做到适应于未来，适应网络销售等需要进一步研究。

13.6.3 斗口实验站的模式

斗口实验站是 20 世纪 30 年代于右任先生在三原建立的一个农事研究试验基地。实验基地种植着不同的作物，有玉米，有果树，还有其他的插着不同标签的种苗。于右任先生办公室是 1934 年建立的，试验站曾经把很多成熟的作物存放在这里。一个纪念石柱上雕刻了于右任先生写的文字，说明了三原斗口实验站建立的初衷以及未来财产的处置意见。同年他又在杨凌创立了西北农学院，鼓励西部农业研究和发展，解决国内的粮食缺乏问题。我们被于右任先生这种伟大的精神感动了。

| 第 14 章 | 黄河流域生态治理的地域模式优化

回顾我们的考察过程，不难发现黄河流域生态治理存在着不同的地域模式，每种模式由于环境、任务和方式等不同而不同。我们本次调研的目的在于认识并且归纳各种模式，为黄河流域生态治理提出更好地优化模式。因此，我们从各种模式的表现形式出发，明确了试验站点模式、示范园区模式、展览馆模式、矿区治理模式、公园景点模式、典型农村模式的优化路径。

14.1 试验站点模式优化

天水水土保持实验站主要通过了水土保持监测实验，从事中国科学院领导和示范项目的研究和人才培养。宁夏大学盐池实验站主要研究模拟条件下植被变化和气候变化的适应性问题。神木六道沟水土保持实验站和脂肪沟实验站研究荒漠化治理，防治水土流失。斗口实验站主要是培育关中地区抗旱抗逆的作物。我们把这些统称为一种试验站点模式，它的主要通过科学研究、培养技术专业人才、理论发现，实现生态治理、粮食产量增收，满足重大的国家战略需求。

试验站点模式主要依赖科研院所，经费来自国家纵向资助或者企业横向支持。在试验站点基础应用研究成果很难在短期内转化为生产力，但是能够培养大量的人才，同时在水土保持技术等方面取得显著的实验成果。因此，实验站点模式是"绿水青山转化为金山银山"过程中最基础、最经济、最科学的一种模式。它能够把大量的实验通过投入较小的成本，获得较大的产出实现模拟实验，但其不足之处也很明显。科学实验或者研究一般基于特定的研究基础，很难在复杂的环境下推广应用；和电子计算机模拟实验相比，成本较高，难以匹配；同时也很难实现社会经济实验。因此，这是需要探讨和创新的地方。

实验站点模式有以下特点：第一，它必须建立在特定区域。例如，宁夏盐池县位于毛乌素沙漠，适合建立试验站研究水土保持、节水灌溉等问题；斗口试验站建立的初衷是提高单产改进品种，培育适合西北地区干旱半干旱环境的作物品种。第二、需要大量的持久的科研团队和经费支持，要加大研发投入才能够实现可持续发展。由于研究和实验并不能直接转化为经济利益，因此我们在实验条件下所做的基础性工作，本质上是为了实现经济利益的一种技术探索或者实验理论创新。第三、在管理过程中存在理论结合实践、智慧化管理的挑战，面临不同实验站点共建平台、知识共享和市场化的困境。只有科研院所及科学家与企业家强强联合，才能推动技术进步，实现生态效应尽快向经济效益转化，科学有效地提高生态治理的效率。全国站点网络化有利于学术交流，实时共享知识，创造更有利于实验平台的开放利用的体制机制，更好地挖掘国家根本需求和国际战略需要，对于创新实验研究具有长期战略意义。推动自然资源可持续利用和生态价值实现，要通过市场化路径探索政府支持条件下试验站管理体制和科学技术评价机制的创新，实现技术推广和技术创新螺旋式发展，争取实现从 0 到 1 的突破。最后要加快健全和完善人才培养机制，实现实验站点面向社会全面开放。

14.2　示范园模式优化

在中宁县万亩枸杞观光园，采摘、品牌与添加剂是问题；在定边县现代农业科技示范园区，"新村+大棚"模式值得推广；在榆林现代农业科技示范区，政府主导整个产业规划。赵家沟旱作农业示范园展示了旱作农业的发展。在高西沟国家水土保持示范区淤地坝发挥了重要的作用。赵家垴的万亩苹果示范区苹果每年可能遭受霜冻，但是企业家具有创新精神和无畏的勇气。延安市安塞区南沟水土保持示范园是一个综合治理体，能够实现巨大的社会和经济效益。

这些示范区建设模式，例如农业科技示范园区、水土保持示范园区、苹果万亩示范基地、万亩沙地治理示范基地等，本身是政府投资的经济功能区或者行政区域。榆林市现代农业示范园区在建设过程中，有着政府的长远规划和长期投资，而且在招商引资等方面有很大优惠政策，因此，示范区建设是一个公共产品，由政府投资，依托当地政府或者企业通过科学合理的规划建设，凭借长期的财政支持，发展特色农业或者生态治理，从而实现资源再开发和可持续发展。但是，示范园区的重要功能在于示范，探索并且推广有益的提质增效的体制机制经验，重点扶持成功企业和相关的个人，从而形成龙头企业或者产业集聚。融资方式是通过政府出资、地方扶持、市场引导、社会参与等形式，实现政府搭台、文化唱戏、招商引资。

示范区模式有以下几个特点。第一，规模大。示范区占用了当地大量的土地，甚至导致环境发生改变并且得到治理。第二，基础设施投资大。企业家或者当地政府通过大量的资金实现资本运作，使得示范园区在基础设施建设、环境保护、生态治理等方面进行了大量的投资。这种投资一般通过银行贷款，是一个长期运作模式。第三，示范园区的建设面临招商引资风险，部分项目可能存在"烂尾"风险。第四，本质上是"企业+政府+农户"的模式。无论是乡村振兴示范园区，还是乡村治理的示范园区、林业移民搬迁的示范园区，都是政府依托企业通过基础设施建设，房地产开发等形式招商引资，实现大量的资本运作，从而推动了相应的生态治理和产业发展。虽然规模化经营的经济效益被体现出来，但是由于规模化导致的用工难、过度竞争等，尤其地方垄断对整个产业发展带来了一些负面影响，农户可能面临被剥夺的风险。第五，示范园区的建设与当地政府的领导风格、基层换届，尤其是外部环境、中央领导的意志和国家战略有密切关联度。如果在乡村振兴或者生态文明建设等方面无法得到有效的政治资源，和政策优惠、财政配套，很多示范园区项目依然面临着无法通过市场机制实现预期目标的困境。

虽然示范园区模式存在的缺点很明显，但是它依然是目前为止中国在农业发展和乡村振兴等领域最完美的一种大规模实现土地开发、自然资源利用和城镇化建设的主要途径，大大地提高生产效率。因此，一方面，这种示范园区模式在生态治理方面实现了示范探索的作用，带动当地农户致富；另一方面，在大量土地资源的开发利用中，由于资本追求利润最大化等原则，各级政府可能存在短期行为，只顾眼前利益，不顾长远利益。因此，示范园区模式今后应该加强对示范效果的公平分享，尤其要保护农户不受侵犯，建立小农户与大企业的利益连结机制。

14.3　展览馆模式优化

　　展览馆模式指通过各种展览馆、纪念馆等建筑物宣传相应的知识、技术、个人事迹、制度建设、发展变革以及取得的经验和成果等模式，在这里主要包括了高西沟水土保持纪念馆，洛川苹果博物馆，女子治沙连展览馆等等。展览馆模式通过文字、图片、照片、历史事迹等，说明水土保持等活动的发展演变；人民群众在相应的县政府，村集体或者企业家的带领下，采取水土保持的治理，荒漠化治理以及农田改造等措施取得了意想不到的成功。在右玉精神展览馆，我们看到了经过几代县委书记的努力，治理沙地取得成果，充分体现了右玉精神——功成不必在我，久久为功。高西沟水土保持博物馆展示了以村集体为主体的自力更生的一种治理黄沙的新模式。在个人英雄治沙展览馆里，我们不仅看到了石光银、牛玉琴等个人通过家庭联产承包责任制，承包荒沙取得绿化几十万亩荒漠的丰功伟绩。我们也通过女子英雄治沙连总结了军队在治沙过程中的有效措施，成功经验以及在市场化阶段的旅游开发的策略。

　　展览馆模式有以下特点：首先，实现文化传承、精神引导等教化人心的宣传服务功能。其次，它通过记录历史、总结经验，展示相应的关键技术，再现绿水青山转化为金山银山的过程，展示前辈的爱国奉献精神，启迪后人持续发展。再次，展览馆修建需要的资金大多数来源于政府，塑造人类历史上的丰功伟绩，是为了更多地实现传播和发展相结合的功能。右玉精神展示馆实现了文化产业，旅游产业和教育产业化，免费开放，让人们能够认识到我们国家政治体制的优越性，"凝神聚力"实现了政治目的和经济目的的结合。最后，这种模式很好地展示各项生态治理、环境保护、农业发展所带来的经济效益，政治效益，社会效益。当然，这些模式也有些不足之处。首先，宣传在制作视频、音响效果、环境更新和设备等方面有待升级换代；其次，无论是个人纪念馆，还是政府宣传部门建的纪念馆，都存在着如何实现市场化盈利的问题，仅仅依赖政府补贴是难以维持修缮等各种费用；再次，随着时代的变化，很多历史上的丰功伟绩及其经验模式，已无法实现；时过境迁，需要创新。最后，理论研究和实验推广等方面依然存在巨大的不足，尤其是学术性、哲理性、科学性仍有很多挖掘的空间。因此，展览馆模式未来需要在经费支持来源的多元化、大数据技术的应用、经验的创新使用和学术性的深入挖掘等方面继续优化。

14.4　矿区治理模式优化

　　通过对大柳塔煤矿附近生态示范工程，哈拉沟矿区建立的神东生态示范园以及哈尔乌素露天煤矿生态治理示范区的调查，我们总结了矿区治理模式的特点。①矿区生态治理是一个被动进行的，具有一定强制性的生态治理过程。因为矿区的开发往往会破坏自然环境，导致生态退化，污染水源，甚至周边地区的经济衰退，所以国家通过立法强制要求开采单位必须实施生态治理。②矿区生态治理是污染，毁损之后的生态治理，重点强调生态恢复过程。在这个生态恢复过程中，重在地表植被的恢复，但是地下水污染或者水位下降等问题，没有得到根本性的解决。③矿区生态治理模式主要是由开采单位出钱出力，委托专业生态恢复公司承包或开发，形成和当地农村相适应的一种生态公园或者示范基地，或者是生态搬迁移民形成的一种新农村。神东生态治理示范区是在塌陷区通过煤矸石和表层土地填埋，然后表面种植绿化，从而实现了生态环境的改造，提供了一定的娱乐场所，赋予了生态区的生产、生活、生态功能，通过经济功能带动了当地生态旅游的发展，有一定的发展前景。白舍牛滩田园综合体是神木煤矿出资兴建一个大型含住宅公寓、公共设施、娱乐场所的生态公园，据说规划投资规模很大，目的是使得居住在山区或者开采区的农户自愿搬迁，从而获得地下的煤矿的开采权。在矿区生态治理过程中，一种方式是为了实现生态补偿，按照国家要求，开采方按时缴纳生态基金并且逐年实施生态修复；建设相应的新农村、或者主题公园模式等，另一种方式是通过提前赎买相对应的村庄土地的采矿权，这是以前普遍的形式。矿区在生态规划方面具有很大的优势，实施矿区生态治理的煤炭企业具有超额的资金，因此，矿区生态治理规模大，效率高。

但是，矿区生态治理产业化问题没有得到很好的解决。一旦生态修复区实施了相应的产业，那么，产业发展如何实现可持续性，如何推动乡村振兴，依然难以明确。主要的阻力来自两方面。首先，虽然当地政府在乡村振兴或者在生态治理过程中扮演着重要的角色，但是政府不是经济组织，无法从事产业活动，依然需要依托企业，而煤炭企业不愿意把相应生态治理发展作为主导产业。因此煤炭企业需要政府出面，通过承包或托管等形式把生态园区的经营管理转让给其他的企业，由企业承包经营自负盈亏。其次，农户在矿区开采前期往往得到一定的生态补偿，实现了生态搬迁；虽然搬迁农户把使用权或者承包权转让给了煤矿，但土地所有权依然属于农户，因此，农户在决定土地使用，生态治理等方面仍然具有较大的影响力；当农户在生态治理过程中无法得到真正的实惠时，他们会阻碍矿区的生态治理活动。这就要求我们从产权明晰或者三权分置等角度重新梳理在矿区属于农民的耕地或者宅基地等的产权。矿区如何有效开采利用，同时又能实现生态恢复是我们应该研究的一个命题。

当然，矿区生态治理也存在一些明显的缺陷。首先，矿区生态治理由于先破坏后治理，因此，治理往往是短期的，无法实现长期的目标，难以达到恢复如初的状态。其次，矿区生态治理往往由于领导人换届导致无法正常地按照同一个规划延续下去，因此，如何实现永续发展？如何实现矿区生态治理能够实现自我造血功能，保证矿区生态恢复和产业实现可持续发展成为模式优化的关键问题。

14.5　公园景点模式优化

我们考察了黄河石林国家地质公园，讨论中卫市沙湖公园，实际考察过榆林沙地森林公园，路过沧头河湿地公园，最后遥望黄帝陵。这种公园景点模式也是乡村旅游发展的模式，它通过经济手段把当地的资源包装，开发成相应的旅游产品，比如公园、景点、娱乐设施。通过商业运作手段直接把当地打造成标准化的主题公园，以公共基础设施出现，公园盈利是通过拉动当地消费，形成旅游全产业链。公园景点通过商业化运作实现的价值是比较好的一种模式，但公园盈利点在于当地的住宿、餐饮等，以及旅游业带动的房产等发展。公园景点模式是通过旅游等形式带动当地的经济发展的一种非常快捷的实现生态效益转化经济效益的有效方式，能够给当地乡村振兴和脱贫致富带来强大的动力，改善人们生计方式，带动经济的协调发展。当然，公园景点模式发展本身既依赖于自然资源，同时又可能在开发利用过程中破坏资源，过度追求经济利益的风险。由于国家公园体制内部的原因，导致管理经营粗放化，后期的修缮，技术创新等方面存在明显的短板。公园景点的建设实现智能化维护，这是未来公园管理技术创新和体制创新的关键所在。公园管理体制，不仅涉及地方政府的利益，也涉及国家文化旅游部，自然资源部或者国家发改委等各种机构的利益平衡，因此，公园景点模式要从管理体制精细化、运作维护智能化、开发利用生态化进行优化。

14.6 典型农村模式优化

华家岭封山育林，林场管护需要农户参与，但是多头管理体制带来很多弊端。定西市安定区罗家山村是生态搬迁农村的典型代表，独石村依靠独石开发资源，并且依靠黄河引水工程解决饮水河灌溉问题。赵家峁村是能人带动的集体经济，形成了"农户+资本+企业"模式。古塔镇黄家圪崂村是富商返乡投资新农村建设的典型。金鸡滩镇白舍牛滩村正在规划建设田园综合体。内蒙古的准格尔旗长胜店村是发展集体经济，实现精准扶贫的典型示范村。

仔细比较这些典型的农村，我们归纳为农村集体经济模式。在各级乡村振兴中，有部分农村在荒漠化治理等方面做出了突出的成绩。比如内蒙古准格尔旗的长胜店村是一个典型的精准扶贫示范村，它通过驻村干部和村委会的联合工作，引入了典型农村模式。这里通过合作社实现了畜牧养殖和设施种植，这是典型的通过体制优势，把上级农业政策优势和下级村集体的资源结合在一起，实现了村集体经济的发展。另外一种不同的例子是赵家峁村，通过企业家返乡当村干部，引导全村进行土地平整、土地流转和乡村治理，从而形成企业带领农民致富的集体经济模式。

农村集体经济发展模式有以下几个特点。①要有绝对权威的精英意识或者企业家精神。企业家返乡不仅动用了个人资源，而且充分利用政府政策，引导农民共同创业，带来了创业创新的精神。②村集体经济发展往往需要强大政府力量作为后盾，因为不管是农民个人，企业家还是驻村干部，绝大多数依赖政府公共资源，比如银行信贷、招商引资优惠等。③村集体经济发展要依靠村委会，并且可能实现了村委会，企业家甚至是政府官员多种身份重叠，表现为"多肩挑"的领导制度。④农村集体经济发展要保障低收入群体利益。村集体创业首先缩小了贫富差距，能够帮助部分建档立卡低收入群体获得固定的工作和收入，很快实现资本集聚。不论通过企业家投资、村民入股、"三变"改革等，实现了利益的联结和共同发展。但是在利益公平分配方面还有很多问题值得探索。因为绝大多数农户以土地作为资源入股，或者是以他们所拥有的农户户口入股，参与了村集体经济。一旦村集体经济发展取得良好开端，并且处于上升阶段的时候，村民的利益能够得到保障；但一旦遇到市场风险，村民的利益很难得到保障。

当然，这种模式本身有一定的局限性。首先，村集体经济的发展尚处于探索阶段，在很多地方分配不公平，农户不参与等。因为很多地方村集体经济的发展，不是以村集体为主体发展的，而是依托于企业或者企业背后的企业家、村干部、合作社的代表。因此出现了合作社"空壳化"，村集体被架空，而集体资源被个别企业家或者少数村干部所垄断；其次，村集体经济的组织，往往动用大量的社会经济手段通过土地流转获得土地资源及其上面的各种自然资源，在生态保护方面存在着一定的监管空白，村集体发展存在着过度开发、规模过大、周期太长，资金链断裂等风险。因此，一旦利益受损，农户就可能成为阻碍村集体经济发展的主要力量。

14.7 小 结

综上，这些模式如何促使生态效益向经济效益的转化。其一，这种转化一般是通过货币化实现，对原来的自然资源如土地、水、景观等上面的生态效益逐渐转化为生态补偿带来的经济效益，增加人们的收入。其二，人们通过追加投资，实现了自然资源附加价值的增值，使山更绿，水更清，通过更多宣传，所以自然资源本身的价值加上更多的附加价值，使"绿水青山"从资源变成了资本，从而实现了垄断利润。其三，通过一定的组织形式，把小农组织起来变成了具有经营能力和管理能力的企业或者合作社，具备更多与市场和政府讨价还价的能力，从而在资源补偿，财政补贴和市场议价等方面获得利益分配份额，体现公平分享的原则。第四个转化模式是外部环境变化导致的。随着我国乡村振兴，生态文明建设以及绿色考核体系的完善，各级政府都认识到了环境保护和生态资源价值的重要性。清洁的能源，空气和水带来更健康的生活，因此人们拥有了更多健康和幸福，从而才能有更多的能力做更大的贡献，最终实现绿水青山转化为金山银山。

当然，我们还需要从国家战略、相关立法、协同治理等角度进一步推动黄河流域生态治理。黄河流域生态保护和高质量发展作为国家战略，对于促进区域经济高质量发展具有重要意义。黄河流域高质量发展已经突破了地理上的邻近效应，呈现出复杂的、多线程的网络结构特征，空间关联网络逐渐由点状向线状再向网状发展，但网络中核心城市与边缘城市联系不够紧密，高质量发展的关联程度需进一步加强。西安、洛阳、焦作等城市在黄河流域高质量发展空间关联网络中处于中心地位，同时扮演领头羊和中间人的角色。黄河流域高质量发展空间关联网络的集聚模式呈局部集聚和全局关联并存的特征。城市间产业结构、基础设施、城乡收入差距、信息化水平、政府规模的差异是黄河流域高质量发展空间关联网络的重要驱动因素（刘传明和马青山，2020）。目前，黄河流域面临着环境治理成效不显著、绿色科技创新能力较差、能源结构缺乏合理性等现实问题。为此，需要强力践行生态优先理念，强化生态共建机制建设，探索生态治理新模式，推进绿色产业建设，加大绿色创新投入，使黄河流域逐步实现人与自然高度和谐的高质量发展（许广月和薛栋，2021）。

黄河流域生态本底脆弱、系统环境超载、水沙关系失衡、水资源匮乏，其症结在于长期经济社会发展需求与粗放式发展模式下人地关系的矛盾。迫切需要将黄河流域生态保护和高质量发展目标法治化，从生态环境严格保护、经济社会布局优化调整、流域内各行政区统筹协调等多个层面对流域人类的生产生活方式进行调整和规范。以实现生态-经济-社会效益相统一的流域高质量发展为目标，以高度价值认同的流域文化共识为牵引，以流域高水平保护和治理为手段，以流域空间管控和流域协调机构两大机制为抓手，识别出那些区别于长江等其他流域保护立法的特色问题，结合我国流域管理法缺位、涉水四法功能割裂、政出多门职能交叉等现实特征，提出推进黄河战略相关立法工作的策略（薛澜等，2020）。

黄河流域各省（区）在协同推进黄河流域生态治理中开展了较多工作，但是仍然存在生态环境脆弱、流域治理碎片化及流域保护多规不一等问题。推进协同治理，主要包括流域治理模式的创新以及流域沟通和协调机制的创新，有助于推动黄河流域生态质量的提升。实践中应当加强顶层设计，推进协同监管，强化流域协商机制建设，完善流域治理体系，建立健全流域治理长效机制，从而提高黄河流域治理效能（林永然和张万里，2021）。

黄河流域生态保护和高质量发展战略的实施，必将促进流域的快速发展，因而黄河流域保护与发展的关系须在新的形势下重新谋划与构建。具体来说，要处理好流域生态环境安全格局稳定与开发布局之间的关系、重点区域发展规模与资源环境承载之间的关系、重点突破与系统统筹之间的关系、机制保障与因地制宜之间的关系（金凤君，2019）。

参 考 文 献

艾开开. 2019. 黄土高原淤地坝发展变迁研究［D］. 杨凌：西北农林科技大学.

安希孟. 2021. 圣俗并举：中国农村村名和佛教［J］. 五台山研究，(1)：13-18.

包特，王国成，戴芸. 2020. 面向未来的实验经济学：文献述评与前景展望［J］. 管理世界，36 (7)：
218-237.

毕昆，赵馨，侯瑞锋. 2011. 机器人技术在农业中的应用方向和发展趋势［J］. 中国农学通报，27 (4)：
469-473.

曹竣云. 2016. 气候变化经济学简论［J］. 当代经济，(15)：58-59.

曹林，张爱玲. 2015. 我国枸杞产业发展的现状阶段与趋势分析［J］. 林业资源管理，(2)：4-8.

曹梦，郭孝理，赵云泽，等. 2020. 复垦年限及植被模式对矿区土壤质量的影响［J］. 中国矿业，29 (2)：
72-76.

曹轩峰，田雪慧，王义杰. 2017. 农业科技示范园创新建设与发展探析［J］. 杨凌职业技术学院学报，
16 (3)：24-26.

常倩，李瑾. 2021. 2000 年以来中国苹果产业发展趋势分析［J］. 北方园艺，(3)：155-160.

常志勇，杨以翠，刘艳，等. 2018. 水土保持生态修复的研究进展［J］. 绿色科技，(22)：50-51.

陈崇希，万军伟. 2002. 地下水水平井流的模型及数值模拟方法——考虑井管内不同流态［J］. 地球科
学，27 (2)：135-140.

陈海鹏，詹琳. 2019. 成都市田园综合体存在的问题及解决对策［J］. 现代农业，(10)：46-51.

陈海霞，志华，康贫，等. 2009. 现代农业产业规划中主导产业选择方法研究及实例分析——以江苏连云
港市为例［J］. 安徽农业科学，7 (28)：13871-13873，13912.

陈俊宇，刘芳清. 2013. 层次分析法在湖南武陵山区特色农业主导产业选择中的应用［J］. 湖南农业科
学，(1)：82-84.

陈迷. 2018. 阜平红枣农业生态园区规划［D］. 长春：吉林农业大学.

陈涛，陈池波. 2017. 人口外流背景下县域城镇化与农村人口空心化耦合评价研究［J］. 农业经济问题，
38 (4)：58-66，111.

陈涛. 2019. 治理机制泛化——河长制制度再生产的一个分析维度［J］. 河海大学学报（哲学社会科学
版），21 (1)：97-103.

陈钰. 2010. 生态旅游视角下城市湿地公园体验型活动研究——以张掖市国家湿地公园为例［J］. 经济研
究导刊，(26)：79-82.

成娅. 2011. 试论人力资本价值提升与旅游业可持续发展——以贵州红色旅游为例［J］. 商业时代，
(3)：129-130.

程敬海，张文泉，邵明雪. 2019. 基于乡村振兴战略下的矿区综合治理研究［J］. 山东煤炭科技，(3)：
216-218.

程令国，张晔，刘志彪. 2016. 农地确权促进了中国农村土地的流转吗［J］. 管理世界，(1)：88-98.

崔晶，毕馨雨，杨涵羽. 2021. 黄河流域生态环境协作治理中的"条块"相济：以渭河为例［J］. 改革，
(10)：145-155.

崔亚忠，张海强．基于 SPOT5 下的吕二沟流域植被覆盖度调查研究 [J]．安徽农业科学，2012，40（12）：7371-7373.

邓群刚．2015．"治沟"还是"治坡"——20 世纪 50 年代中期关于水土保持的争论述评 [J]．当代中国史研究，（6）：57-68.

邓生菊，陈炜．2021．新中国成立以来黄河流域治理开发及其经验启示 [J]．甘肃社会科学，（4）：140-148.

邓祥征，杨开忠，单菁菁，等．2021．黄河流域城市群与产业转型发展 [J]．自然资源学报，36（2）：273-289.

丁怀堂．2007．新农村建设中加强古村落保护的思考 [J]．徽州社会科学，（6）：17-18.

丁玲，钟涨宝．2017．农村土地承包经营权确权对土地流转的影响研究——来自湖北省土地确权的实证 [J]．农业现代化研究，38（3）：452-459.

丁瑞，李同昇，李晓越，等．2015．农业产业集群的演化阶段与形成机理分析——以宁夏中宁县枸杞加工产业为例 [J]．干旱区地理，38（1）：182-189.

董祚继．2017．统筹自然资源资产管理和自然生态监管体制改革 [J]．中国土地，（12）：8-11.

多金荣．2018．我国能源可持续发展探析 [J]．林业经济，40（3）：88-92，106.

方兴义，蔡黎明．2021．陕西省苹果产业发展态势分析及对策建议 [J]．中国果树，（11）：98-102.

费世民，彭镇华，周金星，等．2004．我国封山育林研究进展 [J]．世界林业研究，（5）：29-33.

冯松涛．2016．矿区地下水污染综合风险控制体系 [J]．世界有色金属，（9）：225.

冯玉坤，周景新．2000．簸箕李引黄灌区水沙分布及优化调度的经验 [J]．泥沙研究，（2）：68-71.

伏圣丰．2014．基于水土保持功能下的秦岭南麓景观艺术设计研究 [D]．西安：西安建筑科技大学．

付洪良，周建华．2020．乡村振兴战略下乡村生态产业化发展特征与形成机制研究——以浙江湖州为例 [J]．生态经济，36（3）：118-123.

付金存，豫新，晓庆．2011．农业产业化主导产业选择研究——以新疆生产建设兵团为例 [J]．中国科技论坛，（3）：33-137.

傅建祥，罗慧．2017．我国现代农业示范园区综合评价 [J]．西北农林科技大学学报，（7）：106-113.

高必垒．2013．封山育林条件下石灰岩山地林下植被生态恢复研究 [D]．合肥：安徽农业大学．

高桂飞．2021．三北防护林工程建设成效及发展的对策研究 [J]．现代农业科技，（5）：85-86.

高鸣，芦千文．2019．中国农村集体经济：70 年发展历程与启示 [J]．中国农村经济；（10）：19-39.

葛永林，徐正春，吴杰，等．2019．生态学的本体论困惑及可能的出路 [J]．北京林业大学学报（社会科学版），18（4）：8-13.

龚心语，黄宝荣，邓冉，等．2021．自然保护区退牧还草生态补偿标准——以向海国家级自然保护区为例 [J]．生态学报，41（12）：4694-4706.

苟树屏．2005．甘肃省封山育林现状及今后发展思路 [J]．甘肃科技，（9）：10-11.

辜胜阻，方浪，刘伟．2014．促进中国城镇化与旅游业互动发展的战略思考 [J]．河北学刊，34（6）：89-94.

谷树忠．2020．产业生态化和生态产业化的理论思考 [J]．中国农业资源与区划，41（10）：8-14.

郭蕾蕾，尹珂．2020．田园综合体建设对农户生计恢复力的影响——以重庆市忠县为例 [J]．中国农业资源与区划，41（9）：136-145.

国家林业局．2008．国家湿地公园建设规范 [S]．北京：中国标准出版社．

国家能源局．2020．关于 2019 年度全国可再生能源电力发展监测评价的通报 [EB/OL]．（2020-05-06）．

哈青辰，毕静．2020．对云降水物理和人工影响天气研究进展的综述 [J]．科技经济导刊，28（35）：112-113.

海龙，王晓江，张文军，等．2016．毛乌素沙地人工沙柳（*Salix psammophila*）林平茬复壮技术［J］．中国沙漠，36（1）：131-136．

韩克勇，阮素梅．2017．中国房地产泡沫测度及成因分析［J］．东岳论丛，38（11）：127-136．

韩生清，李发仓，窦全虎．2006．不同林地类型 封山育林措施不一［J］．中国林业，（6）：41．

郝从容，邵秀英．2013．国外文化遗产保护政策对我国古村镇保护和利用的启示［J］．社会科学家，（6）：91-94．

郝聪聪，陈训波．2020．我国农村老龄化问题研究［J］．当代农村财经，（3）：31-34．

郝满仓，樊二变，张玉民．1997．黄河浪店水源泵站基础施工方案的优选［J］．山西水利科技，（S1）：48-51．

贺生芳．2016．农业种植休闲度假生态园区规划设计问题探讨［J］．住宅与房地产，（36）：78，89．

洪永淼，方颖，陈海强，等．2016．计量经济学与实验经济学的若干新近发展及展望［J］．中国经济问题，（2）：126-136．

侯子婵，王子涛．2021．黄河流域生态保护和高质量发展的耦合路径研究［J］．特区经济，2021（6）：17-20．

胡金星．2016．转型升级：房地产业供给侧改革之要义［J］．探索与争鸣，（5）：49-51．

胡平，李兆友．2020．基层嵌入式扶贫的形式主义困境与精准治理——基于20起扶贫领域形式主义典型案例的分析［J］．东北大学学报（社会科学版），22（5）：56-64．

胡振琪．2019．我国土地复垦与生态修复30年：回顾、反思与展望［J］．煤炭科学技术，47（1）：25-35．

胡争光．2006．陕西果业产业集群发展研究［D］．西安：西北大学．

黄宝荣，王毅，苏利阳，等．2018．我国国家公园体制试点的进展、问题与对策建议［J］．中国科学院院刊，33（1）：76-85．

黄静静，杨强．2012．兵团农产品加工业主导产业选择与区域布局研究［J］．新疆财经大学学报，（1）：20-24．

黄青．2018．旱作农业与保护性耕作［J］．当代农机，（3）：66-67．

黄腾蛟，肖贵秀．2021．乡村治理过程中的经验创新扩散及其哲学路径探索——以"三变"改革为例［J］．领导科学，（4）：31-35．

黄细嘉，宋丽娟．2013．红色旅游资源构成要素与开发因素分析［J］．南昌大学学报（人文社会科学版），44（5）：53-59．

黄毅敏．2012．基于因子分析的河南省农业生产力布局研究［J］．农村经济与科技，（10）：84-85．

贾琼．2018．乡村振兴背景下胡家镇农村"空心化"问题研究［D］．长春：吉林农业大学．

姜会明，庆海．2007．吉林省农产品加工业主导产业选择实证分析［J］．吉林农业科技学院学报，（3）：9-11．

姜迎春．2020．习近平生态文明思想的方法论特点——习近平总书记关于黄河治理的若干重要论述研习［J］．人民论坛，（25）：132-134．

蒋宏春．2010．风力发电技术综述［J］．机械设计与制造，（9）：250-251．

解水青，秦惠民．2015．阻隔校企之"中间地带"刍议——高职教育校企合作的逻辑起点及其政策启示［J］．中国高教研究，（5）：85-90．

金凤君．2019．黄河流域生态保护与高质量发展的协调推进策略［J］．改革，（11）：33-39．

金鹏，卢东，曾小乔．2017．中国红色旅游研究评述［J］．资源开发与市场，33（6）：764-768．

金瑶梅．2018．论美丽中国的五重维度［J］．思想理论教育，（7）：41-45．

寇晓蓉，白中科，杜振州，等．2017．黄土区大型露天煤矿企业土地复垦质量控制研究［J］．农业环境科学学报，36（5）：957-965．

兰定松．2020．农村"三变"改革：经验总结、问题反思与路径优化——以贵州省安顺市塘约村为例

[J]. 中共福建省委党校（福建行政学院）学报，(3)：118-127.

雷蕾. 2012. 中国古村镇保护利用中的悖论现象及其原因 [J]. 人文地理，27 (5)：94-97.

李彩红. 2020. 新型城镇化下河南农村空心化问题研究 [J]. 农村经济与科技，31 (5)：268-270.

李丹阳，张等文. 2021. 驻村干部和村两委的协同治理 [J]. 华南农业大学学报（社会科学版），20 (6)：98-107.

李丹阳，张等文. 2021. 驻村干部嵌入乡村贫困治理的结构与困境 [J]. 中共福建省委党校（福建行政学院）学报，(4)：121-129.

李登科，王永康，隋串玲，等. 2011. 抗裂果枣新品种'金谷大枣' [J]. 园艺学报，38 (7)：1409-1410.

李东颖. 2019. 通化县山地农业可持续发展模式研究 [D]. 长春：吉林大学.

李发明，张莹花，贺访印，等. 2012. 沙产业的发展历程和前景分析 [J]. 中国沙漠，32 (6)：1765-1772.

李凤民. 2020. 黄土高原旱作农业生态化与高质量发展 [J]. 科技导报，38 (17)：52-59.

李赋都. 1988. 李赋都治水文集 [M]. 郑州：中州古籍出版社.

李贵成. 2019. 返乡农民工企业家精神培育的环境调适与优化研究 [J]. 河南社会科学，27 (11)：106-112.

李国志. 2019. 森林生态补偿研究进展. 林业经济，41 (1)：32-40.

李海光，余新晓，傅恒，等. 黄土高原第Ⅲ副区小流域降水空间异质性分析 [J]. 水土保持通报，2011，31 (5)：235-239.

李惠军，祁伟，张雨. 2017. 关于宁夏枸杞产业发展的调查与思考 [J]. 宁夏林业，141 (4)：34-36.

李佳颐，杨丹妮. 2013. 现代农业示范园区发展的对策研究 [J]. 农业经济，(5)：28-30.

李建锋，郝明. 2008. 我国国有林场改革历程与发展思路 [J]. 中国林业，(20)：26-27.

李明. 2021. 关于做好农村地区宗教工作的思考 [J]. 中国宗教，(2)：52-53.

李琦，韩新盛. 2016. 基于沙产业集群的内蒙古西部沙产业高新区构建研究 [J]. 前沿，(4)：76-78.

李强，梁勇，闵庆文，等. 2015. 宁夏中宁枸杞产业发展现状及对策研究 [J]. 北方园艺，(9)：168-171.

李素文. 2015. 实验经济学教学改革 [J]. 中国冶金教育，(2)：21-25.

李铁华，项文化，徐国祯，等. 2005. 封山育林对林木生长的影响及其生态效益分析 [J]. 中南林学院学报，(5)：31-35.

李文学. 2016. 黄河治理开发与保护70年效益分析 [J]. 人民黄河，38 (10)：1-6.

李希辰，鲁传一. 2011. 我国农业部门适应气候变化的措施、保障与对策分析 [J]. 农业现代研究，(3)：324-327.

李小强，曹文洪. 2008. 水土保持科技示范园区建设存在的问题与建议 [J]. 中国水土保持，(7)：4-6.

李孝娟. 2018. 低山丘陵区小流域水土保持治理措施及效益分析 [J]. 吉林农业，(24)：63.

李演，崔丙志，韩锐仙. 2017. 矿区地下水开发利用存在的问题研究 [J]. 世界有色金属，(8)：291-292.

李燕. 2020. 中国农村集体经济发展的基本历程——逻辑主线与核心问题 [J]. 上海农村经济，(10)：28-32.

李轶. 2017. 河长制的历史沿革、功能变迁与发展保障 [J]. 环境保护，45 (16)：7-10.

李玉辉. 2018. 首位中国国家地质公园诞生回顾与展望 [J]. 地质论评，2021，67 (1)：242-246.

李占斌，朱冰冰，李鹏. 2008. 土壤侵蚀与水土保持研究进展 [J]. 土壤学报，(5)：802-809.

廖五州. 2017. 发展绿色经济，打造"美丽中国" [J]. 人民论坛，(12)：68-69.

林孟清. 2010. 推动乡村建设运动：治理农村空心化的正确选择 [J]. 中国特色社会主义研究，(5)：83-87.

林锐芳.2005.香港湿地公园规划理念［C］.杭州：湿地公园——湿地保护与可持续利用论坛.

林永然，张万里.2021.协同治理：黄河流域生态保护的实践路径［J］.区域经济评论，(2)：154-160.

林瑜胜.2018.社会资本、宗教信仰与社会关系——以曲阜市农村老年人宗教信仰调查为例［J］.世界宗教研究，(3)：24-36.

凌斌.2014.土地流转的中国模式：组织基础与运行机制［J］.法学研究，36(6)：80-98.

刘长江.2019.乡村振兴战略视域下美丽乡村建设对策研究——以四川革命老区D市为例［J］.四川理工学院学报(社会科学版)，34(1)：20-39.

刘传明，马青山.2020.黄河流域高质量发展的空间关联网络及驱动因素［J］.经济地理，40(10)：91-99.

刘国华，傅伯杰，陈利顶，等.2000.中国生态退化的主要类型、特征及分布［J］.生态学报，(1)：14-20.

刘海洋，明镜.2012.国内红色旅游研究进展与评述［J］.旅游研究，4(3)：60-65.

刘红君，阎建忠.2020.要素市场不完善对农地流转影响的研究综述［J］.内江师范学院学报，35(8)：66-72.

刘鸿渊.2011.贫困地区农村"空心化"背景下的基层党组织建设研究［J］.求实，(3)：28-30.

刘建续，张启超.2007.榆神矿区地下水资源的合理开发与利用［J］.陕西煤矿，(5)：46-47.

刘静，林冲，郭世财，等.2019.柑橘类水果采摘机器的设计与研究［J］.包装工程，40(17)：56-62.

刘娟，刘倩，柳旭，等.2017.划区轮牧与草地可持续性利用的研究进展［J］.草地学报，25(1)：17-25.

刘立敏.2021.浅议新时期农村宗教治理［J］.中国宗教，(1)：76-77.

刘丽丽，张昕，姚庆锋，等.2007.簸箕李灌区水沙运动规律及泥沙淤积成因浅析［J］.灌溉排水学报，26(S1)：192-193.

刘珊，刘峥.2011.现代农业示范园规划设计研究［J］.安徽农业科学，39(35)：21875-21876.

刘恕.2002.对钱学森沙产业理论的学习和理解［J］.中国工程科学，(1)：9-14.

刘恕.2009.留下阳光是沙产业立意的根本——对沙产业理论的理解［J］.西安交通大学学报(社会科学版)，29(2)：40-44.

刘小双，罗胤晨，文传浩.2020.生态产业化理论意蕴及发展模式研究综述［J］.经济论坛，(3)：28-34.

刘亚东.2017.基于联动机构的猕猴桃采摘末端执行器研制［D］.杨凌：西北农林科技大学.

刘艳，顾新，刘晓雷.2019.关于矿山土地复垦与生态恢复治理方法的研究［J］.能源与节能，(4)：82-83.

刘颖娴.2013.当前中国农民专业合作社的困境与发展方向——"2012国际合作社年：农业合作社的国际趋势与中国实践"国际研讨会综述［J］.中国农村经济，(3)：89-96.

刘占军，祝慧，张振兴，等.2021.我国苹果园施肥现状、土壤剖面氮磷分布特征及减肥增效技术［J］.植物营养与肥料学报，27(7)：1294-1304.

刘正杰.2003.黄土高原淤地坝建设现状及其发展对策［J］.中国水土保持，(4)：1-3.

柳兰芳.2013.从"美丽乡村"到"美丽中国"——解析"美丽乡村"的生态意蕴［J］.理论月刊，(9)：165-168.

陆扬.2009.隆回县自来水厂技改工程设计分析［J］.经营管理者，(16)：323-323.

吕锡芝，康玲玲，左仲国，等.2015.黄土高原吕二沟流域不同植被下的坡面径流特征［J］.生态环境学报，24(07)：1113-1117.

罗兴佐.2019.完善驻村干部制度助推乡村振兴［J］.中国农业大学学报(社会科学版)，36(3)：66-71.

罗永红 . 2010. 做大做强柴达木枸杞产业的思考 [J]. 柴达木开发研究，(6)：32-35.

马平川 . 2010. 追问与承担：报告文学遭遇"集体记忆"的诉求——以冷梦的《高西沟调查》为例 [J]. 当代文坛，(4)：141-143.

马永欢，吴初国，黄宝荣，等 . 2018. 构建全民所有自然资源资产管理体制新格局 [J]. 中国软科学，(11)：10-16.

孟艳 . 2016. 绿色食品枸杞种植技术规范 [J]. 河北农业，(5)：9-12.

孟子恒，朱海燕，刘学忠 . 2021. 农业产业集聚对农业经济增长的影响研究——基于苹果产业的实证分析 [J]. 中国农业资源与区划，(2021)：1-11.

宁宝英，马建霞，姜志德，等 . 2018. 基于专利的中国沙漠化治理技术分析 [J]. 中国沙漠，38（5）：989-998.

牛东晓，李建锋，魏林君，等 . 2016. 跨区电网中风电消纳影响因素分析及综合评估方法研究 [J]. 电网技术，40（4）：1087-1093.

牛玉国，王煜，李永强，等 . 2021. 黄河流域生态保护和高质量发展水安全保障布局和措施研究 [J]. 人民黄河，43（8）：1-6.

潘峰 . 2013. 弘扬右玉精神走好群众路线 [J]. 理论探索，(5)：5-9.

潘江 . 2013. 农村外出务工人员返乡创业问题研究 [J]. 中国人力资源开发，(7)：85-87.

潘雪丽，刘芳 . 2020. 柴达木枸杞产业发展研究 [J]. 柴达木开发研究，(3)：31-34.

庞然 . 2020. 三北防护林的生态作用 [J]. 农民致富之友，(5)：175-177.

彭福伟 . 2018. 国家公园体制改革的进展与展望 [J]. 中国机构改革与管理，(2)：46-50.

彭柳林，刘士佩，万菊林，等 . 2016. 农村"空心化"现状及困境分析——基于江西省20县市调查 [J]. 农村经济与科技，27（23）：54-56.

彭晓玲 . 2010. 湖南红三角旅游业可持续发展的思路与对策 [J]. 经济地理，30（6）：1043-1046.

齐天真 . 2011. 基于比较优势的区域主导产业选择——以天津市西青区农业为例 [J]. 安徽农业科学，9（18）：11280-11282.

钱能志，魏巍 . 2013. 推进产业化防沙治沙对策建议 [J]. 林业经济，(6)：3-7.

钱学森 . 1984. 创建农业型的知识密集产业—农业、林业、草业、海业和沙业 [J]. 农业现代化研究，(5)：1-6.

秦伟，段广东，裴志永 . 2019. 毛乌素沙地穿沙公路路域沙柳防护带平茬复壮技术 [J]. 内蒙古大学学报（自然科学版），50（3）：294-301.

丘水林，靳乐山 . 2021. 生态保护红线区人为活动限制补偿标准及其影响因素——以农户受偿意愿为视角 [J]. 中国土地科学，35（7）：89-97.

曲颂，吕新业，胡向东，等 . 2021. 建党百年中国农村土地制度的嬗变规律、热点议题与未来展望——"百年奋斗目标与农村土地问题高层研讨会"会议综述 [J]. 农业经济问题，(10)：139-144.

任红燕，雷锦霞，李惠 . 2019. 有机旱作农业研究文献综述 [J]. 山西农经，(14)：5-6.

沈剑光，叶盛楠，张建君 . 2017. 多元治理下校企合作激励机制构建研究 [J]. 教育研究，38（10）：69-75.

沈军彩，夏佩泽 . 2021. 供给侧改革下洛川苹果电子商务模式创新研究 [J]. 食品研究与开发，42（7）：227-228.

沈满洪 . 2018. 河长制的制度经济学分析 [J]. 中国人口·资源与环境，28（1）：134-139.

史红玲，戴清，袁玉平，等 . 2003. 引黄灌区泥沙处理措施及提水设施的减淤作用 [J]. 泥沙研究，(3)：12-16.

史红艳 . 2019. 黄土高原淤地坝防汛监控预警系统建设展望 [J]. 中国防汛抗旱，(3)：16-19.

史玉成．2018．流域水环境治理"河长制"模式的规范建构——基于法律和政治系统的双重视角［J］．现代法学，40（6）：95-109.

宋洁．2021．双循环新发展格局下黄河流域协同治理研究——基于网络文本分析的视角［J］．价格理论与实践，（7）：159-162.

宋昭君．2018．利益相关者视角下传统村落的保护机制研究［J］．当代农村经济，（5）：26.

孙国军．2018．空心村问题分析及对策研究——以民乐县新天镇王什村为例［J］．现代农业科技，（21）：292-293，295.

孙敬兰．2014．产业化治沙需要社会良心［J］．中国林业，（1）：56.

孙萌萌．2018．彰武县沙地农业转型升级策略研究［D］．大连：大连工业大学．

孙晓鹏，刘皆谊．2016．生态文明视域下农村空心化现状与发展对策［J］．农业经济，（10）：34-36.

谭建军．2016．加快异地商会回乡的调研和思考：以清远为例［J］．广东省社会主义学院学报，（1）：76-81.

谭杰．2018．煤炭矿区生态修复发展现状及问题探讨［J］．能源环境保护，32（5）：45-47.

谭文倩．2019．湖南省中小矿区生态环境治理研究［D］．长沙：湖南大学．

唐小平，张云毅，梁兵宽，等．2019．中国国家公园规划体系构建研究［J］．北京林业大学学报（社会科学版），18（1）：5-12.

田贵良．2018．新时代国有自然资源资产监管体制改革的经济学逻辑［J］．甘肃社会科学，（2）：237-243.

田俊量．2018．三江源国家公园的理念和探索［J］．林业建设，（5）：189-196.

王滨，陈子啸，傅隆生，等．2016．基于Kinect传感器的猕猴桃果实空间坐标获取方法［J］．农机化研究，38（5）：232-236，241.

王春兰．2013．都兰县枸杞产业发展存在的问题与对策［J］．青海农林科技，（2）：56-57.

王芬，吴建军，卢剑波．2002．国外农业生态系统可持续发展的定量评价研究［J］．世界农业，（11）：47-48.

王丰军，席公晓，孙会新，等．2003．河南省黄河中游天然林保护区封山育林研究［J］．河南林业科技，（1）：3-5.

王慧，王兆华．2016．互联网思维下的苹果产业链重构研究［J］．林业经济，38（8）：59-62.

王丽华．2019．彰武县沙地农业发展的建议［J］．农业开发与装备，（9）：2-4.

王丽丽，马晓龙．2016．基于规划文本分析的地质旅游资源价值演化研究——黄河石林案例［J］．资源科学，38（9）：1653-1662.

王茂设．2012．学习弘扬"右玉精神"推进转型跨越发展［J］．求是，（16）：58-59.

王森，魏丽娟，张琛．2015．"三农"发展的"榆阳模式"［J］．新西部，（6）：92-93.

王玮，畅俊斌，王俊杰．2009．渗流井取水方式地下水允许开采量计算［J］．水文地质工程地质，36（1）：35-39，43.

王玮，畅俊斌，王俊杰．2010．黄河峡谷岸边渗流井取水方式合理开采量计算［J］．人民黄河，32（9）：44-45.

王效科，欧阳志云，肖寒，等．2001．中国水土流失敏感性分布规律及其区划研究［J］．生态学报，2001（1）：14-19.

王亚华，毛恩慧，徐茂森．2020．论黄河治理战略的历史变迁［J］．环境保护，48（Z1）：28-32.

王亚娟，黄远水．2005．红色旅游可持续发展研究［J］．北京第二外国语学院学报，（3）：32-34，27.

王轶，熊文，黄先开．2020．人力资本与劳动力返乡创业［J］．东岳论丛，41（3）：14-28.

王毅，黄宝荣．2019．中国国家公园体制改革：回顾与前瞻［J］．生物多样性，27（2）：117-122.

王毅．2020．当前我国农村"空心化"问题及对策研究——以湖北省农村地区为样本［D］．武汉：湖北工业大学.

王永平, 黄海燕. 2019. 农村产权制度改革风险防控问题探析——以六盘水市农村"三变"改革为例 [J]. 经济纵横, (9): 63-71.

王玉茹. 2019. 名人纪念馆社会教育路径探索 [J]. 中国博物馆, (3): 105-108.

魏万进, 钱能志, 甘肃省沙草产业协会. 2012. 科学家专家论述沙草产业 [M]. 西安: 西安交通大学出版社.

魏玉燕, 张雄, 胡峰, 等. 2021. 大巴山国家地质公园地质遗迹成因及演化历史分析 [J]. 地质论评, 67 (S1): 245-246.

翁钢民, 王常红. 2006. 基于 AHP 的红色旅游资源综合评价方法及其开发对策 [J]. 工业技术经济, (2): 112-114.

吴梦琳. 重庆市城镇化与房地产市场协调发展研究 [D]. 重庆: 重庆大学.

伍锡如, 黄国明, 刘金霞, 2016. 新型苹果采摘机器人的设计与试验 [J]. 科学技术与工程, 16 (9): 71-79.

夏东民, 罗健. 2014. "美丽中国"内涵的哲学思考 [J]. 河南社会科学, 22 (6): 21-25.

夏君, 邰鹏飞. 2021. 田园综合体旅游功能的表达路径研究——以东营市田园综合体规划为例 [J]. 山东农业科学, 53 (1): 150-156.

肖唐镖, 陈洪生. 2003. 经验研究方法在我国政治学研究中应用的现状分析 [J]. 政治学研究, (1): 113-121.

谢飞, 王宏民. 2018. 关于我国农村人口老龄化问题的思考 [J]. 山西农经, (1): 38-41.

谢花林, 舒成. 2017. 自然资源资产管理体制研究现状与展望 [J]. 环境保护, 45 (17): 12-17.

谢治菊. 2018. "三变"改革助推精准扶贫的机理、模式及调适 [J]. 甘肃社会科学, (4): 48-55.

徐晶, 张正峰. 2021. 农机社会化服务对农地流转的影响 [J]. 江苏农业学报, 37 (5): 1310-1319.

徐睿. 2011. 尊村引黄灌区沉沙池改造方案研究 [J]. 人民黄河, (3): 83-84.

徐尚德. 2021. 美丽乡村建设与农村产业融合发展的耦合机制研究 [J]. 农业经济, (8): 23-25.

许广月, 薛栋. 2021. 以高水平生态保护驱动黄河流域高质量发展 [J]. 中州学刊, (10): 26-32.

薛澜, 杨越, 陈玲, 等. 2020. 黄河流域生态保护和高质量发展战略立法的策略 [J]. 中国人口·资源与环境, 30 (12): 1-7.

薛维然, 徐积鹏, 张春玲. 2017. 城镇化进程中我国农村空心化问题研究 [J]. 农业经济, (3): 52-53.

闫红果. 2018. 农村"宗教热"对村级党组织建设的危害——基于浙江省 H 市的实证调查 [J]. 科学与无神论, (2): 20-27.

杨阿莉, 何梦冉, 齐芬颉, 等. 2021. 近 20 年我国国家公园研究的知识图谱可视化分析 [J]. 资源开发与市场, 37 (9): 1130-1135.

杨宾宾. 2015. 贫困地区的农业主导产业瞄准研究——基于河北省太行山区案例 [D]. 保定: 河北农业大学.

杨长辉, 刘艳平, 王毅, 等. 2019. 自然环境下柑橘采摘机器人识别定位系统研究 [J]. 农业机械学报, 50 (12): 14-22, 72.

杨超, 李钢铁, 刘艳琦. 2019. 我国土地沙漠化治理产业化研究综述 [J]. 内蒙古林业调查设计, 42 (6): 20-23, 100.

杨磊, 冯贝贝, 靳娟, 等. 2021. 新疆 6 个大果红枣裂果性差异及其内在原因分析 [J]. 西北植物学报, 41 (8): 1364-1370.

杨莉, 乔光华. 等. 2021. 基于牧民受偿意愿的生态保护红线区草原生态补偿标准研究 [J]. 干旱区资源与环境, 35 (11): 55-60.

杨莉，朱桂才 . 2019. 湿地公园植物景观营造研究——以江北湿地公园为例 [J]. 湖北林业科技，（48）：61-64.

杨良山，胡豹 . 2015. 发展创意农业的意义、路径与对策思考 [J]. 农业经济，（1）：15-17.

杨鹏 . 2014. 浅析神东矿区的生态环境建设 [J]. 陕西煤炭，33（5）：42-44.

杨双双，鲁晓燕，王维，等 . 2014. 氯化钙对新疆不同品种枣裂果性的影响 [J]. 西北农业学报，23（1）：171-176.

姚洪波，杜克勤，刘艳萍 . 2010. 槐扒黄河提水工程进水口水位变化与取水方式的修正 [J]. 河南水利与南水北调，（8）：74-75.

游家政 . 1996. 得怀术及其在课程研究上的应用 [J]. 花莲师院学报，（6）：1-24.

于福波，张应良 . 2019. "三变"：何以从一种模式上升为制度变革？——兼论"三变"改革的制度缺陷与实践问题 [J]. 农林经济管理学报，18（3）：293-301.

于静 . 2019. 我国三北防护林工程建设发展现状及存在的问题 [J]. 现代农业科技，2019（17）：164.

余风龙，陆林 . 2005. 红色旅游开发的问题诊断及对策——兼论井冈山红色旅游开发的启示 [J]. 旅游学刊，（4）：56-61.

袁艳辉，德义，少才，等 . 2012. 资源型城市农业主导产业选择的实证研究——以湖北大冶市为例 [J]. 绿色科技，（2）：162-165.

詹国辉，张新文 . 2017. 乡村振兴下传统村落的共生性发展研究——基于江苏 S 县的分析 [J]. 求实，（11）：71-84.

张波，白丽媛 . 2021. "两山理论"的实践路径——产业生态化和生态产业化协同发展研究 [J]. 北京联合大学学报（人文社会科学版），19（01）：11-19.

张进财 . 2021. 政府管理视角下的农业生态化发展困境与对策 [J]. 农业经济，（1）：24-26.

张俊宁，赵洁 . 2018. 宁夏枸杞产业的 SWOT 分析与发展策略 [J]. 中阿科技论坛（中英阿文），（4）：21-31.

张莉 . 2020. 右玉精神融入高校思想政治教育研究 [J]. 思想教育研究，（12）：123-126.

张丽凤，占鹏飞，吕赞 . 2014. 农村"空心化"环境下的社区建设模式与路径选择 [J]. 农业经济问题，35（6）：33-38.

张林波，虞慧怡，郝超志，等 . 2021. 生态产品概念再定义及其内涵辨析 [J]. 环境科学研究，34（3）：655-660.

张凌云 . 2017. 从"榆阳模式"看榆林畜牧业的绿色跨越 [J]. 新西部，（20）：17-20.

张攀春 . 2012. 贵州山地农业的环境特征及其产业化研究 [J]. 改革与战略，28（10）：77-80.

张莎莎 . 2018. 猕猴桃双机械臂协调采摘方法研究 [D]. 杨凌：西北农林科技大学 .

张田 . 2017. 房地产市场繁荣与房价：文献综述 [J]. 西部金融，（8）：66-70.

张婷 . 2018. 豫西苹果全产业链发展研究 [D]. 郑州：河南农业大学 .

张巍巍 . 2011. 城市湿地公园开发模式研究 [D]. 北京：北京交通大学 .

张伟，刘雪梦，王蝶，等 . 2021. 自然资源产权制度研究进展与展望 [J]. 中国土地科学，35（5）：109-118.

张晓 . 2009. 陕西省农产品加工业主导产业选择评价研究 [J]. 湖北农业科学，48（9）：2307-2311.

张欣，刘天军 . 2013. 苹果产业价值链价值增值及其对农户的影响 [J]. 北方园艺，（6）：193-198.

张秀萍 . 2016. 中宁县枸杞产业规模化发展调研报告 [J]. 宁夏林业通讯，（2）：42-44.

张秀萍 . 2017. 中宁县枸杞产业发展现状存在的困境及未来发展方向 [J]. 宁夏林业，142（5）：42-45.

张秀萍 . 2018. 创新驱动转型发展擦亮中宁枸杞"红色名片" [J]. 宁夏林业，146（3）：44-45，47.

张轩畅，刘彦随，李裕瑞，等 . 2020. 黄土丘陵沟壑区乡村生态产业化机理及其典型模式 [J]. 资源科

学，42（7）：1275-1284.

张学勇，旷颉，楼梅竹.2019.田园综合体发展模式及规划路径探讨［J］.规划师，（9）：46-51.

张一晗.2021.村集体角色与土地流转秩序——两种组织化流转模式的比较［J］.西北农林科技大学学报（社会科学版），21（6）：85-93.

张友良.2012.深入理解城镇化内涵 推进新型城镇化建设［J］.传承，（2）：62-63.

张兆年，霍秋文.2018.企业家心理资本对回乡创业绩效影响机理研究［J］.合作经济与科学，（12）：167-169.

张智起，姜明栋，冯天骄.2020.划区轮牧还是连续放牧？——基于中国北方干旱半干旱草地放牧试验的整合分析［J］.草业科学，37（11）：2366-2373.

赵德英，程存刚，仇贵生，等.2021.苹果高质量发展技术创新途径［J］.中国果树，（8）：1-5.

赵浩兴，张巧文.2013.返乡创业农民工人力资本与创业企业成长关系研究——基于江西、贵州两省的实证分析［J］.华东经济管理，27（1）：130-133.

赵雷，殷杰.2018.社会科学中实验方法的适用性问题［J］.科学技术哲学研究，35（4）：8-13.

赵琳琳，谢宁.2018.试析榆阳区杏树生态文化旅游线模式［J］.新西部，（35）：44，2.

赵文晓，李红勋.2008.对我国国有林场改革历程的一些思考［J］.中国林业，（13）：37.

赵阳，曹文洪，谢刚，等.2014.黄土丘陵区小流域土地覆被变化对径流产沙量的影响［J］.中国环境科学，2014，34（08）：2111-2117.

赵永安.2005.尊村引黄灌区泥沙处理技术浅探［J］.科技情报开发与经济，（24）：263-264.

郑健壮.2020.田园综合体：基本内涵、主要类型及建设内容［J］.中国农业资源与区划，41（8）：205-212.

周冬，吴翔，刘宗英.2018.企业家回乡创业绩效的影响因素分析［J］.经济体制改革，（1）：109-116.

周江涛，赵德英，陈艳辉，等.2021.中国苹果产区变动分析［J］.果树学报，38（3）：372-384.

周景春.2021.传承与创新：革命类纪念馆宣教工作思考［J］.中国博物馆，（3）：7-11.

周升强，赵凯.2019.草原生态补奖政策对农牧户减畜行为的影响——基于非农牧就业调解效应的分析［J］.农业经济问题，（11）：108-121.

周霞，王美，宋霞.2015.苹果产业链整合方式对果农生产行为的影响分析——以烟台地区为例［J］.山东农业大学学报（社会科学版），（4）：35-40.

周业安，孙玙凡.2021.实验发展经济学：理论、方法和困局［J］.中国人民大学学报，35（2）：45-54.

周颖，杨秀春，金云翔，等.2020.中国北方沙漠化治理模式分类［J］.中国沙漠，40（3）：106-114.

周祝平.2008.中国农村人口空心化及其挑战［J］.人口研究，（2）：45-52.

朱景林.2020.红色纪念馆提升当代大学生思想政治教育的价值与路径［J］.思想政治教育研究，36（4）：118-122.

朱俊凤.2004.沙产业理论概念及其内涵的探讨［J］.中国沙漠，（5）：13-17.

朱玫.2017.论河长制的发展实践与推进［J］.环境保护，45（Z1）：58-61.

朱一梅.2019.水土保持科技示范园的评价与设计研究［D］.西安：陕西师范大学.

朱喆，徐顽强.2020.驻村干部公共服务动机水平测量——以武陵山区为例［J］.长白学刊，（6）：60-68.

朱芷，周波，张富，等.2021.黄土丘陵区淤地坝系田园综合体的构建模式［J］.水土保持通报，41（4）：145-150.

祝小茗.2013.刍论建设美丽中国的五重维度［J］.中央社会主义学院学报，（4）：93-97.

邹智娴.2017.广东省怀化县古村落景观特色与保护开发研究［D］.广州：仲恺农业工程学院.

Terink E J, Breukels J, Schmehl R, et al. 2015. Flight Dynamics and Stability of a Tethered Inflatable Kiteplane［J］. Journal of Aircraft, 48（2）：503-513.

后 记

2020年8月我们调查黄河中游旱区农业、示范园区、毛乌素沙漠等的生态治理和高质量发展情况，收获很大。

黄河流域农业高质量发展和生态治理有不同地域模式。在黄河中上游存在不同的生态治理地域模式，包括实验站模式、展览馆模式、范区园区模式、矿区治理模式等。每一种模式都通过相应的机制实现了生态效益向经济效益的转变。例如，依据《陕西省能源开发水土保持生态补偿标准研究》，陕西省财政部门每年征收18个亿建立生态补偿账户，30%由省财政统一调配，70%是用来补偿。神东集团每年使用生态补偿账户基金建设矿区治理示范园，在采空区进行生态修复。白舍牛滩通过提前转移支付，规划建设型社区，实现矿区治理的同时促进农户搬迁，实现煤矿开采和生态补偿。

我们认为只有资本投入才能实现绿水青山向金山银山转化。在农村企业或者合作社、能人通过承包等形式促进"三变"是培育新型农业经营主体的主要政策途径，工商资本下乡为我国农业发展的必然趋势。一方面通过土地流转，实现规模经营，解决农民抛荒的问题，提高土地的利用效率，另一方面，农村闲余劳动力进城打工提高收入，解决贫困和生计问题，推动城镇化建设。山西临县白文镇已经衰落为空壳化的乡村，这可能是中国绝大多数空心化农村的宿命——村庄合并，农业无人继承，很多三农优惠政策无法落实到农民头上。如何解决农村空心化问题？培育新兴经营主体，让能人或者企业来搞农业，工商资本下乡提高效率，解决了家庭联产承包制下的小规模不经济的问题。可见，做大做强农业必须三产融合，实现全产业链，追求高附加值。

比较上述几种模式，就不难发现工商资本下乡的本质。煤企经营者通过生态治理来获取更多地采矿区，房地产商通过大量的公共基础设施建设来获取廉价的土地，这在中国各地具有普遍性和示范性，甚至形成了"农村土地流转—土地承包租金上升—农民工进城加剧—城市房价上涨—农村土地价格上涨—矿区治理和生态补偿加大—土地流转"这样一个工商资本和土地财政驱动的循环。工商资本下乡对中国农业有很多负面影响。第一，在现代农业相对落后的条件下，工商资本下乡人为提高了土地的租金，使得租金居高不下，阻碍农业健康发展。第二，工商资本下乡对农民甚至农业产生挤出效应，可能导致农业继承问题。目前城镇化让农民被动或者主动进城，这样可以解放剩余生产力，拉动土地经济。但是，随着信息技术发展，现在技术替代效率非常高，大量农村劳动力进城务工，劳动力优势一旦成为劣势，政府得付出很多代价才能维护社会公平与稳定。

评价黄河流域生态保护和农业高质量发展模式要坚持用四个标准。第一要有可持续性。第二要有竞争力。竞争力是指市场竞争而不是由于垄断产生的利益剥夺，应关注可持续发展和综合竞争力。第三是保障国家的农业和粮食安全。第四要有利于低收入群体。通过市场激励和政府管制的优势来带动相对贫困人口的发展，实现利益的公平分享。按照上述标准，工商资本下乡仍然有许多完善的地方。因此我们必须继续探索总结新的黄河流域农业高质量发展与生态治理的模式。